电化学储能电源设计与应用

Electrochemical Energy Storage: Design and Application

胡仁宗　刘　辉　孟凡博　编

本书配有数字资源与在线增值服务
微信扫描二维码获取

首次获取资源时，
需刮开授权码涂层，
扫码认证

授权码

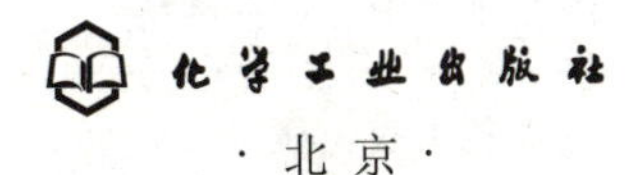

· 北京 ·

内容简介

《电化学储能电源设计与应用》是战略性新兴领域“十四五”高等教育教材体系——“先进功能材料与技术”系列教材之一。本教材简要介绍了电化学储能的基本原理与性能评价要素，系统讲解了铅酸电池、液流电池、锂离子电池、钠离子电池等储能电池体系的工作原理、关键电池材料的物化特性、行业标准及未来发展方向。针对市场上的典型电化学储能应用实例，介绍电化学储能电池及系统的评价要素、设计准则，并从安全与环保角度出发讨论了锂离子电池的热失控问题、生产过程污染风险、回收再利用等基础知识。

本书可作为新能源、材料科学与工程、储能科学与工程等专业本科生的教材，也可供研究生学习、从事材料和电化学储能等相关工作的技术人员参考。

图书在版编目（CIP）数据

电化学储能电源设计与应用 / 胡仁宗，刘辉，孟凡博编. -- 北京 : 化学工业出版社，2024. 8. -- (战略性新兴领域“十四五”高等教育教材). -- ISBN 978-7-122-46484-2

Ⅰ. TK01

中国国家版本馆 CIP 数据核字第 2024YL2375 号

责任编辑：王　婧　　　文字编辑：杨凤轩　师明远
责任校对：宋　夏　　　装帧设计：刘丽华

出版发行：化学工业出版社
（北京市东城区青年湖南街 13 号　邮政编码 100011）
印　　装：天津千鹤文化传播有限公司
787mm×1092mm　1/16　印张 10　字数 224 千字
2025 年 4 月北京第 1 版第 1 次印刷

购书咨询：010-64518888　　售后服务：010-64518899
网　　址：http://www.cip.com.cn
凡购买本书，如有缺损质量问题，本社销售中心负责调换。

定　　价：49.00 元

总序 FOREWORD

战略性新兴产业是引领未来发展的新支柱、新赛道，是发展新质生产力的核心抓手。功能材料作为新兴领域的重要组成部分，在推动科技进步和产业升级中发挥着至关重要的作用。在新能源、电子信息、航空航天、海洋工程、轨道交通、人工智能和生物医药等前沿领域，功能材料都为新技术的研究开发和应用提供着坚实的基础。随着社会对高性能、多功能、高可靠、智能化和可持续材料的需求不断增加，新材料新兴领域的人才培养显得尤为重要。国家需要既具有扎实理论基础，又具备创新能力和实践技能的高端复合型人才，以满足未来科技和产业发展的需求。

教材体系高质量建设是推进实施科教兴国战略、人才强国战略、创新驱动发展战略的基础性工程，也是支撑教育科技人才一体化发展的关键。华南理工大学、北京化工大学、南京航空航天大学、化学工业出版社共同承担了战略性新兴领域"十四五"高等教育教材体系——"先进功能材料与技术"系列教材的编写和出版工作。该项目针对我国战略性新兴领域先进功能材料人才培养中存在的教学资源不足、学科交叉融合不够等问题，依托材料类一流学科建设平台与优质师资队伍，系统总结国内外学术和产业发展的最新成果，立足我国材料产业的现状，以问题为导向，建设国家级虚拟教研室平台，以知识图谱为基础，打造体现时代精神、融汇产学共识、凸显数字赋能、具有战略性新兴领域特色的系列教材。系列教材涵盖了新型高分子材料、新型无机材料、特种发光材料、生物材料、天然材料、电子信息材料、储能材料、储热材料、涂层材料、磁性材料、薄膜材料、复合材料及现代测试技术、光谱原理、材料物理、材料科学与工程基础等，既可作为材料科学与工程类本科生和研究生的专业基础教材，同时也可作为行业技术人员的参考书。

值得一提的是，系列教材汇集了多所国内知名高校的专家学者，各分册的主编均为材料科学相关领域的领军人才，他们不仅在各自的研究领域中取得了卓越的成就，还具有丰富的教学经验，确保了教材内容的时代性、示范性、引领性和实用性。希望"先进功能材料与技术"系列教材的出版为我国功能材料领域的教育和科研注入新的活力，推动我国材料科技创新和产业发展迈上新的台阶。

中国工程院院士

序 FOREWORD

能源是推动当今社会发展的关键驱动力，也是促进经济发展和提高国民生活质量的基础产业。面对全球气候变化和化石能源资源有限的重大挑战，发展可持续和清洁的能源是全人类面临的重大挑战。作为全球最大的发展中国家，我国在国际气候治理中扮演着重要角色，承担着应有的责任和义务，并郑重做出“碳达峰、碳中和”的双碳目标承诺，为全球应对气候变化贡献中国智慧和力量。

电化学储能技术是一种实现电能与化学能相互转化并储存的技术，在现代能源体系中占据着至关重要的地位。通过锂离子电池等多种电池体系进行电化学储能，可有效缓解能源供应与需求之间的时空矛盾，增强能源系统的灵活性和可靠性、提升可再生能源利用率、降低碳排放以及推动电动交通和便携式电子设备发展等。21世纪以来，在国家政策大力支持下，我国在新型电化学储能技术取得了巨大进步，并且在可再生能源发电、电动汽车、智能电网等领域得到广泛应用和推广。目前，我国已成为全球电化学储能领域的重要参与者和领导者，大力推动技术进步、产业链的完善、应用领域的扩展和国际竞争力的提升，为实现能源转型和碳中和目标提供坚实的支撑。

近年来，电化学储能技术发展迅猛，新材料、新电池体系、新制造技术层出不穷，产业规模快速扩张。无论是科学研究、技术开发还是产业发展，都需要培养大量的人才。专业建设和相应的教材建设是重要的基础工程。近年来已相继出版了许多电化学储能方面的专著，但仍需大力建设专业和学科体系，编写相关教材。为此，张立群院士牵头“战略性新兴领域‘十四五’高等教育教材体系”建设项目，《电化学储能电源的设计与应用》是此系列教材之一。本书由华南理工大学的胡仁宗、孟凡博和湖南农业大学的刘辉编写，他们均工作或毕业于华南理工大学广东省先进储能材料重点实验室，一直致力于电池材料与器件方面的研究工作，具有丰富的科研和教学经验，还担任首批国家一流本科课程的主讲教师，能够很好把握教材的系统性、基础性和前沿性。该教材具有较强的可读性，内容丰富，不仅涵盖了电化学储能的基本原理与性能评价要素，铅酸电池、液流电池、锂离子电池、钠离子电池等储能电池体系的工作原理、关键电池材料的物化特性，还针对我国市场上的典型电化学储能案例，介绍电化学储能电池及系统的设计原则、行业标准、评测方法，并介绍电化学储能电池的安全性、回收再利用等知识。此外，该教材还吸收了许多近年来的科研成果，包括本实验室的在这个领域的一些研究成果，为读者提供最新的科学发展前沿知识。我相信，这本教材的出版对于电化学储能领域专业建设和人才培养、促进跨学科研究、推动电化学储能技术创新等将发挥积极作用，助力我国“双碳”事业发展。

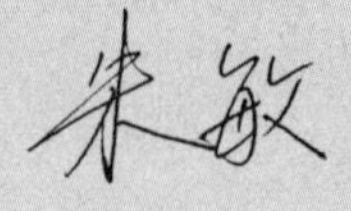

华南理工大学
广东省先进储能材料重点实验室

前言 PREFACE

在当今社会，能源问题已成为全球关注的焦点。随着人类对能源需求的不断增加，传统化石燃料的大肆使用导致了环境污染和资源枯竭等问题。可再生能源作为清洁、可持续的新能源形式，正逐步成为能源发展的主流。然而，由于可再生能源的间歇性和不稳定性，储能技术的重要性愈发凸显。在所有储能技术中，电化学储能具有高效、灵活和可调控性，使其在发电侧、电网侧、用户侧以及微电网侧都可以得到广泛应用。目前，电化学储能在国家战略性新兴领域中扮演多重的重要角色。电化学储能广泛应用于可再生能源存储、交通运输及智能电网等诸多方面，通过提供高效能量转换和储存解决方案，有效减少生活生产的碳排放量，大力推动国家能源结构转型。因此，电化学储能技术已成为解决能源转换和存储问题的关键，也是我国“双碳”政策引导下急需大力发展和强化的储能技术之一。

当前，我国电化学储能产业已经形成了较为完善的产业链，且在国际市场上处于领先地位，具有较突出的竞争力。为了维持并增强这种竞争优势，我国需要在储能技术研发、专业人才培养、产业政策扶持、产业链协同发展、质量管理与标准体系建设等多个方面进一步发力，持续推动电化学储能产业链上的高质生产力建设和电化学储能技术的规模化应用。基于此，在教育部规划的战略性新兴领域“十四五”高等教育教材体系建设目录中，“新能源”“新材料”体系都要求建设电化学储能相关的专业核心教材与核心课程，助力专业人才培养。

《电化学储能电源设计与应用》属于战略性新兴领域教材体系（新材料）建设目录中的规划教材，旨在系统介绍电化学储能技术的基本原理、设计方法和典型应用。本教材主要介绍电化学储能器件的工作原理、电池材料发展现状、储能电池系统的设计与应用场景，以及实际应用中的安全方面挑战与解决方案，为读者提供关键的技术知识和最新研究进展，也为培养未来电化学储能领域的专业人才和技术创新提供了坚实的理论和实践基础。在理论基础部分，第1～2章从电化学储能的基本概念、发展历程和未来展望出发，详细介绍不同电化学储能电池的组成及基本原理、电化学性能评价要素及电化学测试技术。结合最新的研究成果、技术进展及相关国家和行业标准，第3章总结了铅酸电池、镍氢电池、液流电池、锂离子电池、钠离子电池、固态电池等关键材料的结构特性和电化学性能。通过这些基础知识的学习，读者可以全面了解电化学储能的基础知识，为后续的电池器件的设计和应用奠定理论基础。在电化学储能电池设计部分，第4章首先从各项主要电化学性能指标和电性能评测出发，具体介绍了电化学储能系统的基本特点和关键设备。之后，第 5 章具体介绍了电化学储能系统的应用场景与设计要求，重点展示电化学储能技术在实际生产中的应用，包括电动汽车、智能电网、可再生能源发电系统、便携式电子设备等领域的具体应用案例。通过对这些实际案例的分析，帮助读者掌握电化学储能系统及电源设计的核心要点和前沿技术。最后，立足未来发展，第 6 章从安全性和环保性出发，介绍了电化学储能系统的结构设计与潜在安全问题及防范策略，以及电化学储能电池的回收梯次利用与材料再生等方面，使读者可以直观了解电化学储能技术在不同场景下的应用效果和发展前景。

本书适合高校相关专业的师生、从事电化学储能研究与开发的科研人员，以及对储能技术感兴趣的工程师和技术人员阅读和参考。我们希望这本书，能够为广大读者提供有价值的信息，激发大家对电化学储能技术的兴趣，共同推动储能技术的发展和应用。在编写过程中，我们参考了大量国内外文献和研究成果，得到了许多专家学者的指导和帮助。在此，我们向所有为本教材编写过程提供支持和帮助的朋友们表示衷心的感谢。

参与本书编写工作的有华南理工大学的胡仁宗（第 1 章、第 2 章、第 6 章）、华南理工大学的孟凡博（第 3 章）、湖南农业大学的刘辉（第 4 章、第 5 章），胡仁宗和孟凡博负责统稿。东莞理工学院的周钢参与了第 6 章部分内容的素材整理。广东省先进储能材料重点实验室、广东先进储能材料工程技术研究中心等单位的研究生也对本书编写过程做出了贡献，其中，曹旸、蔡彪、谢文政和杨鑫支持了图片编辑的相关工作，陈金伟、林梓豪、孙昭宇、刘米粒、张昊霖、王思哲和梁灏天提供了本书相关的电化学测试结果，郑思远、杜寒和周子豪绘制了书中涉及的晶体结构示意图，陈锡龙、胡龙、桑熠晖、罗凌劼及林瀚收集了水系电池的部分素材，夏煜豪、左业展及熊子涵整理了储能电池回收方面的部分内容，李祥杰、李自勇、杨振忠、马国政、胡子豪及葛宇翀整理了储能系统结构方面的部分内容。此外，本书也得到了华南理工大学 2023 年本科精品教材基金立项的支持，在此表示衷心感谢。

在编写过程中，我们力求内容系统、语言简练、示例丰富，并注重理论与实际的结合。但是，鉴于电化学储能技术的迅速发展和编者水平有限，书中难免存在不足之处，恳请广大读者批评指正。希望本书能够为大家在电化学储能领域的学习和工作提供帮助，并激发更多创新和探索，共同为能源的可持续发展贡献力量。

编者
2024 年 6 月

目录 CONTENTS

1 电化学储能概论 - 001 -

2 电化学储能电池的主要类型与评价要素 - 016 -

3 电化学储能电池的关键材料 - 041 -

4 电化学储能电池的设计准则

5 电化学储能系统的应用场景与设计

6 电化学储能系统的安全性与回收再生

1

电化学储能概论

电化学储能是指通过电极材料间的氧化还原反应实现能量存储和释放的储能技术。相比传统的机械储能方式，电化学储能具有能量密度高、效率高、响应速度快等优点，广泛应用于可再生能源发电、电动汽车、便携式电子设备和电网调峰等领域。随着材料科学和制造技术的进步，电化学储能技术正在不断发展，为构建可持续的能源系统提供了重要支持。本章首先从储能技术概论出发，对包括电化学储能在内的多种储能技术的工作原理及应用场景进行介绍和对比，之后针对电化学储能的发展历程、技术发展现状及未来发展方向出发，深入讨论了电化学储能在国家经济与社会发展中的重要战略地位。

1.1 储能技术概论

储能技术是指通过多种方式将某种能量转化为其他形式的能量进行存储，并在需要时将其转换以供使用的技术。在现代电力系统中，储能技术起到了关键作用，能够有效应对电力供应与需求的波动，提高电网的稳定性和可靠性。此外，储能技术还在可再生能源的高效利用方面发挥重要作用。随着技术的不断进步，储能技术在能量密度、转换效率、使用寿命和成本等方面取得了显著进展，为实现低碳、可持续的能源系统提供了强有力的技术支撑。

1.1.1 储能的概念及分类

能源是指从自然界能够直接取得或通过加工、转换获得热、动力、光、磁等有用能量的各种资源。能源的总量是不断变化的，传统的矿石能源随着人类的开发利用而逐渐减少。能源的储量只能估算，但其消费量可以精确统计。

储能是指通过介质或设备把能量存储起来，在需要时再释放的过程。能量是质量的时空分布可能变化程度的度量，用来表征物理系统做功的本领。现代物理学已明确了质量与能量之间的数量关系，即爱因斯坦的质能关系式：$E=mc^2$。能量以多种不同的形式存在。按照物质的不同运动形式分类，能量可分为机械能、化学能、热能、电能、辐射能、核能、光能、潮汐能等。这些不同形式的能量之间可以通过物理效应或化学反应而相互转化，这个过程需要特定的介质（材料）或设备（器件）来实现。

能量是人类赖以生存的基础，没有能量就没有生命活动，也就没有人类。能源是社会及其不断发展的基石。尤其在现代社会，我们的衣食住行都离不开能源的消耗。我们用能源创造新的物质，各类新材料的应用让人类的生活品质日新月异；我们消耗能源维持体面的生活，空调、暖气、汽车等，让人类在任何严苛的环境中优雅生活，便利出行；我们依靠能源上天入地，追逐星辰大海，克服万有引力的束缚和海水阻力的压迫，发现更多的精彩。因此，无论对于个体或者国家，地区或者世界，未来的所有理想在很大程度上建立在充足能源的基础之上。

自然界中的能量、能源具有不同的形式。其中绝大多数形式的能源并不能够被直接使用或方便使用来服务于人类生活或社会生产。此外，很多能量的存在或产生具有不连续性、地域差异性。比如，太阳能白天产生，而晚上不产生；潮汐能、风能、地热能等的储量与释放功率则与地理位置密切相关；水电、煤电的发电机组对外稳定发电，但负载端的用电量则昼夜相差大，白天用电量大，晚上用电量小。因此，如何实现不同能量形式之间的高能效、高安全性转化、稳定传输与存储是人类利用自然界能源来推动社会发展的永恒主题之一。

随着人类认知水平的不断提升，能量的转化与存储技术也得到快速发展。能量储存涉及将难以储存的能量形式转换成更便利或经济的可存储形式，比如风力发电转变为蓄电池储电。目前，人们生活与工业生产过程用到最多的两种能量形式是电能和热能，因此，储能技术主要分为储电与储热。在此，我们讨论的储能技术则聚焦于电能的储存，目前电能的传统存储技术主要是抽水蓄能。

按照能量储存方式，储能技术可分为物理储能、电化学储能、电磁储能三类，其中物理储能主要包括抽水蓄能、压缩空气储能、飞轮储能等；电化学储能则采用化学电源作为储能器件，主要包括铅酸电池、锂离子电池、钠硫电池、液流电池等；电磁储能主要包括超级电容器储能、超导储能。按照储存介质进行分类，储能技术分为机械类储能、电气类储能、电化学类储能、热储能和化学类储能。不同的储能方式对应不同的应用场景，根据其工作原理和特性，各自展现出独特的优势，并面临挑战。未来，储能技术将进一步向高效化、低成本化和多样化发展，以更好地满足不同应用场景的需求。

1.1.2 主要储能技术

储能技术在现代能源系统中起着关键作用。抽水蓄能利用低谷电力将水抽至高处，在需求高峰时释放水流发电。锂离子电池作为电化学储能的典型代表，以其高能量密度和长寿命著称，广泛应用于电动汽车和便携式电子设备。飞轮储能通过旋转飞轮存储动能，适用于短时高功率需求。氢能储存通过电解水制氢，用燃料电池或直接燃烧的方式转换为电能。显热和潜热储能分别通过材料（如水、石蜡和熔融盐）的温度变化和相变潜热存储热量。这些不同的储能技术各有特点，适用于不同的应用场景，通过合理选择和组合，可以提升能源系统的稳定性和灵活性。本节内容将针对抽水蓄能、压缩空气储能、飞轮储能、超导磁储能、热能存储、氢储能及电化学储能等几种储能技术的工作原理和应用场景展开介绍。

1.1.2.1 抽水蓄能

抽水蓄能是指以水作为能量载体，通过抽水/放水过程实现能量的存储和利用的储能方式，其工作原理基于势能与电能之间的转换。图 1-1 是抽水蓄能的工作原理，电力负荷低峰期时，抽水蓄能电站利用电能将水抽到上水库保存，将电能转换为势能；电力负荷高峰期时，将上水库中的水放到水电站中，将势能转换为电能。抽水蓄能可以有效利用电网负荷低时的多余电能，并将其转变为电网高峰时期的高价值电能，适于调频、调相，稳定电力系统的周波和电压，还可提高系统中火电站和核电站的效率。

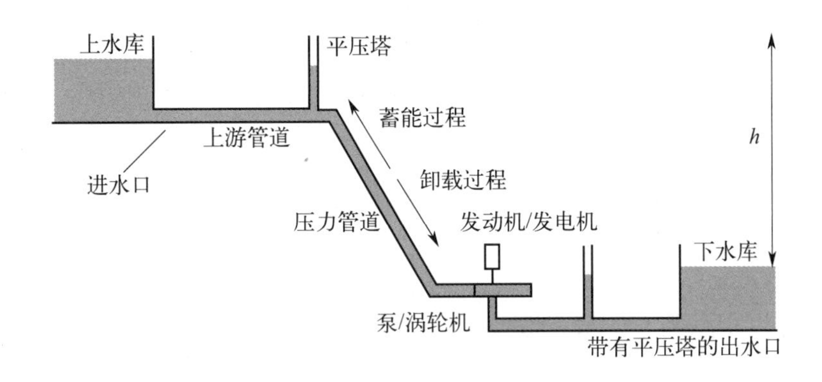

图 1-1 抽水蓄能工作原理

抽水蓄能有纯抽水蓄能和混合式抽水蓄能两种工作方式。目前，我国大部分抽水蓄能电站都是纯抽水蓄能电站，如广州蓄能电站和河北丰宁蓄能电站。混合式抽水蓄能电站是在纯抽水蓄能的基础上安装普通水轮发电机组，从而利用上河道的水流发电，具有储能和常规水电站的功能。抽水蓄能电站可以实现削峰填谷、调相调频、系统备用及黑启动等方面，促进新能源消纳、提升全系统性能及保障大电网安全，实现能源结构的优化调整、清洁能源及可再生能源的发展。

1.1.2.2 压缩空气储能

压缩空气储能是一种利用压缩空气来实现能量储存的技术。目前，压缩空气储能是继抽水蓄能后第二大被认为适合兆瓦级大规模电力储能的能量转换技术。图 1-2 是压缩空气储能的工作原理，压缩空气储能基于空气的内能和电能之间的转换过程。以电能的存储为例，在用电低谷时段，利用电能将空气压缩至高压并存储，使电能转化为空气的内能；在用电高峰时段，将高压空气释放并进入燃烧室，高压空气与燃料混合燃烧放热，驱动燃气轮机转动及发电机发电，使空气内能转化电能。

压缩空气储能主要用于大功率储能、长周期储能、长时间供电及多能联储、多能联供等应用场景。根据空气存储形态及补燃方式，压缩空气储能主要分为传统补燃式压缩空气储能、中/高温绝热式压缩空气储能、复合式压缩空气储能、等温式压缩空气储能及深冷液化压缩空气储能。目前，压缩空气储能仍存在受地理条件约束严重这一问题。在建造压

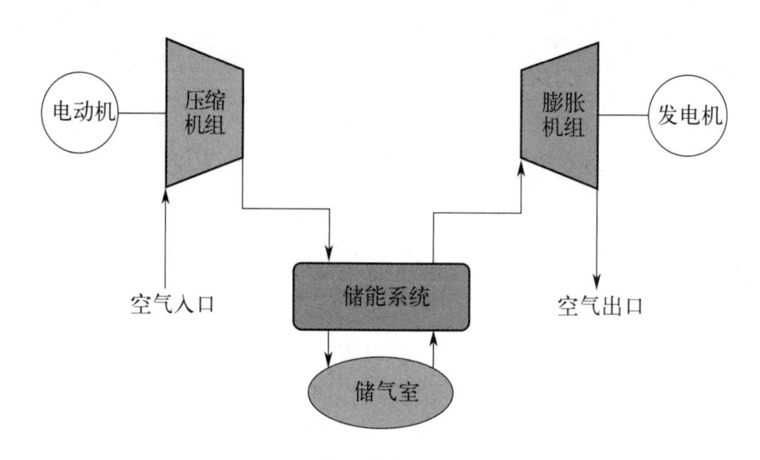

图 1-2 压缩空气储能的工作原理

缩空气储能系统时，需要特殊的地理条件建造大型储气室，如高气密性的岩石洞穴、盐洞及废弃矿井等，从而限制了其大范围推广。

在工作过程中，压缩空气储能有很大一部分能量会转化为热能，没有得到有效利用导致压缩空气储能技术能量效率低。传统的空气压缩系统能量效率较低，仅为 40%～55%，因此实现压缩过程中产生的热量存储是提高空气压缩系统能量效率的有效手段。

1.1.2.3 飞轮储能

飞轮储能是一种基于机械能和电能之间的转换过程的先进物理储能技术。飞轮储能系统的结构如图 1-3 所示，在储存能量时，系统通过电能驱动，使飞轮高速旋转将电能转换为机械能；在释放能量时，系统通过飞轮惯性带动电机发电，将储存的机械能变为电能输出。飞轮储能系统主要由飞轮转子、轴承系统、电机系统、电能变换器及真空室五部分组成。

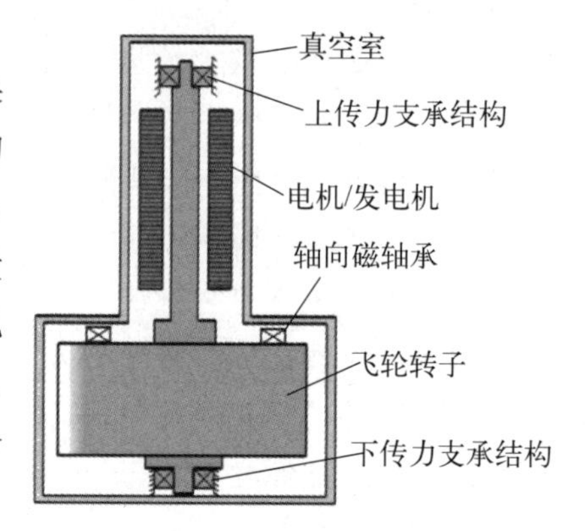

图 1-3 飞轮储能系统结构

飞轮储能技术具有瞬间功率大、充电时间短、使用寿命长、储能密度高、安装维护方便及环境危害小等优点，主要应用于电网辅助调频、动力汽车、汽车能量再生利用、脉冲功率供电、新能源电站并网及不间断高质量供电等领域。

1.1.2.4 超导磁储能

超导磁储能是一种基于超导体中的电磁能和电能之间的能量转换的电气类储能系统，如图 1-4 所示，它一般由超导线圈磁体、低温容器、制冷装置、功率变换装置和检测与控制系统组成。其工作原理为超导线圈将电流导入电感线圈，在线圈中产生磁场，将剩余电能以电磁能形式存储起来，在需要时可将此能量经逆变器送回电网或作其他用途，理论上可以实现电流的无损、不间断循环。

超导储能具有高能量转换效率（约 95%）、毫秒级响应速度、大功率和大能量密度、

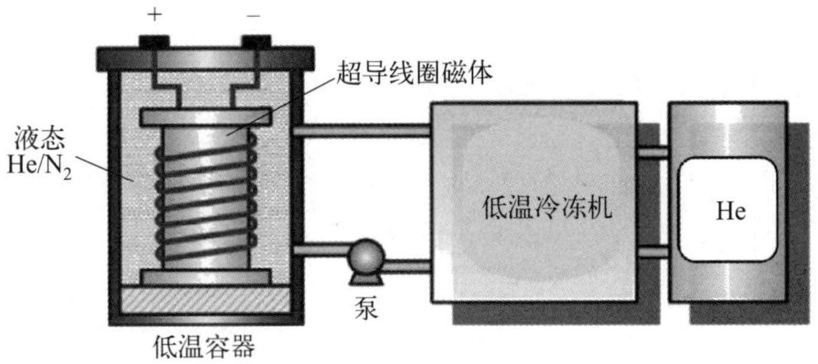

图 1-4 超导磁储能系统结构

长使用寿命、维护简单及环境污染小等优点，目前主要应用于调节电力系统峰谷、消除电网的低频功率振荡、调节无功功率因素从而提高电力系统稳定性等方面。

在新能源电力系统，尤其是当前大力发展的风力发电和光伏发电系统中，利用超导磁储能与统一电控器结合不但可以进行电网的瞬态质量管理，稳定电网的动态性能，缓解次同步谐振以及提升紧急故障的应变能力，改善随机及间歇性可再生能源的并网特性，而且对于大负载需求，更可以减少电网波动、平衡尖峰，从而确保电力持续、稳定输出。在要求功率高、响应快的特性方面，超导磁储能装置又可作为高功率脉冲电源使用。

2021 年，科技部发布的重点研发专项中高性能高温超导材料及磁储能应用被列入“高端功能与智能材料”重点专项，我国政府对超导磁储能行业发展支持力度加大。2021 年，中国船舶集团有限公司第七一二研究所研制的高温超导储能样机顺利通过技术验收。这台兆焦/兆瓦级环形高温超导储能装置，具有完全自主知识产权，技术指标达到国际先进水平。

1.1.2.5 热能存储

热能存储也称储热技术，是指实现热能的储存和利用的一种电力储能技术。储热技术解决了热量供应与需求在时间和空间上不一致的问题，提升了热能利用的灵活性。储热技术不仅在传统的采暖和制冷领域发挥着不可替代的作用，而且在解决可再生能源消纳、电力系统调节和多能互补等领域承担着越来越重要的角色。根据储热原理的不同，储热技术可分为显热储热、相变储热和热化学储热。

显热储热利用材料本身在温度升高（或降低）时吸收（或放出）热量的性质来实现储热目的。地面蓄热是最普遍的显热储热方式，它通常涉及在夏季使用循环介质（水或空气）从建筑物中提取热量，地面换热器将循环介质输送到更深的地下进行储存供冬季使用。其优势在于原理简单、技术成熟、材料来源丰富、价格低廉等方面。但它也具有放热过程中温度不稳定的劣势。受介质单位体积蓄热能力较低的影响，显热储热的效率偏低。该技术的发展主要受投资成本、政策、储热材料、地下空间以及规模化程度等因素的影响。

相变储热的原理是材料晶型改变伴有热量的吸收和释放过程，从而实现热量的可逆存储。这一类型的储热优势是其热量值与材料本身有关，受外界条件影响比较小。可利用的相变材料种类广泛，其中，无机材料包括冰、结晶水合盐、熔融盐、合金等，有机材料则包括石蜡、羟酸、酯、多元醇等。

热化学储热利用可逆化学反应原理，通过热能与化学能的转换来储热，其优点是化学反应产生的热量高且参与反应的材料多是常温保存的。常用的材料主要有金属氢化物、氧化物、过氧化物、碳酸盐、三氧化硫等。但热化学储热存在循环效率低、运维要求高等劣势。

1.1.2.6　氢储能

氢储能技术是基于电能和氢能相互转化的储能技术，首先利用富余的电能来电解水，制造出可长期储存的氢气，然后在常规燃气发电厂中燃烧氢气发电，或用氢燃料电池进行发电，它可用于交通、热电联供等场景。图 1-5 是我国氢储能的应用场景，针对我国存在的可再生能源发展不平衡的矛盾，以及风电、光伏等可再生能源波动性和间歇性特点，配置高效氢储能系统是解决当前大规模弃风电、弃光电问题的有效手段。电网用电低谷时将风、光电能等清洁能源用于电解水制氢存储，用电高峰时再通过氢燃料电池发电，实现电网削峰填谷。

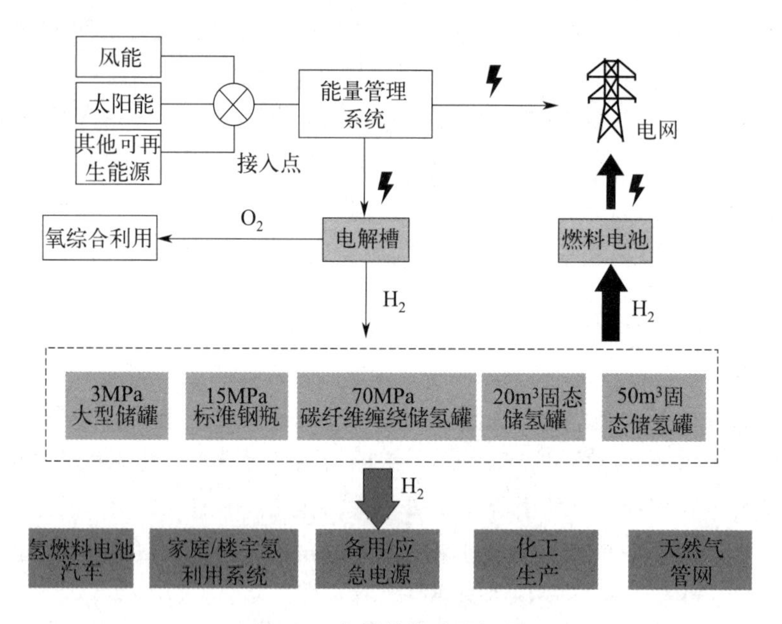

图 1-5　氢储能的应用场景

氢储能具有实现长时储能、规模储能经济性强、储运方式灵活、零碳排放等优点。但是目前，其较低的体积能量密度和较高的生产成本限制了其大规模应用和推广。

1.1.2.7　电化学储能

电化学储能是基于电能和化学能之间能量转化的储能系统，其主要通过电池内部充放电过程中的电化学反应实现能量的存储与转化，已实现大规模应用的电化学储能电池主要有水系电池、有机锂/钠离子电池、液流电池及高温钠硫电池。其中，水系电池包括铅酸电池和镍氢电池。

(1) 铅酸电池

铅酸电池（lead acid battery）自1859年由普兰特发明以来，至今已有160多年的历史，技术十分成熟，是全球使用最广泛的电化学电源。铅酸电池具有工作电压平稳、使用温度及使用电流范围宽、贮存性能好及生产成本低等优点。其缺点在于体积笨重、比能量小、环境腐蚀性强、循环使用寿命短及自放电现象严重等问题。

近十多年，铅酸电池的研发重点在铅炭电池（lead carbon battery），通过在负极添加高活性的炭材料，可以有效抑制因负极硫酸盐化引起的容量快速衰减，可有效提升循环寿命，并提高电池的快速充放电能力。

(2) 镍氢电池

镍氢电池是一种以高浓度氢氧化钾溶液为电解液的碱性水系二次电池，自20世纪80年代末期发展起来并得到广泛运用。在充电过程中，正极端的$Ni(OH)_2$失去电子被氧化为NiOOH，碱性电解液中的水在负极端得到电子释放出氢原子，氢被负极储氢合金吸收形成金属氢化物，放电过程则是充电过程的逆反应过程。

镍氢电池具有能量密度高的特点，且没有记忆效应，还能耐受一定的过充过放行为，对环境友好且回收价值高，是一种绿色环保的二次电池。

(3) 锂离子电池

锂离子电池（lithium-ion battery）具有储能密度高、充放电效率高、响应速度快等优点，是目前发展最快的新型储能技术。锂离子电池主要依靠锂离子在正极和负极之间移动来工作，充电时，锂离子从正极脱嵌，经过电解质嵌入负极，负极处于富锂状态；放电时则相反。锂离子电池材料包括正极材料、负极材料、电解液和隔膜等部分，其中，正极材料决定电池的容量、寿命等多方面核心性能，一般占锂离子电池总成本的40%左右。

锂离子电池是当前除抽水蓄能以外装机占比最高的储能形式。此外，相比其他可充电电池技术，锂离子电池可提供高达3.6V的工作电压，其能量密度也远高于镍镉电池及镍氢电池等早期电化学储能技术。不仅如此，锂离子电池不含有毒的镉，其退役后比镍镉电池更容易处理。

但是，锂离子电池的安全性问题限制了其发展。锂离子电池容易过热，并且在高电压下可能会损坏，甚至导致热失控和燃烧。因此为了保证安全，锂离子电池需要安全机制来限制电压和内部压力，但是这在某些情况下会增加重量并限制性能。另外，锂离子电池在使用过程中会发生老化，这意味着锂离子电池的容量会逐渐衰减，其服役寿命相对有限。因此，锂离子电池的安全性问题仍然是其发展的头等大事。

(4) 液流电池

液流电池（redox flow battery）被认为是大中型储能设备中最有希望的技术之一。液流电池具有独特的结构，它将能量储存在装有电解质的储罐中。一般情况下正负极氧化还原材料分别溶解在电解质中，正负极电解液由隔膜隔开。与传统的电化学储能电池不同，在充放电过程中，液流电池中的正负极电解液分别与电极进行氧化还原反应，电解质材料还同时传导带电粒子并进行能量存储，而电极材料则只为能量转换提供反应界面。

因此，由于氧化还原液流电池的能量转换反应通常只发生在电极表面，不会损坏电极内部结构，从而保证了内部结构的完整性，这使得液流电池具有较长的循环寿命。此外，设计灵活性是其另一个强大优势，其能量和功率的有效解耦可以灵活调整以满足用户的需求，使液流电池在大规模储能领域极具吸引力。

(5) 高温钠硫电池

20 世纪 70 年代到 21 世纪初，可充电的高温钠硫电池因其高理论比容量和电极材料的超低成本而受到广泛关注。与多种电能储存技术相比，高温钠硫电池具有容量大、寿命长的储能性质优势，主要用于削峰填谷、风力发电、应急电源等方面，以提高供电可靠性。

高温钠硫电池虽然在大规模储能方面应用近 20 年，但较高的工作温度（300～350℃）以及高温附带的安全隐患一直是人们关注的问题。针对高温钠硫电池的高温痛点，近年来人们在探索常温钠硫电池方面开展了一系列的研究工作，随着工作温度的降低以及相应安全隐患的消除，常温钠硫电池有可能成为未来关键的储能电池技术。

1.2 电化学储能的发展历程及现状

电化学储能技术的发展最早可以追溯到 19 世纪。1800 年，亚历山德罗·伏打发明了伏打电堆，标志着电化学储能技术的诞生。20 世纪后期，索尼公司生产的锂离子电池迅速占据市场，广泛应用于便携式电子设备、电动工具和电动汽车等多个领域。进入 21 世纪，钠硫电池和液流电池等新型电化学储能技术逐渐发展，适用于大规模储能系统。目前，全球各国政府纷纷出台政策支持电化学储能技术的发展，推动电动汽车和可再生能源发电的普及。市场需求的增长促进了电化学储能技术的快速进步和规模化生产，使电化学储能系统的成本不断下降。未来，电化学储能技术将继续朝着高能量密度、高安全性、长循环寿命和低成本的方向发展，为实现全球能源转型和可持续发展提供坚实的技术保障。

1.2.1 电化学储能电池的发展历程

电池又名化学电源，是电化学储能的中枢组成部分，其发展对推进电化学储能的布局和应用起着至关重要的作用。根据其使用性质的不同，化学电源可分为一次电池、燃料电池及二次电池。一次电池又称干电池，是指电池中的活性物质会在放电过程中被消耗而无法继续充电使用的电池，主要包括碱性电池和酸性电池。燃料电池不包含活性物质，是基于催化燃料和氧化剂发生燃烧反应，并将其化学能直接转化为电能的装置，其本质是一种催化元件。二次电池又称可充电电池，是指可以通过可逆的放电/充电过程从而实现电池内的活性物质循环使用的电池，如铅酸电池、镍氢电池及锂离子电池等。

储能电池的研究历程最早可追溯到十八世纪末（如图 1-6），意大利科学家伏打（Alessandro Count Volta）首先报道了“伏打电”现象，银片和铁片通过浸透盐水的纸张隔开通过外部导线连接，如图 1-7 所示，会产生瞬间的电火花，这一发现为化学电源的雏形奠定了基础。1859 年，法国科学家普兰特（Gaston Planté）首次发现在撤去充电电流后，浸泡在硫酸溶液中的一对铅板可以提供放电电流，并由此发明了铅酸电池。铅酸电池自发明起一直被沿用至今。1838 年，法国科学家亨利·安德烈（Henri Andre）在铅酸电池的基础上发明了锌银蓄电池（silver-zinc secondary battery），并于 50 年后实现了该电池的商业化。

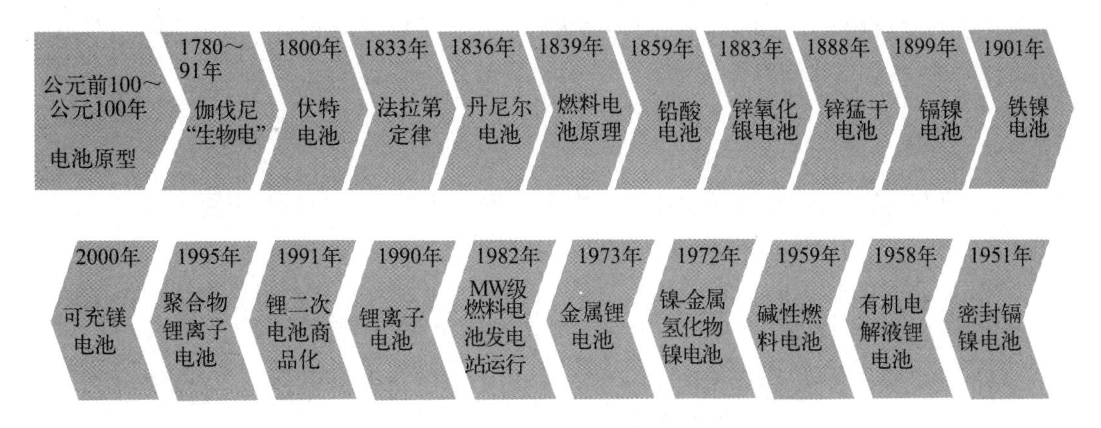

图 1-6 电化学电池时间发展表

此外，液流电池也是一种重要的大规模高效电化学储能电池。液流电池的概念于 1974 年被首次提出，并于二十世纪末进入产业化发展阶段。1971 年，Ashimura 和 Miyake 发现了氧化还原型燃料电池（redox type fuel cell）在流经多孔碳电极时正极活性物质出现极化现象，这一报道被视为现代液流电池的雏形。随后，Thaller 在 1974 年借由铁铬液流电池（iron-chromium redox flow battery，Fe-Cr battery）第一次阐明了液流电池的基本构成、运行原理以及电池材料的选择标准。液流电池中活性物质与电极相互分离，该设计模式使得电池的容量与功率能单独进行数值调控。随着人们对液流电池的认识逐渐深入，全液体水系无机液流电池、无机混合液流电池、无水有机液流电池以及水系无机液流电池进入了人们的生活中。

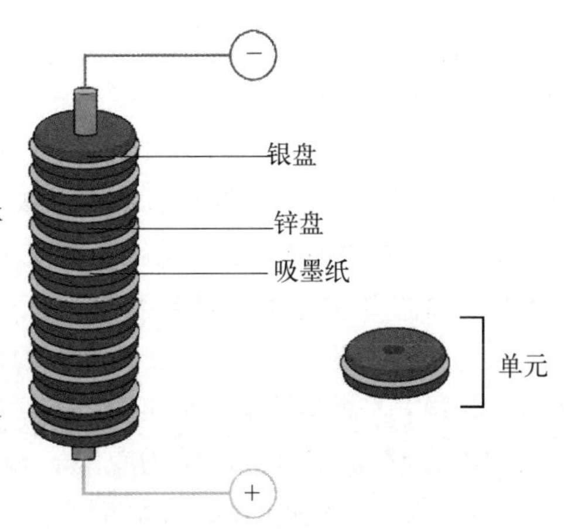

图 1-7 伏打电池结构

20 世纪 80 年代，具有更高能量密度和循环寿命的镍镉电池（nickel-cadmium battery，Ni-Cd battery）和镍-氢气电池（nickel-hydrogen battery，Ni-H_2 battery）开始相继问

世。但是，由于镉元素对环境极不友好，且对人类的健康存在安全隐患，镍-氢气电池逐渐取代了镍镉电池，并广泛应用于电动车辆、便携式电子设备和电力系统中。20 世纪 70 年代以来，镍-氢气电池一直被用作卫星和航空航天站的独特储能系统。

针对镍-氢气电池体积能量密度较低的问题，Brookhaven & Philips 实验室研究并报道了一种可以将 H_2 储存在晶格结构中的 $LaNi_5$ 储氢合金，这种合金像一块“能吸水的海绵”，在一定的电化学条件下可以实现对 H_2 的吸收、储存和释放。1995 年，基于 AB_5 储氢合金负极的镍-金属氢化物电池（nickel-metal hydride battery，Ni-MH battery）在日本三洋公司首次实现了产业化应用并正式进入大众视野，并在之后的几十年中得到了广泛研究。镍-金属氢化物电池也被称为低压镍氢电池，相较于传统的镍-氢气电池，镍-金属氢化物电池的能量密度增加了 166%，是目前研究的主流镍氢电池，本书中无说明时均使用镍氢电池指代镍-金属氢化物电池。

锂离子电池是继铅酸电池和镍氢电池之后的新一代二次电池。由于锂金属具有较低的氧化还原电位（−3.045V vs. RHE）和较小的密度（$0.534g/cm^3$），锂离子电池具有较高的能量密度和较宽的工作电压窗口。1913 年，科研人员首次测量并报道了锂金属的精确电极电势（−3.3044V vs. SCE）。1973 年，M·斯坦利·威廷汉（M. Stanley Whittingham）发现锂离子可以在 TiS_2 正极中片层实现可逆脱嵌，并采用硫化钛作为正极材料，金属锂作为负极材料，首次构建了锂金属电池的原型。之后，商业化 Li‖TiS_2 二次电池于 1988 年在加拿大被首次推出。但是，内部短路问题使得 Li‖TiS_2 二次电池发生了严重的爆炸事故，商业化最终以失败告终。

即便如此，这次尝试对日后锂离子电池的诞生与发展有着重要的意义。直到目前，如何提高锂离子电池的安全性仍然是研究者们长期坚持不懈的探索目标。

20 世纪 80 年代，Michel Armand 首次提出“摇椅式电池”的概念。同年，约翰·B·古迪纳夫（John B. Goodenough）探索了一系列基于 LMO_2（M=V，Cr，Co，Ni）层状结构的正极材料，最终发现了具有高电压平台且在空气中稳定的钴酸锂正极（$LiCoO_2$，LCO），可以作为摇椅式锂离子电池理想的正极材料。随后，吉野彰（Akira Yoshino）首次在有机电解液体系中实现了锂离子在石油焦负极中的可逆脱嵌，并于 1991 年与索尼公司合作推出了世界上第一代商品锂离子电池（焦炭‖$LiPF_6$+PC+DEC‖$LiCoO_2$），并首次提出了“锂离子电池”的概念。锂离子电池在之后的 20 年间进入了迅猛发展的阶段，广泛应用于移动电子设备、电动交通工具及储能系统等领域，是目前电化学储能的主流设备。2019 年 10 月 9 日，瑞典皇家科学院将诺贝尔化学奖分别授予约翰·B·古迪纳夫、M·斯坦利·威廷汉及吉野彰三位科学家，以表彰他们在锂离子电池发展中做出的巨大贡献，图 1-8 是三位科学家的照片及重要发现内容。

随着锂离子电池的应用和发展，钠离子电池（sodium-ion battery）和钾离子电池（potassium-ion battery）也被相继报道，其中，钠离子电池有望应对锂资源可能不足的问题，从而成为锂离子电池的有效补充，并成为研究热点。目前，全球钠离子电池的发展均处于起步阶段，我国于 2022 年正式将钠离子电池列入《“十四五”能源领域科技创新规划》，从而进一步推动我国钠离子电池的发展。除了上述传统的新能源电池外，随着科学技术的发展，具有更高能量密度的锂金属电池及钠金属电池也受到了科研人员的广泛关

首次发现插层嵌锂$LiCoO_2$正极

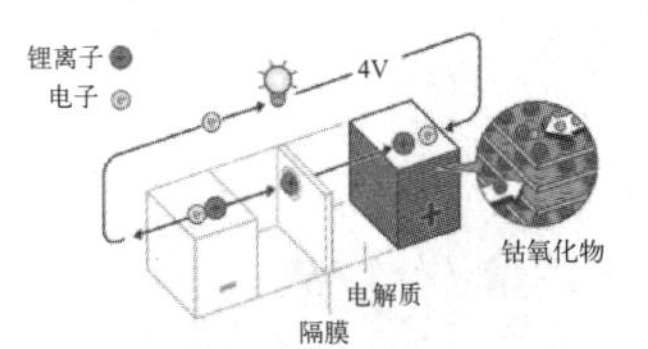

John B. Goodenough
美国固体物理学家，97岁

首次发现插层嵌锂TiS_2正极

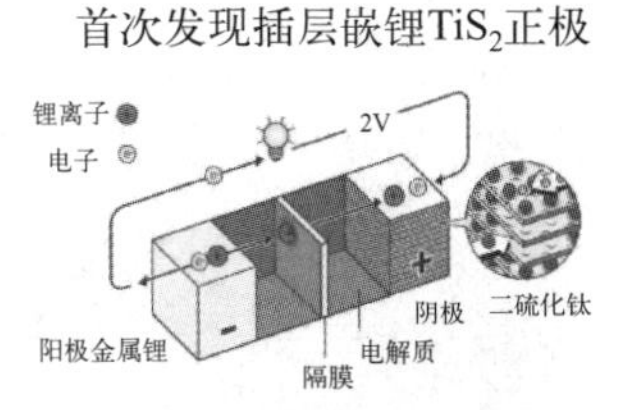

M. stanley Whittlingham
英国化学家，78岁

首次发现可逆储锂石油焦负极

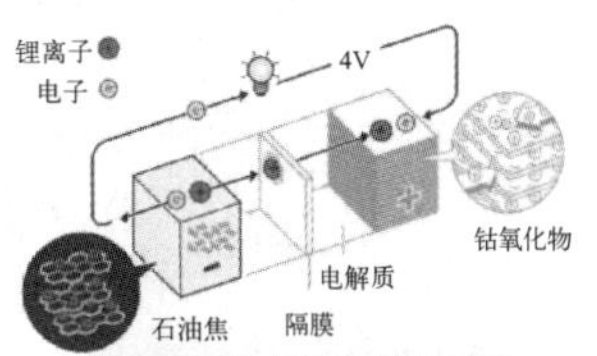

Akira Yoshino
日本化学家，71岁

图 1-8 锂离子电池与 2019 年度诺贝尔化学奖

注，如锂硫电池（lithium-sulfur battery）及钠硫电池（sodium-sulfur battery）等。此外，新型锂-空气电池（lithium-air battery）、钠-空气电池（sodium-air battery）、镁离子电池（magnesium-ion battery）、水系锌离子电池（aqueous zinc-ion battery）及双离子电池（dual-ion batteries）的概念也被相继提出。

1.2.2 电化学储能的技术发展现状

近年来，能源和环境问题已经成为影响国家、社会和经济可持续发展的重要课题。国际能源署发表的《2022 年世界能源展望》指出，着眼于长期发展，清洁能源等新能源的探索和应用依旧是解决人类能源问题的关键。当前，越来越多的国家和地区制定可再生能源发展目标及规划，开始大力推动能源转型，加快了全球能源经济的结构性变化，全球范围内的清洁能源研究和产业开始进入一个快速发展的新时期。我国作为能源消耗大国，也提出了“碳达峰、碳中和”的建设要求，加速了我国以电化学储能为代表的清洁能源的发展，市场对电化学储能的需求量急剧增加，也提出了更高的要求，即高能量密度与高功率密度齐头并进。由于其高安全可靠性及可循环使用性，二次电池已经广泛应用于消费电子设备、新能源交通工具及新型产业发展等多个方面，成为能源领域的新一代关键技术。图 1-9 是目前市场上销售的各类储能电池，已经实现大规模产业化生产的二次电池主要有铅酸电池、镍氢电池、液流电池、锂离子电池及钠离子电池。

铅酸电池是最早研发并实现产业化应用的二次电池，其主要优势在于高安全性、技术成熟、结构简单、价格低廉等方面。此外，铅酸电池可在 0～45℃的宽温度环境实现稳定循环。但是，铅酸电池的能量密度较低，仅为 30～60W・h/kg，使其工作中无法进行深度放电和大功率放电。目前，铅酸电池的生产占全球铅使用量超过 85%，广泛应用于电

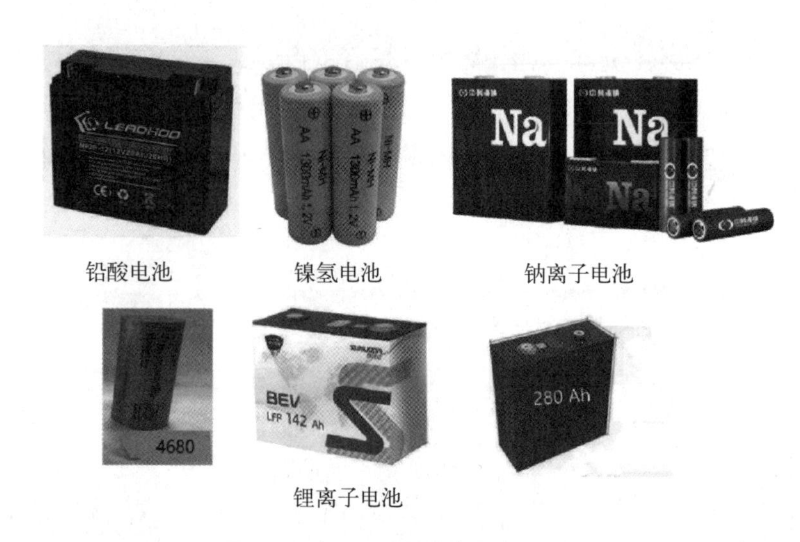

图 1-9 市场上销售的各类储能电池

动摩托车等低速车辆、应急备用电源及风能系统等多个领域。然而，铅的使用存在非常严重的安全和环保问题，目前退役铅酸电池的回收处理已经引起了公众的广泛关注。

作为最可持续和经济的可再生资源之一，氢能在储能系统中具有根本优势。镍氢电池于 1983 年开始在国际通信卫星组织 V-B 地球同步轨道（GEO）通信卫星上使用，这种基于铂催化电极的镍-氢气电池表现出超过 40000 周次的卓越的循环稳定性，近年来，为了开发新型镍氢电池负极材料，研究者将目光聚焦于钙钛矿型氧化物。钙钛矿型氧化物具有特殊的晶体结构，使其在能量转化和储存方面有着巨大潜力。其中，钙钛矿型氧化物 $LaFeO_3$ 由于其成本低、环境友好、高温稳定性优秀，被认为是一种有前景的镍氢电池负极材料。自 20 世纪 70 年代开始，寿命超过 40 年的镍氢电池主要应用于卫星和航空航天站的独特储能系统。

液流电池是电化学储能中很重要的一种技术。液流电池的种类有很多，如传统的全钒液流电池（vanadium redox flow battery）、锌溴液流电池（zinc-bromine flow battery，Zn-Br battery）等，以及新兴的有机液流电池、半固体液流电池等。其中，全钒液流电池和锌溴液流电池已实现了商业应用，其研究主要集中在对不同液流电池体系中的电解质、隔膜等材料的探索以及流道结构设计等方面。北京百能汇通最早研发出我国第一台锌溴液流电池及电池隔膜、极板和电解液等关键材料。液流电池具有较高的功率密度，而且具有长达 15～20 年的使用寿命及深度放电能力。但是，液流电池存在能量密度偏低、充放电倍率低及能效转化率低等问题。液流电池主要应用于超大型电站储能，近 3 年，约有 5% 的大型储能项目运用液流电池。

锂离子电池的能量密度高达 200～250W · h/kg，已经广泛应用于移动设备、电动汽车、储能系统等各行各业。此外，锂离子电池具有高工作电压、高能效、快响应速度、长使用寿命及环境友好等优点。2001 年，我国启动“863 计划”，正式明确了新能源汽车是我国汽车工业崛起的机遇。2007 年，国家发布《新能源汽车生产准入管理规则》，使用补贴的方式扶持新能源汽车，促进了中国锂离子电池行业的迅速崛起。随后，宁德时代、比亚迪、欣旺达等锂离子电池相关的国内企业迅速发展，搭载着锂离子电池的新能源汽车已经融入了大众的生活。然而，锂离子电池在充电过程中存在热失控等安全隐患，这仍然是亟待解决的重要问题。此外，高昂的生产成本和较差的一致性问题也限制了锂离子电池的进一步发展。目前，锂离子电池仍然是当前电化学储能发展的主流技术，实现产业化应用的锂离子电池主要分为磷酸铁锂基、三元正极基及硅碳负极基三种。值得注意的是，我国的新能源汽车动力电池于2019年起开始进入报废期，2023年退役锂离子电池实际回收量达到62万吨。目前，我国退役动力电池循环利用产业链已初步形成，但是退役锂离子电池的回收仍受限于传统的湿法和火法过程，其经济效率亟待进一步提升。

钠离子电池的研究最早开始于20世纪80年代，相较于锂离子电池，钠离子电池具有更高的资源丰度和预期更低的生产成本。而且，钠离子电池具有良好的电化学性能以及热稳定性，使其可以适应一定规模的供电。钠离子的还原电位较高且离子半径大，使其很难插入石墨层内，所以锂离子电池中常用的石墨负极无法很好地在钠离子电池中使用。对于钠离子电池，寻找新型的负极材料成为非常迫切的需求。此外，钠离子电池的能量密度较低，为100～180 W·h/kg，主要适用于大规模储能设施，中科海纳于2019年建立了首座钠离子电池储能电站。宁德时代也在2023年基本实现了钠离子电池的全产业链布局。但是，受限于技术的不成熟，目前钠离子电池的应用还局限于一些示范性项目，尚未实现大规模应用。

与多种电能储存技术相比，高温钠硫电池具有容量大及寿命长的储能性质优势，许多国家都在积极开发与高温钠硫电池储能相关的技术。自1992至今，高温钠硫电池已实际应用近30年，大功率高温钠硫电池主要用于削峰填谷、风力发电、应急电源等方面，以提高供电可靠性。但是，脆性陶瓷隔膜材料增加了高温钠硫电池的制造难度和降低了安全可靠性。此外，300～350℃的高工作温度所附带的安全隐患问题迟迟未能得到有效的解决，限制了其大规模应用。

1.3 电化学储能的发展意义及未来

电化学储能系统在生产生活中发挥着重要作用。以电化学储能为代表的新型储能系统具有调节速度快、布置灵活及建设周期短等特点，已成为提升电力系统可靠性的重要手段。作为新型储能的主力军，电化学储能已经开始从兆瓦级别的示范应用迈向吉瓦级别的规模市场化。电化学储能系统的作用主要有以下几个方面：

（1）电化学储能技术的进步支持了可再生能源的大规模接入

随着全球能源结构向清洁、低碳方向迈进，可再生能源在电力系统中的比例不断攀升。然而，可再生能源的间歇性和波动性给电力系统的稳定运行带来挑战。在这一背景下，电化学储能技术能够有效地平滑可再生能源的波动输出，从而增强了电力系统对高比例可再生能源接入的适应性。

（2）电化学储能技术提高了电力系统的灵活性和稳定性

在电力系统中，电化学储能可发挥多种功能，如峰谷调节、频率调节和备用电源。通过快速响应电网的调度需求，电化学储能能够提升电力系统的灵活性和稳定性，确保了电力供应的可靠性和安全性。

（3）电化学储能技术促进了分布式能源系统的发展

随着分布式能源系统（如家庭光伏、社区微网）的普及，电力生产和消费模式正在发生变革。在这种情形下，电化学储能技术能够在分布式能源系统中发挥重要作用，实现能源的就地存储和使用，提高了能源利用效率，降低了对传统电力网络的依赖。

（4）电化学储能技术加速了交通工具电动化的进程

电动交通是实现交通领域低碳转型的重要途径，而电化学储能技术则是电动交通发展的关键支撑。高性能的电池技术不仅能够提高电动汽车的续航里程，还能够实现快速充电，从而促进了电动交通的普及和发展。

（5）电化学储能技术支持了能源互联网的建设

能源互联网是未来能源系统的发展方向，其核心理念是通过先进的信息技术和智能化手段，实现能源生产、传输、存储和消费的高效协同。作为能源互联网的重要组成部分，电化学储能技术能够在分布式能源管理、智能调度和用户互动等方面发挥重要作用，推动了能源互联网的建设和发展。

未来，电化学储能技术有望继续发展壮大，并在更广泛的领域中发挥重要作用。从技术发展趋势来看，新材料的应用、系统集成与智能化、多技术路线并存发展将是未来的发展方向。新材料的研发和应用将提升电化学储能器件的能量密度、安全性，以及降低成本。系统集成与智能化将实现储能系统的智能管理和高效运行。同时，不同应用场景对储能技术的需求各不相同，未来将出现多种技术并存发展的局面。在应用前景方面，电动汽车市场的扩大、大规模储能电站的建设、家庭和社区储能的普及以及智能电网与能源互联网的发展都为电化学储能技术提供了广泛的应用前景。然而，要把握这些潜在的发展机会，需要政策支持与市场机制的配合。政府应继续加大对电化学储能技术的政策支持力度，通过税收优惠、财政补贴等手段激励企业和用户积极采用电化学储能技术。同时，建立健全的电化学储能产品的市场准入机制以及运行、维护、退役与回收过程的与环保相关的法律法规，推动电化学储能技术在电力市场中的可持续与可循环应用，促进技术的规模化应用和成本的不断降低。

参考文献

［1］ 张会刚．电化学储能材料与原理［M］．北京：科学出版社，2020.
［2］ 连芳．电化学储能器件及关键材料［M］．北京：冶金工业出版社，2019.
［3］ 郭洪，刘婷婷，李冕．电化学储能材料与原理［M］．北京：中华工商联合出版社，2022.
［4］ 陈海生，李泓，徐玉杰，等．2022 年中国储能技术研究进展［J］．储能科学与技术，2023，12（05）：1516-1552.
［5］ 张锁江，张海涛，张兰，等．变革性储能技术的化学工程科学问题［J］．中国科学基金，2023，37（02）：162-169.
［6］ 许鹏程，袁治章，李先锋．锌基液流电池储能技术研究进展［J］．科学通报，2024，69（21）：

3110-3121.
[7] 梁宏博，陈泓宇，张旭彪，等．新型储能技术进展及应用分析［J］．水电与抽水蓄能，2024，10（02）：27-33.
[8] 林超凡，叶子，方忠．环境规制下产业结构变迁对能源效率影响分析［J］．经济研究参考，2023（08）：93-110.
[9] 寇静娜，张锐．碳中和背景下中俄欧能源合作的发展变迁与展望［J］．中外能源，2021，26（12）：11-17.
[10] 林大方，王四季，王程阳，等．复杂工况下储能飞轮转子传力支承与减振设计［J］．太阳能学报，2024，45（4）：356-364.
[11] 张军，郭希宇．中国产业结构变迁、能源效率与环境污染——基于能源效率门槛的视角［J］．南京财经大学学报，2020（04）：45-55.
[12] 饶中浩，汪双凤．储能技术概论［M］．徐州：中国矿业大学出版社，2017.
[13] Venkata Suresh Vulusala G，Sreedhar Madichetty. Application of superconducting magnetic energy storage in electrical power and energy systems：a review［J］. International Journal of Energy Research，2018，42：358-368.
[14] Li X，Huang Z，Shuck C E，et al. MXene chemistry，electrochemistry and energy storage applications［J］. Nature Reviews Chemistry，2022，6（6）：389-404.
[15] Lv J，Xie J，Mohamed A G A，et al. Photoelectrochemical energy storage materials：design principles and functional devices towards direct solar to electrochemical energy storage［J］. Chemical Society Reviews，2022，51（4）：1511-1528.
[16] Venkatesan S V，Nandy A，Karan K，et al. Recent advances in the unconventional design of electrochemical energy storage and conversion devices［J］. Electrochemical Energy Reviews，2022，5（4）：16.
[17] Huang Z，Li X，Chen Z，et al. Anion chemistry in energy storage devices［J］. Nature Reviews Chemistry，2023，7（9）：616-631.
[18] Chu S，Majumdar A. Opportunities and challenges for a sustainable energy future［J］. Nature，2012，488（7411）：294-303.
[19] Chu S，Cui Y，Liu N. The path towards sustainable energy［J］. Nature Materials，2017，16（1）：16-22.

2

电化学储能电池的主要类型与评价要素

电化学储能系统主要由电池组和电池管理系统（battery management system，BMS）、能量管理系统（energy management system，EMS）、储能变流器（power conversion system，PCS）以及热管理系统等其他系统设备构成。其中，电池占据电化学储能系统成本的60%，是电化学储能系统中最重要的中枢组成部分。电化学储能电池主要由正负极电极材料、隔膜、电解液、外壳及保护电路等部分组成。电化学储能电池的性能评价要素主要有电压、容量、充放电效率、能量密度及电化学阻抗等几方面。本章内容将对主流电化学储能电池的组成及基本原理、电化学性能评价要素及电化学测试技术进行简单介绍。

2.1 电化学储能电池的组成及基本原理

在电化学储能电池中，化学能与电能之间的转化过程是依靠特定电解液环境下电位不同的电极上发生的氧化还原反应来实现的，其中，电位较负的材料作为负极，电位较正的材料作为正极。因此，当两种材料间的电化学势（费米能级）存在差异时，就可以构建由这两种材料组成的电化学储能电池。电池的能量密度取决于电池工作电压和正负极材料的可逆容量，而工作电压由正负极的电化学势的差值决定。当外电路断开时，电池内部没有电流，虽然电极之间存在电位差（开路电压），但不会发生能量的转化。而当外电路闭合时，电池内部在电极电位差的作用下产生电流，电极两端发生氧化还原过程，发生电荷的转移，伴随有反应物/产物的物质传递及离子的迁移。一般来说，充电过程和放电过程具有相反的传电和传质过程，因此，正负极两端可逆的氧化还原反应是保证实现能量转化的必要条件。根据电解液体系及电极材料的不同，本节主要分块介绍水系电池、有机碱金属离子电池、液流电池等几种电化学储能电池的组成及基本原理。

2.1.1 水系电池

水系电池一般是指采用水作为电解液溶剂的电池体系，包括铅酸电池、镍氢电池、镍镉电池及锌离子电池等。比如铅酸电池采用硫酸水溶液作为电解液，而镍氢电池采用氢氧化钾水溶液作为电解液等。相比于有机电解液电池体系，水系电池的安全性较高、环境友好、成本低，而缺点则包括电化学稳定窗口窄、电极溶解/副反应和因温度变化不稳定性导致的能量密度低、循环寿命不理想、工作温度窗口有限等方面。

2.1.1.1 铅酸电池

铅酸电池由正负极活性材料、电解液、板栅、隔板和外壳等部件构成。其中，正极一般是二氧化铅（PbO_2），负极为海绵状铅金属（Pb），电解液为质量分数为37%～42%的硫酸水溶液。板栅是正负极的集流体材料，用于支撑并固定正负极活性材料，同时在活性物质和端子之间传递电子。隔板多采用多孔聚乙烯材料，其作用是将正负极板隔绝开从而防止短路，同时多孔结构有利于电解液的移动。作为最早商业化的储能电池，铅酸电池主要具有以下优点：

① 商业化时间最长，性能稳定，有较高的适用性；

② 电解液无可燃性，安全性较高，高倍率放电性能良好，可用于引擎启动；

③ 高低温性能较好，可在－40～60℃的温度范围工作。

图 2-1 是铅酸电池的工作原理。铅酸电池的充放电过程基于铅元素不同价态之间的氧化还原反应，其充放电过程如式(2-1)～式(2-6) 所示：

放电： 负极： $$Pb+H_2SO_4 \longrightarrow PbSO_4+2H^++2e^- \tag{2-1}$$

正极： $$PbO_2+H_2SO_4+2H^++2e^- \longrightarrow PbSO_4+2H_2O \tag{2-2}$$

总反应： $$PbO_2+2H_2SO_4+Pb \longrightarrow 2PbSO_4+2H_2O \tag{2-3}$$

充电： 负极： $$PbSO_4+2H^++2e^- \longrightarrow Pb+H_2SO_4 \tag{2-4}$$

正极： $$PbSO_4+2H_2O \longrightarrow PbO_2+H_2SO_4+2H^++2e^- \tag{2-5}$$

总反应： $$2PbSO_4+2H_2O \longrightarrow PbO_2+2H_2SO_4+Pb \tag{2-6}$$

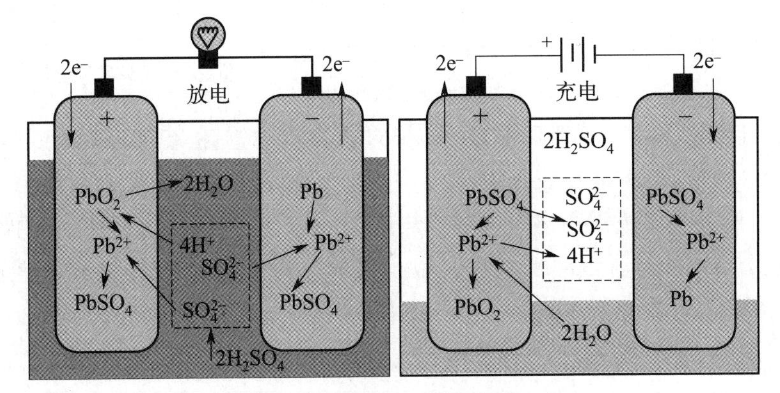

图 2-1 铅酸电池的工作原理

在放电过程中，负极板的铅原子失去两个电子，与电解液中的 SO_4^{2-} 发生氧化反应生成 $PbSO_4$，负极端产生的电子经负载进入正极端形成电流，正极处二氧化铅中的 Pb^{4+} 发生还原反应变成 Pb^{2+}，与电解液中的硫酸根离子相结合得到硫酸铅。同时，放电过程中正极端水解产生的 H^+ 也会进一步与电解液中游离的 OH^- 反应，得到放电产物 H_2O。充电过程中，在外界电流的作用下，正极端的 $PbSO_4$ 分解产生 Pb^{2+}，游离的 Pb^{2+} 失去两个电子并与电解液中的 H_2O 发生氧化反应，得到 PbO_2，负极端的 $PbSO_4$ 也在外电流的作用下发生解离，生成的 Pb^{2+} 得电子发生还原反应，生成绒状的铅金属附着在负极表面。

在充电过程中，电解液中游离的 SO_4^{2-} 会在电场的作用下持续向正极移动，而 H^+ 向负极端移动，导致电解液中硫酸的浓度随循环过程的进行而不断降低，正负极两端不导电的放电产物硫酸铅含量增加，进而使得电池内阻增大。此外，由于铅酸电池的电动势与电解液的 pH 值呈正相关关系，因此循环过程中电解液 pH 的持续降低也会导致其电动势降低，最终导致严重的电化学极化现象。对于铅酸电池长期放置后电池容量下降的问题，其主要原因是与电池充电后期存在副反应有关。电解 H_2O 反应导致气体析出，水分损失一定程度后，电解液浓缩也会导致内阻增大，电池容量下降。

2.1.1.2 镍氢电池

$Ni\text{-}H_2$ 电池由烧结式氢氧化镍正极［$Ni(OH)_2$］、基于铂基催化剂的氢气（H_2）扩散负极、碱性氢氧化钾电解液及隔膜等构成。图 2-2 是单一压力容器镍氢电池的结构，整个电池处于一个两端都为球形的压力容器中，储存氢气的压力容器是 $Ni\text{-}H_2$ 电池的显著特点。考虑到其稳定的化学性质和较好的润湿性，镍氢电池一般采用燃料电池级石棉膜、氧化锆膜或者钛酸钾膜作为隔膜材料。为了提高镍氢电池的放电容量及工作寿命，一般采用质量分数为30%且添加有少量氢氧化锂的氢氧化钾溶液作为电解液。

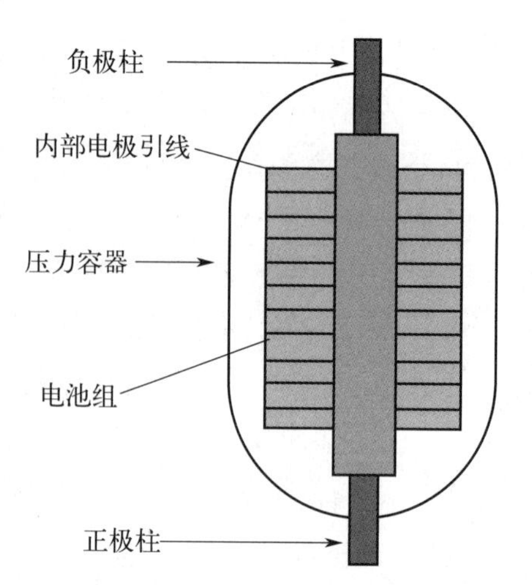

图 2-2 镍-氢气电池基本结构

镍氢电池的充放电过程基于正极端发生的 $Ni(OH)_2/NiOOH$（氢氧化氧镍）转化反应过程和负极端发生的电催化脱氢反应（hydrogen extraction reaction，HER）及氢氧化反应（hydrogen oxidation reaction，HOR)，其中 HER/HOR 转换过程可产生高达 2978mA·h/g 的超高比容量。充电过程中，$Ni(OH)_2$ 在正极端失去一个电子被氧化为 NiOOH，而碱性电解液中的 H_2O 发生分解并在负极端得电子并释放出 H_2；在后续的放电过程中，正极端 NiOOH 得电子被还原为 $Ni(OH)_2$，H_2 在负极失电子被氧化为 H_2O。充电过程的具体反应式见式(2-7)～式(2-9)。

正极： $$Ni(OH)_2+OH^- \rightleftharpoons NiOOH+H_2O+e^- \tag{2-7}$$

负极： $$2H_2O+2e^- \rightleftharpoons H_2+2OH^- \tag{2-8}$$

总反应： $$2Ni(OH)_2+2H_2O \rightleftharpoons 2NiOOH+H_2 \tag{2-9}$$

但是，镍氢电池易发生过度充电（过充）和过度放电（过放）的现象。当镍氢电池发生过充现象时，电解液中的水会在正极端分解产生 O_2，并伴随有 $Ni(OH)_2/NiOOH$ 的完全转换过程，同时负极端在还原电位下水持续发生分解产生 H_2。正极端产生的 O_2 易通过隔膜扩散到负极处，在铂催化剂的作用下与负极产生的 H_2 发生化合反应生成 H_2O。当镍氢电池发生过放现象时，镍正极出现反极现象，电解液中的 H_2O 在正极处

发生分解产生 H_2，之后会在负极端与 OH^- 发生反应得到 H_2O。因此，压力容器中往往加入过量的 H_2，从而在过放时起到反极保护的作用。但是，由于上述过充/过放过程中生成 H_2O 的反应非常快速，因此在实际测试中连续过充/过放状态下的电池内部压力不会发生显著变化，电解液中的水含量及 pH 值都基本保持不变，不会消耗电解液。具体反应式见式(2-10)～式(2-14)。

过充： 正极：
$$4OH^- \rightleftharpoons 2H_2O + O_2 + 4e^- \tag{2-10}$$

负极：
$$2H_2O + 2e^- \rightleftharpoons H_2 + 2OH^- \tag{2-11}$$

$$2H_2 + O_2 \rightleftharpoons 2H_2O \tag{2-12}$$

过放： 正极：
$$2H_2O + 2e^- \rightleftharpoons H_2 + 2OH^- \tag{2-13}$$

负极：
$$H_2 + 2OH^- \rightleftharpoons 2H_2O + 2e^- \tag{2-14}$$

2.1.1.3 镍-金属氢化物电池

1995 年，得益于储氢合金的发现，基于 $LaNi_5$ 储氢合金负极的镍氢电池正式进入大众视野。镍氢电池也是由烧结氢氧化镍正极和碱性氢氧化钾电解液组成的。常见的镍氢电池主要分为圆柱形电池及方形电池，圆柱形电池是将用隔膜分开的正极和负极卷绕在一起，然后封装在圆柱形钢壳中；而方形电池则是将分割开的正负极依次叠放在一起，然后封装在长方体钢壳。除了基本的正负极材料和隔膜外，镍氢电池的组成部分还有放气口、密封圈及绝缘垫等部分。

镍氢电池负极端发生的充放电过程是基于储氢合金负极与电解液中的水反应从而脱氢/储氢的过程，因此合金负极具有催化和储氢的双重作用。镍氢电池的充放电过程如图 2-3 所示，在正常充电过程中，负极端碱性电解液中的 H_2O 在合金电极的催化下得电子产生游离的 H，之后游离的 H 通过扩散作用进入负极材料内部储存；而正极端则发生 $Ni(OH)_2$ 失电子被氧化为 NiOOH 的过程。在放电过程中，负极端合金脱出 H，在负极表面失电子与电解液中的 OH^- 发生电化学反应得到 H_2O；而正极端则发生 NiOOH 得电子被还原为 $Ni(OH)_2$ 的过程。正常充电过程中所涉及的电化学反应如式(2-15)～式(2-17) 所示。

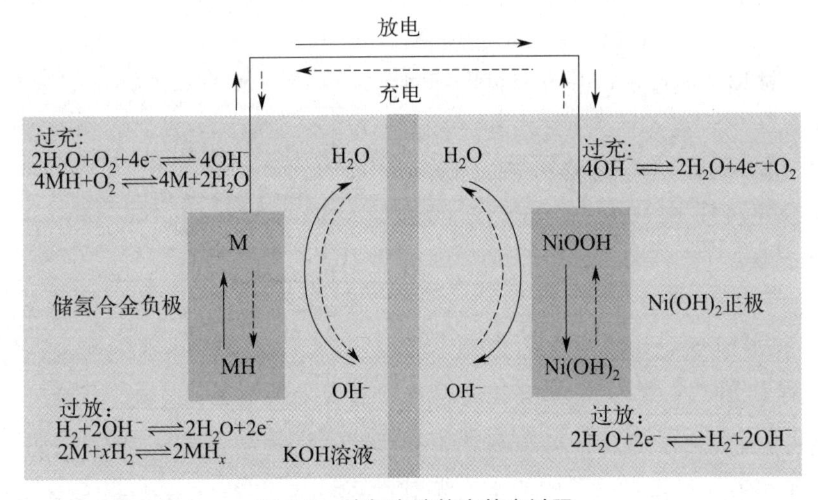

图 2-3 镍氢电池的充放电过程

正极： $Ni(OH)_2+OH^- \rightleftharpoons NiOOH+H_2O+e^-$ (2-15)

负极： $M+H_2O+e^- \rightleftharpoons MH+OH^-$ (2-16)

总反应： $Ni(OH)_2+M \rightleftharpoons NiOOH+MH$ (2-17)

值得注意的是，镍氢电池理想的充放电过程是完全可逆且不会产生游离的气体单质的，因此电池内部的气体分压不会在充放电过程中有所改变，具有显著优于镍氢电池的循环稳定性和工作寿命。但是，镍氢电池在实际工作过程中，往往会由于充放电控制方法及控制器设置不当等问题导致不同程度的过充及过放现象，导致其正负极两端发生电极副反应，从而影响镍氢电池工作的安全性及稳定性。

镍氢电池过充/过放的电化学反应如式(2-18)～式(2-22) 所示。在过充过程中，正极端的 $Ni(OH)_2$ 被完全氧化为 NiOOH，电解液中的 OH^- 开始失电子被氧化生 O_2，正极端产生的 O_2 透过隔膜扩散到合金负极表面，与电解液中的 H_2O 反应生成 OH^- 或被合金负极被还原为 H_2O。此外，持续的过充也会导致合金负极的储氢量达到过饱和，使得负极端有游离 H_2 产生。而在过放过程中，NiOOH 完全被还原为 $Ni(OH)_2$，正极端发生反极性过程，即析氢副反应，之后正极产生的 H_2 扩散到负极处，在合金负极的催化作用下与 OH^- 反应生成 H_2O 或直接储存于合金电极中。

过充： 正极： $4OH^- \rightleftharpoons O_2+2H_2O+4e^-$ (2-18)

负极： $2H_2O+O_2+4e^- \rightleftharpoons 4OH^-$ (2-19)

$4MH+O_2 \longrightarrow 4M+2H_2O$

过放： 正极： $2H_2O+2e^- \rightleftharpoons H_2+2OH^-$ (2-20)

负极： $H_2+2OH^- \rightleftharpoons 2H_2O+2e^-$ (2-21)

$xH_2+2M \rightleftharpoons 2MH_x$ (2-22)

其中，正极端产生的 H_2 会在负极端持续不断地被吸附到合金负极中，使得合金负极长时间处于饱和吸附的状态，最终导致合金负极的粉化和氧化腐蚀，这样的恶性循环也会导致电池的内阻升高和漏液。此外，过充/过放过程中产生的气体也会导致电池内部压力增加，使得电池膨胀。综上所述，负极端储氢合金对调控镍氢电池的过充/过放状态有很大的作用。因此，在实际的电池装配过程中，负极合金往往被设计成过量，一方面可以在过充过程中催化转化正极产生的 O_2，另一方面可以在过放过程中吸附尽可能多的 H_2，从而最大化地实现正极端 $Ni(OH)_2$/NiOOH 的转化容量。

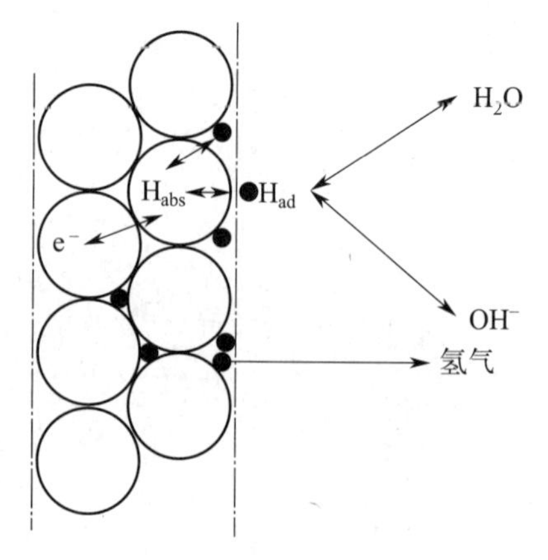

图 2-4 储氢合金负极端储氢/脱氢过程

镍氢电池负极端储氢/脱氢的过程包含多个复杂的液-固界面反应和质量传输过程，其具体反应过程如图 2-4 所示。以充电过程为例，电解液中的 H_2O 首先扩散到储氢合金表面，在其表面发生分解过程，产生的 H^+ 吸附在合金负极表面：

$$H_2O(l) \rightleftharpoons H_2O(s) \tag{2-23}$$

$$M + H_2O(s) + e^- \rightleftharpoons MH(ad) + OH^-(s) \tag{2-24}$$

之后，H^+从表面扩散至合金的内部晶格中，形成α相固溶体（α-MH），同时，吸附在合金表面的OH^-移动到电解液中：

$$MH(ads) \rightleftharpoons \alpha\text{-}MH \tag{2-25}$$

$$OH^-(s) \rightleftharpoons OH^-(l) \tag{2-26}$$

最后，合金负极中吸收的H^+在晶格内扩散至α相达到极限固溶度，相变得到最终充电产物β相氢化物（β-MH）：

$$\alpha\text{-}MH \rightleftharpoons \beta\text{-}MH \tag{2-27}$$

放电过程则为上述过程的逆过程，因此实际运行中负极端的充放电过程主要包括H^+在合金负极表面的界面吸附过程及合金内部的扩散过程。当H^+在合金负极内部的扩散速度较快时，H_2O在合金表面的分解及H^+的吸附过程则为整个过程的限速步骤；而当H^+在合金负极内部的扩散速度较慢时，放电过程中的脱氢反应则成为限速步骤。与铅酸电池相比，镍氢电池主要有以下优点：

① 电池的组成部分无有毒元素，氢能绿色环保，符合可持续发展的战略目标。

② 能量密度提高，理论质量能量密度达65W·h/kg，体积能量密度达200W·h/L。

③ 具有较高的功率密度，具有优异的倍率性能，可在大电流下稳定工作。

④ 低温放电性能较好，具有较长的循环寿命（1000次）。

2.1.2 有机电解液碱金属离子电池

碱金属离子电池包括锂离子电池、钠离子电池、钾离子电池等类型。由于碱金属与水会发生激烈反应，早期研究和开发的锂金属电池等都采用有机溶剂作为电解液。因此，后续发展起来的锂离子电池等，也都采用有机电解液体系。但是，近年来，从安全和环保角度出发，研究和开发水系电解液也成为碱金属离子电池研究领域的热点之一。

2.1.2.1 锂离子电池

锂离子电池由正负极材料、电解质、隔膜和电池壳等部分组成。其中，常见的正极材料有层状钴酸锂、尖晶石锰基材料、三元高镍低钴材料及聚阴离子型材料等，常见的负极材料有石墨、钛酸锂等，常用的电解液体系有锂盐溶解于酯类溶剂而得到的有机溶液，常见的锂盐有六氟磷酸锂（$LiPF_6$），酯类溶剂一般为碳酸丙烯酯（propylene carbonate，PC）、碳酸乙烯酯（ethylene carbonate，EC）及碳酸甲乙酯（ethyl methyl carbonate，EMC）中的一种或几种混合溶剂。有时为了满足各项性能指标，还需在电解液中引入一种或多种微量添加剂。目前使用的有机电解液存在易燃、沸点低而易引发安全隐患的问题，因此采用固体电解质来代替电解液成为锂离子电池的重要发展方向。锂离子电池的隔膜一般采用聚丙烯（polypropylene，PP）或聚乙烯（polyethylene，PE）的微孔膜，其作用是隔离正极和负极以防止电池短路。为了提升电池安全性，研究人员通过在聚合物隔膜上涂覆氧化物陶瓷涂层及陶瓷电解质来提高其热稳定性。根据电池外观形状的不同，主流生产的锂离子电池分为圆柱型、纽扣型、软包型、方形及刀片型等。

锂离子电池实质上是一种浓差电池。其充放电过程主要是基于 Li^+ 在电池内部正负极之间的迁移，随着充放电过程中 Li^+ 在正负极材料晶格中的脱出和嵌入，电子在外电路做功，从而实现化学能与电能的转化。

以经典的钴酸锂‖石墨锂离子电池为例，如图 2-5 所示，充电过程中，$LiCoO_2$ 正极脱出 Li^+，通过电解液到负极端嵌入到石墨层间中，经过多步转化得到 LiC_6，此时电子从正极通过外电路向负极迁移而达到电荷平衡，石墨负极电位下降，$LiCoO_2$ 正极电位上升。在后续的放电过程中，负极端 Li^+ 从 LiC_6 脱出，穿过电解液迁移回到正极端，重新嵌入到 $LiCoO_2$ 中，此时电子从负极通过外电路向正极迁移，石墨负极电位上升，$LiCoO_2$ 正极电位下降。

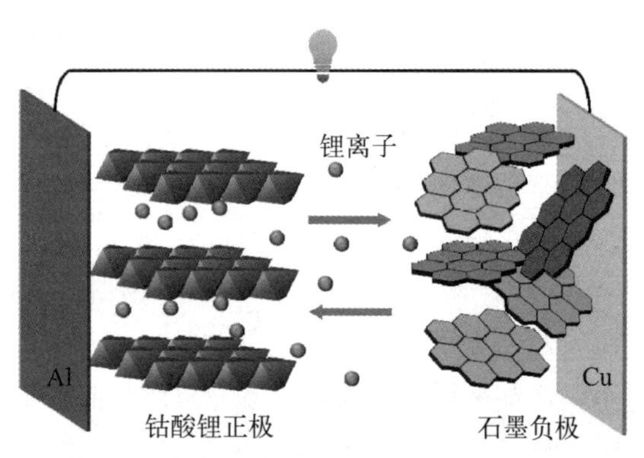

图 2-5 钴酸锂‖石墨锂离子电池的工作原理

充电： 正极： $$LiCoO_2 - xLi^+ - xe^- \rightleftharpoons Li_{1-x}CoO_2 \quad (2\text{-}28)$$

负极： $$6C + xLi^+ + xe^- \rightleftharpoons Li_xC_6 \quad (2\text{-}29)$$

放电： 正极： $$Li_{1-x}CoO_2 + xLi^+ + xe^- \longrightarrow LiCoO_2 \quad (2\text{-}30)$$

负极： $$Li_xC_6 - xLi^+ - xe^- \rightleftharpoons 6C \quad (2\text{-}31)$$

总反应： $$LiCoO_2 + 6C \rightleftharpoons Li_{1-x}CoO_2 + Li_xC_6 \quad (2\text{-}32)$$

其具体的电化学过程如式(2-28)～式(2-32) 所示。可以看出，锂离子电池正负极的脱锂/嵌锂容量决定了锂离子电池的容量。因此，开发高储锂容量的电极材料是实现高能量密度锂离子电池的基础。锂离子电池技术在过去的几十年内获得了巨大的突破，并得到了较为成功的商业化普及，相较于铅酸电池和镍氢电池，锂离子电池具有以下优点：

① 锂离子电池的工作电压更高，其平均工作电压在 3.2～3.7V 之间，是镍氢电池的 3 倍，铅酸电池的 1.8 倍。

② 锂离子电池的能量密度更大，2021 年比亚迪发布的磷酸铁锂刀片电池单体容量为 202A·h，能量密度可达 185W·h/kg，而宁德时代开发的三元动力锂离子电池能量密度可超过 220W·h/kg，远远高于铅酸和镍氢电池。

③ 锂离子电池的自放电率较低，仅为 3%～9%，镍镉电池在 20%左右，镍氢电池在 20%～30%之间，因此锂离子电池在同样环境下具有更长的保持电荷时长。

④ 锂离子电池可安全快速充放电，充电效率高，平均输出功率大。

⑤ 锂离子电池材料中不含镉、铅、汞等有毒重金属元素，是一种相对环保的储能器件。

2.1.2.2 钠离子电池

与锂离子电池相似，钠离子电池的主要组成部分也包括正极、负极、隔膜、电解液和电池壳等。正负极材料是钠离子电池最关键的部分，决定了钠离子电池的循环容量、循环寿命、倍率性能以及能量密度等。常见的正极材料包括氧化物类、普鲁士蓝类、聚阴离子类和有机类正极。由于 Na^+ 的离子半径较大，能够实现 Na^+ 的嵌入/脱出的负极材料较少，目前应用较多的主要是硬炭负极材料。碳酸酯作为常用的钠离子电池有机电解液溶剂，溶盐能力很强。钠离子电池常用的碳酸酯溶剂与锂离子电池一样，主要有碳酸乙烯酯、碳酸丙烯酯、碳酸二乙酯及碳酸二甲酯（dimethyl carbonate, DMC）等。

钠离子电池的工作原理与锂离子电池相似。当电池处于充电状态时，Na^+ 从正极材料中脱出，通过电解液运输穿过隔膜移动到负极端，嵌入负极材料中，外电路中，正极释放电子，电子通过外部电路流回负极，完成充电过程；之后，在放电状态中，Na^+ 在外电场作用下脱出负极材料，经电解液运输重新嵌入正极材料，同时，电子经外部电路从负极向正极迁移，以维持电荷守恒。理想的充放电情况下，Na^+ 在正负极材料之间的脱出和嵌入不会破坏材料的晶体结构。以层状金属氧化物正极材料 Na_xMO_2 和硬炭负极材料所组成的全电池体系为例，其充放电反应式如式(2-33)～式(2-35) 所示：

正极：
$$Na_xMO_2 - xNa^+ - xe^- \rightleftharpoons Na_{1-x}MO_2 \tag{2-33}$$

负极：
$$nC + xNa^+ + xe^- \rightleftharpoons Na_xC_n \tag{2-34}$$

总反应：
$$Na_xMO_2 + nC \rightleftharpoons Na_{1-x}MO_2 + Na_xC_n \tag{2-35}$$

与锂离子电池相比，钠离子电池具有如下特点：

① 钠具有较大的矿产储量，生产和制造成本较低，有利于进行大面积推广。

② 钠离子具有较大的离子半径，避免了因半径过小而造成在电解液中去溶剂化过程困难，加速了其扩散动力学过程，为钠离子电池在极寒地区的推广提供了更多可能性。

③ 钠离子电池拥有相对较宽的电压窗口，这也为进一步发展高能量密度的钠离子电池提供了机会。

2.1.3 液流电池

液流电池或称氧化还原液流电池，是正负极活性物质均为液态流体氧化还原电对的一种电池。液流电池具有独特的结构，它将能量储存在装有电解质的储罐内，被认为是大中型储能设备中最有希望的技术之一。传统金属或无机基水相液流电池已证明了其可靠的电化学性能，并已在商业水平得到了规模化可行性验证。

液流电池由电堆、电解液、电解液储罐、隔膜、循环系统、集流体以及流场板等部分组成。电堆是储能介质发生电化学反应的场所，由多个单元串联或并联组成。图 2-6 是液流电池中电堆单元的基本组件，其关键组件包括双极板、电极框、电极、离子传导膜。其中，双极板的作用是串联电池并分隔不同单元的电解液，避免自放电。电极框与密封垫为电化学反应构建了一个密闭空间，起到固定电极、防止渗液的作用。电极为电化学反应的反应界面，其与液流电池的功率密度和极化损失有密切关系。

液流电池的电极材料一般选用碳毡、石墨毡等碳质材料，其具有疏松多孔的纤维网络结构，比表面积大，有更多的反应位点；导电性好，能减少电池内阻损耗。离子传导膜的作用是选择性传导电解质离子，构成电流回路并防止正负极电解液混合，承担传导作用的同时避免电池发生内部短路。

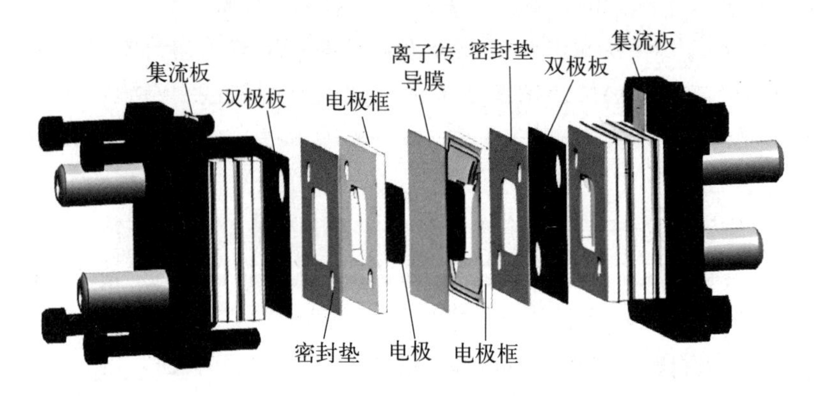

图 2-6　液流电池中电堆的基本组件

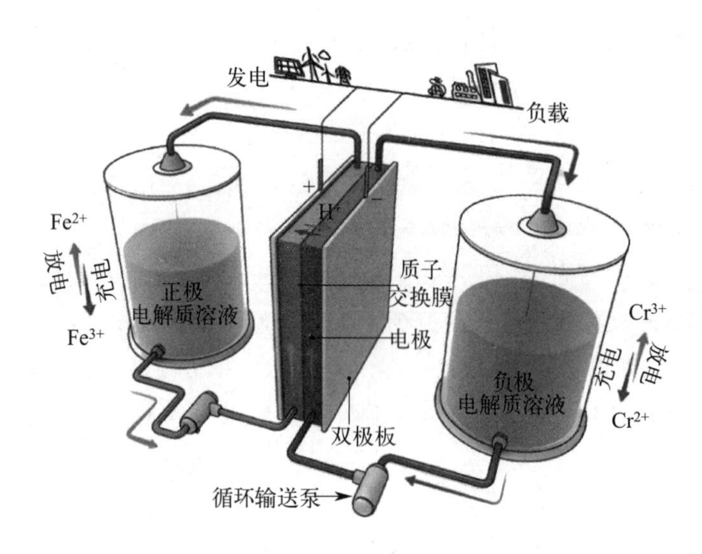

图 2-7　液流电池工作原理

液流电池区别于传统电池的特点在于其储能介质，液流电池的电解质材料不仅参与带电粒子的传导，而且还担起了能量存储的重任，电极材料则一般仅作为能量转换的化学反应界面，并不承担能量的存储。图 2-7 是液流电池工作原理，液流电池的电解液一般存储于外部储液罐。正负极电解液在收到启动信号后将由循环泵带动流转，并在反应电堆和外部储液罐中循环。当电解液中的氧化还原活性物质流经电极表面时，活性物质发生对应的氧化/还原反应以完成化学能与电能间的转换，同时电子将会借由电极外部电路进行迁移，正负极电解液中的带电粒子也会在正负极构建的电场作用下定向跨膜迁移，上述两种粒子的迁移构成了完整的电池电路。液流电池在放电时的反应如式(2-36)～式(2-38) 所示。

正极：
$$M_1^{a+} + ne^- \longrightarrow M_1^{a-n} \tag{2-36}$$

负极：
$$M_2^{b+} - ne^- \longrightarrow M_2^{b+n} \tag{2-37}$$

总反应：
$$M_1^{a+} + M_2^{b+} \longrightarrow M_1^{a-n} + M_2^{b+n} \tag{2-38}$$

由于放电过程是热力学自发的，单个 M_1/M_2 能吸收/放出的最大电子数 n 决定了对应电解液的摩尔能量密度。从该角度出发，寻找高氧化数的离子是提高液流电池能量密度的有效方法。另外，储液罐内的电解液可以经循环泵进入多个反应电堆，因此电池的输出功率可以通过改变反应电堆的数量与规模进行调控。目前，已经实现应用的液流电池主要有铁铬液流电池、锌溴液流电池及全钒液流电池。结合上述液流电池工作原理可以推出其有如下特点：

① 液流电池的输出功率不受容量限制，实现了容量与功率的设计分离，可以进行灵活的模块化设计，摆脱了传统电池容量与功率间的取舍问题；

② 液流电池的能量转换反应仅在电极表面进行，电化学反应过程不涉及电极表面粒子的嵌入与脱出，放电过程仅改变电解液活性物质浓度，深度发电不会出现传统锂离子电池电极材料结构塌陷问题。因此，液流电池的循环近乎无损，电极结构在循环过程中几乎不会发生变化，具有循环寿命长及可长时间深度放电的特点；

③ 液流电池的正负极电解液各自存储于独立的储液罐中，在待机时间不会发生自放电反应，当需要启动时仅需启动循环泵即可在短时间内使得电解液循环放电；

④ 水系液流电池储能介质不可燃，且能量存储相对独立，不易发生安全事故，相比有机溶剂作为电解液的锂离子电池，液流电池有着更高的安全系数；

⑤ 由于液流电池的储能介质为储液罐中的液态电解质，因此更换储液罐中的电解液可以实现变相快速充电，该充电过程类似于“汽车加油”，实现了充放电过程的相对独立性。液流电池在液体转移的过程中即可完成能量的积累，被替换的电解液可以在充电站中电解，不需要严格绑定单一电池，因此，液流电池在大型工商储能上的应用极有前景。

2.1.3.1 铁铬液流电池

1974 年，美国国家航空航天局利用 Fe^{3+}/Fe^{2+} 和 Cr^{3+}/Cr^{2+} 电对开发出了铁铬液流电池。铁铬液流电池是第一个真正意义上的液流电池，其工作原理如式(2-39)～式(2-41)所示。

正极：
$$Fe^{3+} + e^- \rightleftharpoons Fe^{2+} \tag{2-39}$$

负极：
$$Cr^{2+} - e^- \rightleftharpoons Cr^{3+} \tag{2-40}$$

总反应：
$$Fe^{3+} + Cr^{2+} \rightleftharpoons Fe^{2+} + Cr^{3+} \tag{2-41}$$

铁铬液流电池使用铁离子 Fe^{2+}/Fe^{3+} 对作为正极电解液载能粒子，铬离子 Cr^{2+}/Cr^{3+} 对作为负极电解液的载能粒子。然而，该反应体系的工作电压为 1.18V，在电压区间上不具有明显优势。除此以外，诸如 Cr^{2+}/Cr^{3+} 对较差的氧化还原活性、电池循环过程中出现的析氢现象、较高的工作温度（约为 65℃）以及正负极电解液间交叉污染所致的容量衰竭都严重阻碍了铁铬液流电池的实际应用。

2.1.3.2 锌溴液流电池

20 世纪 70 年代，采用 Zn/Zn^{2+} 和 Br_2/Br^- 作为氧化还原电对的锌溴液流电池首次进入大众视野，与单相转变的铁铬液流电池有所不同，锌溴液流电池是一个基于气/液相变的液流电池，被称之为两相混合动力系统。该电池的工作原理如式(2-42)～式(2-44)所示。

正极：
$$Br_2 + 2e^- \rightleftharpoons 2Br^- \tag{2-42}$$

负极：
$$Zn - 2e^- \rightleftharpoons Zn^{2+} \tag{2-43}$$
总反应：
$$Br_2 + Zn \rightleftharpoons Zn^{2+} + 2Br^- \tag{2-44}$$

锌溴液流电池具有高达1.85V的标准电池电压和显著高于其他液流电池的能量密度(60～85W・h/kg)。然而，由于Br_2的水溶性较差，锌溴液流电池的实际能量密度远低于其理论能量密度。此外，微溶于水的Br_2还会与溶液中的Br^-形成Br_3^-，进而破坏离子传导膜，造成电池容量的衰减。因此，锌溴液流电池电解液中通常需要添加溴捕获剂以抑制其穿膜。但是，溴捕获剂的添加又容易引起溶液分相，降低循环稳定性。不仅如此，在循环过程中，锌元素存在固态与离子态间的相变，在锌电极上离子的不规则沉积程度类似于锂金属电池中出现的枝晶现象，也大大降低了锌溴液流电池的循环寿命。

2.1.3.3 全钒液流电池

20世纪80年代，新南威尔士大学研究团队开发并演示了第一个全钒液流电池。此后，世界各国研究人员针对全钒液流电池的电极材料、电解液、电池隔膜、流道结构等多方面问题进行了大量的研究，如今的全钒液流电池已经成为最成熟的液流电池技术。其具体的反应过程如式(2-45)～式(2-47)所示。

正极：
$$VO_2^+ + 2H^+ + e^- \rightleftharpoons VO^{2+} + H_2O \tag{2-45}$$
负极：
$$V^{2+} - e^- \rightleftharpoons V^{3+} \tag{2-46}$$
总反应：
$$VO_2^+ + 2H^+ + V^{2+} \rightleftharpoons VO^{2+} + H_2O + V^{3+} \tag{2-47}$$

全钒液流电池的标准电池电压为1.26 V。由于全电池的氧化还原反应仅涉及四种价态的钒离子，活性物质间的交叉污染现象对电池容量的损耗极小，当正负极电解质混合时，钒的氧化态都可以通过“再平衡”过程进行恢复。全钒液流电池的循环寿命可达20000次，比其他液流电池要长。为了更贴合实际应用需求，目前对于全钒液流电池研究主要集中在改善钒基电解质的物理化学性质来增加电池的体积能量密度。

2.1.4 其他电化学储能电池

除了上述几种相对成熟并已得到应用或应用示范的电池体系外，钠硫电池、锌离子电池、金属空气电池等新型电化学电池体系也展现出很好的应用前景，受到了学术界和产业界的广泛关注。

2.1.4.1 高温钠硫电池

高温钠硫电池由钠负极、钠极安全管、固态电解质及其封接件、硫/多硫化钠正极、硫极导电网络、集流体和外壳等部分组成。高温钠硫电池一般设计为中心负极的管式结构，即钠被装载在电解质陶瓷管中形成负极。其中，固态电解质一般为β-Al_2O_3，同时起到隔膜和电解质的作用。通常固态电解质陶瓷管一端开口另一端封闭，其开口端通过熔融硼硅酸盐玻璃与绝缘陶瓷进行密封，正负极终端与绝缘陶瓷之间通过热压铝环进行密封。

高温钠硫电池的工作温度为300～350℃。放电时负极产生Na^+并放出电子，释放的Na^+穿过β-Al_2O_3固态电解质与硫正极反应生成钠硫化物；在充电过程中，正极端的钠硫化物发生分解并释放Na^+，Na^+穿过固态电解质最终沉积在钠负极表面，电化学过程如式(2-48)～式(2-50) 所示。

负极：
$$Na-e^- \rightleftharpoons Na^+ \tag{2-48}$$

正极：
$$nS+2e^- \rightleftharpoons S_n^{2-}\ (3\leqslant n\leqslant 5) \tag{2-49}$$

总反应：
$$2Na+nS \rightleftharpoons Na_2S_n\ (3\leqslant n\leqslant 5) \tag{2-50}$$

放电过程中，第一个形成的多硫化物是 Na_2S_5，由于单质硫和 Na_2S_5 在工作温度下均为不混相液体，因此该过程为两相反应，电压平台为 2.08V。之后，Na_2S_5 通过单相反应转变为 Na_2S_4，进而转变为 Na_2S_3，在此过程中反应电压不断降低，最终工作电压保持在 1.74V。然而，Na_2S_2 和 Na_2S 会在 1.74V 的工作电压下在熔融正极和 β-Al_2O_3 表面析出，这些析出物不具有电化学反应性，导致循环寿命下降。因此，高温钠硫电池的实际工作电压高于 1.74V，使其实际比容量从 1672mA·h/g 下降到 557mA·h/g。

2.1.4.2 常温钠硫电池

为了规避高温钠硫电池的高温痛点，研究人员于近几年开始在常温钠硫电池方面开展一系列的探索工作。随着工作温度的降低以及相应安全隐患的消除，常温钠硫电池具有成为未来主流储能电池的巨大潜力（后面使用钠硫电池代指常温钠硫电池）。钠硫电池主要由硫正极、Na 负极、电解液和隔膜四部分组成，图 2-8 为催化剂正极端活性硫发生氧化还原反应的原理，通过电化学沉积，导电中间层能够固定正极端的不溶性多硫化物，有效抑制充放电过程中不溶性多硫化钠的穿梭过程。

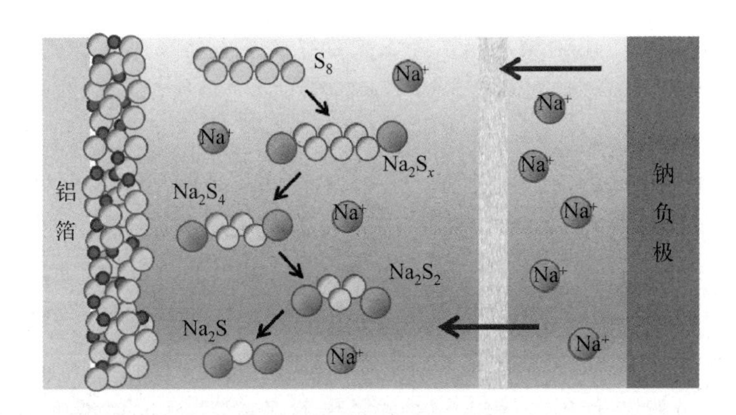

图 2-8 钠硫电池的工作机制

通常钠硫电池在 Na^+ 和硫正极之间发生可逆的两电子反应，实现电能的可逆存储和输出，具体电化学过程如式(2-51)～式(2-57) 所示。

负极：
$$Na\text{-}e^- \rightleftharpoons Na^+ \tag{2-51}$$

正极：
$$nS+2Na^+ +2e^- \rightleftharpoons Na_2S_n\ (4\leqslant n\leqslant 8) \tag{2-52}$$

$$S_8+2Na^+ +2e^- \rightleftharpoons Na_2S_8\ (2.2V) \tag{2-53}$$

$$Na_2S_8+2Na^+ +2e^- \rightleftharpoons 2Na_2S_4\ (2.2\sim 1.65V) \tag{2-54}$$

$$Na_2S_4+\frac{2}{3}Na^+ +\frac{2}{3}e^- \rightleftharpoons \frac{4}{3}Na_2S_3\ (1.65V) \tag{2-55}$$

$$Na_2S_4+2Na^+ +2e^- \rightleftharpoons 2Na_2S_2\ (1.65V) \tag{2-56}$$

$$Na_2S_2+2Na^++2e^- \rightleftharpoons 2Na_2S(1.65\sim1.28V) \tag{2-57}$$

但是，钠硫电池实际的充放电过程远比上述反应复杂。钠硫电池的充放电反应涉及多步反应，会产生多种不同链长的多硫中间产物。反应初始时，首先形成可溶性长链多硫化物（Na_2S_x，$4\leqslant x\leqslant8$），这些长链产物随放电过程的进行向负极扩散，最终被还原为不溶性短链多硫化物（Na_2S_x，$1\leqslant x\leqslant3$），而停留在正极侧的短链多硫化物在电场和浓度差的作用下也会向负极扩散，再被氧化为长链多硫化物。

溶解在电解液中的多硫化物在正极和负极之间来回移动，不仅消耗活性物质，与金属钠发生反应，还会产生不溶性短链多硫化物，这些短链多硫化物沉积在负极表面，阻碍了电子的传输，导致 Na-S 电池的库仑效率低，可逆容量小。

因此，尽管钠硫电池具有制备成本低和绿色环保的美好前景，但其进一步的发展仍然存在一些挑战：

① 有机电解液易分解，消耗金属 Na 和电解质，且大电流和长循环的条件下，钠枝晶将会刺穿隔膜造成短路和热失控等现象；

② 硫的低电导率（5×10^{-30} S/cm）和显著的体积膨胀（180%），以及较大的 Na^+ 和 S^{2-} 半径降低了离子迁移率与电化学反应速率，导致极化增加，反应动力学缓慢，正极利用率低；

③ 多硫化物会在电解液中溶解并穿梭到负极沉积引起容量衰减和长期循环性能差。

2.1.4.3 水系锌离子电池

随着锂离子电池的应用领域不断扩大，商业锂离子电池自身的劣势也开始逐渐被放大，如电解液的易燃性、环境污染性、越来越高昂的锂源价格以及锂储量等问题。水系锌离子电池作为电池储能系统中一个重要的分支，近年来开始受科研人员广泛关注。水系锌离子电池与传统的锂离子电池一样，都是依靠电解液中阳离子在正负极之间来回地穿梭，使得电荷在活性材料上储存和释放，属于“摇椅式”电池。

水系锌离子电池主要由正极活性物质、锌负极、电解液三部分组成。以研究较多的 $Zn \parallel MnO_2$ 电池为例，其工作原理如图 2-9 所示。在放电过程中，锌负极失去电子变成 Zn^{2+} 溶解到电解液中，电解液中的 Zn^{2+} 则嵌入到 MnO_2 中得到 $ZnMn_2O_4$；而在充电过程中，$ZnMn_2O_4$ 分解产生 Zn^{2+} 和 MnO_2，脱出的 Zn^{2+} 回到电解液中，而电解液中的 Zn^{2+} 重新沉积到锌负极上，从而维持电荷平衡。其对应的电化学过程如式(2-58)～式(2-60）所示。

正极：
$$2MnO_2+Zn^{2+}+2e^- \rightleftharpoons ZnMn_2O_4 \tag{2-58}$$

负极：
$$Zn-2e^- \rightleftharpoons Zn^{2+} \tag{2-59}$$

总反应：
$$Zn+2MnO_2 \rightleftharpoons ZnMn_2O_4 \tag{2-60}$$

根据正负极材料的不同，水系锌离子电池的反应机理也存在争议，根据嵌入离子类型的不同，主要分为 Zn^{2+} 存储、H^+ 存储及 Zn^{2+}/H^+ 共存储。相较于有机体系的储能电池，水系锌离子电池具有以下优点：

(1) 使用廉价的金属盐作为电解质或直接使用酸溶液作为电解液，有着更为低廉的成本；

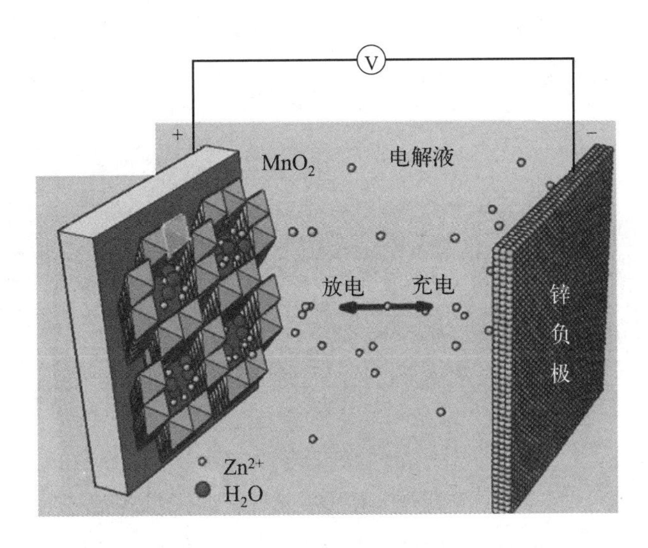

图 2-9 Zn||MnO_2 水系锌离子电池的工作原理

(2) 水系电解液具有更高的离子电导率（相对于有机电解液高出两个数量级），因此水系电池可以提供更高的功率密度和能量密度；

(3) 水系电解液具有不可燃性和环境友好性的特点，从而规避了短路等问题造成电池模组燃烧、爆炸的危险和环境污染等问题。

2.1.4.4 锂-空气电池

锂-空气电池是基于锂负极和气体活性物质正极（O_2、CO_2 等）构成的锂金属电池体系，主要由催化剂正极、锂金属负极和电解液等几部分组成，如图 2-10 所示。由于锂负极具有高达 3860 mA·h/g 的超高理论比容量和极低的电化学氧化还原电位，锂-空气电池的能量密度达到现有锂离子电池的 2～10 倍。与传统锂离子电池中锂离子脱嵌的电化学过程不同，锂-空气电池是基于锂负极和气体活性物质之间的相互转化反应运行的电池体系，二者间的转化反应可以储存比 Li^+、Na^+ 和 K^+ 等离子的嵌入反应更多的单位质量电荷。

一般来说，锂-空气电池主要是指锂-氧气电池，但是随着科学技术的进步，锂-二氧化碳电池、锂-一氧化氮电池及锂-氮气电池的概念也被相继提出。目前，研究最早的锂-氧气电池由于其较好的电化学可逆性，仍然是被研究最多的锂-空气电池。然而值得注意的是，除了超高的能量密度，锂-二氧化碳电池可以缓解二氧化碳排放过多的问题，而锂-一氧化氮电池及锂-氮气电池则可以兼顾储能和电化学固氮于一体，具有非常好的发展前景。

2.1.4.5 双离子电池

双离子电池是基于电解液中阴阳离子分别在正负极嵌入脱出而工作的新型电池。图 2-11 是正负极都为石墨的双离子电池的结构。在充电过程中，正极发生氧化反应，阴离子从电解液嵌入到正极当中，负极发生锂离子的嵌入反应；在放电过程中，阴离子从正极中脱出，锂离子从负极中脱出，完成电荷守恒。

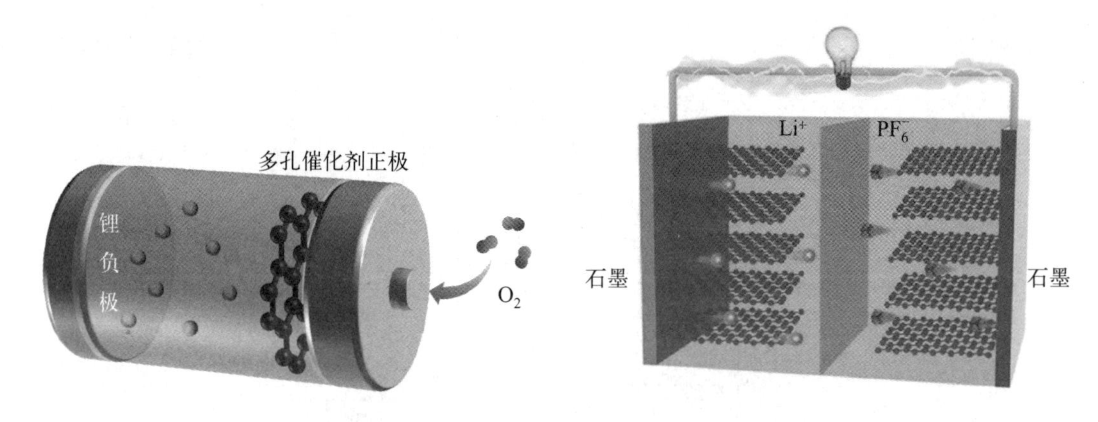

图 2-10 锂-空气电池的结构

图 2-11 石墨双离子电池的结构

但是，双离子电池的能量密度较低仍然是限制其发展的重要问题，这主要是由于其对电解液用量的需求远高于普通锂离子电池，重量占比过大，导致电池整体的能量密度较低。此外，电解液用量过大也导致了双离子电池在现阶段成本也要显著高于锂离子电池。同时，电解液作为双离子电池活性电荷载体唯一来源，对电池性能起着至关重要的作用。因此，选择良好的电解液以确保足够的离子电导率和优异的电化学稳定性也是双离子电池发展的重要方向。

2.2 电化学性能评价要素

电化学电池通过正负极材料与电解液之间的相互作用来实现化学能与电能的转化，进而实现电能的存储与释放。由 2.1 节内容可知，不同电池采用不同的材料体系，产生不同的电性能。为了实现电池使用性能的定量并指导电化学储能系统的设计，电化学性能评价至关重要。我们先了解一下电池电化学性能的几个基本评价要素：电极电势、电池电压、电化学容量、充放电效率、自放电率及电池内阻。

2.2.1 标准电极电势与电势差

电极电势又称电极电位，指电极表面和电解质溶液之间的电势差，通常记作 E。它是一种电位能差，表示在某个标准状态下，电子从电极表面进入或离开电极所需的能量。然而电极电势的绝对值难以测量，因此往往使用具有恒定电极电势的电极作为参比电极，即通过测试恒定电势电极与标准电极的电势差来进行描述。这种具有恒定电极电势的参比电极的电势称为标准电极电势（standard electrode potential）。标准电极电势是可逆电极在标准状态及平衡态时的电势，也就是标准态时的电极电势。在标准状态下，电对的标准电极电势是固定不变的，因此可以作为其他电极电势的参考。实际研究中，常用的标准电极有标准氢电极、标准铜电极（0.340V vs. RHE）和标准银电极（0.800V vs. RHE）等。

电化学研究中，将标准氢电极的电极电势定义为 0.000V，即在 101.3kPa、25℃的标准状态下，标准氢电极中氢气与氢离子之间的转化反应电势，如式(2-61）所示。

$$2H^{+}+2e^{-} \longrightarrow H_2 \tag{2-61}$$

标准电极电势有很大的应用价值，可以用来判断氧化剂与还原剂的相对强弱和氧化还原反应进行的方向，并计算原电池的电动势、反应自由能及平衡常数。而且，可以通过标准电极电势对其他半反应的标准电极电势进行计算，将半反应按电极电势由低到高排序，从而直观地判断出氧化还原反应的方向。表 2-1 是部分反应的标准电极电势，由表可知，Li^{+}/Li 电对具有最低的标准电极电势（$-3.045V$），因此，理论上 Li 可以作为负极与任何材料作为正极配对组成电池，并获得较高的工作电压，这是锂离子电池比其他电池具有更高工作电压的基础。图 2-12 是石墨负极与锂组成的电池在嵌锂-脱锂过程的电压变化曲线，可以看出，随着石墨负极中 Li^{+} 的含量增加，石墨负极与锂金属电对的电势差是逐渐降低的。

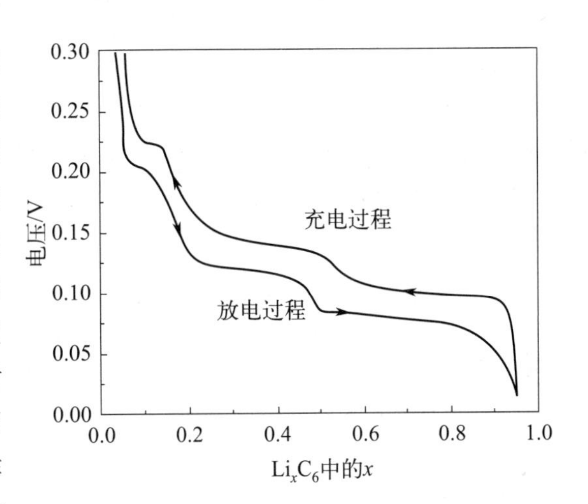

图 2-12 电池在嵌锂-脱锂过程的电压变化曲线

表 2-1 部分常见电对的标准电极电势（298.15K）

电对	电极反应	$E^{\ominus}/V$
H^{+}/H_2	$2H^{+}+2e^{-} \rightleftharpoons H_2$	0.000
O_2/OH^{-}	$O_2+2H_2O+4e^{-} \rightleftharpoons 4OH^{-}$	+0.41
Li^{+}/Li	$Li^{+}+e^{-} \rightleftharpoons Li$	−3.045
Cu^{2+}/Cu^{+}	$Cu^{2+}+e^{-} \rightleftharpoons Cu^{+}$	+0.159
Cu^{+}/Cu	$Cu^{+}+e^{-} \rightleftharpoons Cu$	+0.337
Fe^{2+}/Fe	$Fe^{2+}+2e^{-} \rightleftharpoons Fe$	−0.44
Fe^{3+}/Fe	$Fe^{3+}+3e^{-} \rightleftharpoons Fe$	−0.036
K^{+}/K	$K^{+}+e^{-} \rightleftharpoons K$	−2.924
Na^{+}/Na	$Na^{+}+e^{-} \rightleftharpoons Na$	−2.714
Mn^{2+}/Mn	$Mn^{2+}+2e^{-} \rightleftharpoons Mn$	−1.182
Cr^{3+}/Cr	$Cr^{3+}+3e^{-} \rightleftharpoons Cr$	−0.74
Co^{2+}/Co	$Co^{2+}+2e^{-} \rightleftharpoons Co$	−0.277
Ni^{2+}/Ni	$Ni^{2+}+2e^{-} \rightleftharpoons Ni$	−0.246
Zn^{2+}/Zn	$Zn^{2+}+2e^{-} \rightleftharpoons Zn$	−0.763

2.2.2 电池电压

电池电压指电池中两个电极之间的电势差，分为开路电压、工作电压和截止电压。

电池在开路状态下的端电压称为开路电压（open circuit voltage，OCV），是电池的正极电极电势与负极电极电势之差。电池的开路电压会受到电极材料、电解液成分及温度等因素的影响。工作电压（operating voltage，OV）又称放电电压，是指电池接通负载后在放电过程中显示的电压。在电池放电初始的工作电压称为初始电压。电池在接通负载后，由于欧姆电阻和极化过电位的存在，电池的工作电压会低于开路电压。

截止电压分为充电截止电压和放电截止电压，图 2-13 是湖南大学的研究人员测试的钴酸锂正极和高镍三元正极的充放电曲线和充放电截止电压。如图 2-13 所示，充电截止电压是指电池充电时所能达到的最高电压。电化学电池充满电时，电极上的活性物质已达到了饱和状态，再继续充电，电池的电压也不会上升。充电截止电压的设定需要考虑多个因素，包括电池的化学性质、安全性和寿命。一般来说，铅酸电池的充电截止电压为 2.7～2.8V，镍氢电池的充电截止电压为 1.5V。锂离子电池的充电截止电压与正极材料体系密切相关，常见的三元正极锂离子电池的充电截止电压为 4.4V，钴酸锂正极充电截止电压最高可达 4.6V。锂离子电池充电截止电压值是根据电池的额定电压和充电特性确定的，若超过充电截止电压充电可能会导致电池过充，引起电解液分解、发热等问题，甚至会导致电池爆炸或起火。放电截止电压是指电池放电时所能达到的最低电压。设定合适的放电截止电压可以避免电池过度放电，从而延长电池的寿命。一般来说，锂离子电池的放电截止电压通常设置在 3.0V 到 3.2V 之间。具体的数值取决于电池的类型、应用场景和制造商的要求。较低的放电截止电压可以使电池释放更多的能量，但也会增加电池的损耗和寿命缩短的风险。较高的放电截止电压则可以延长电池的寿命，但可能会牺牲一些电池的容量。在设定放电截止电压时，需要在能量输出和电池寿命之间进行权衡。

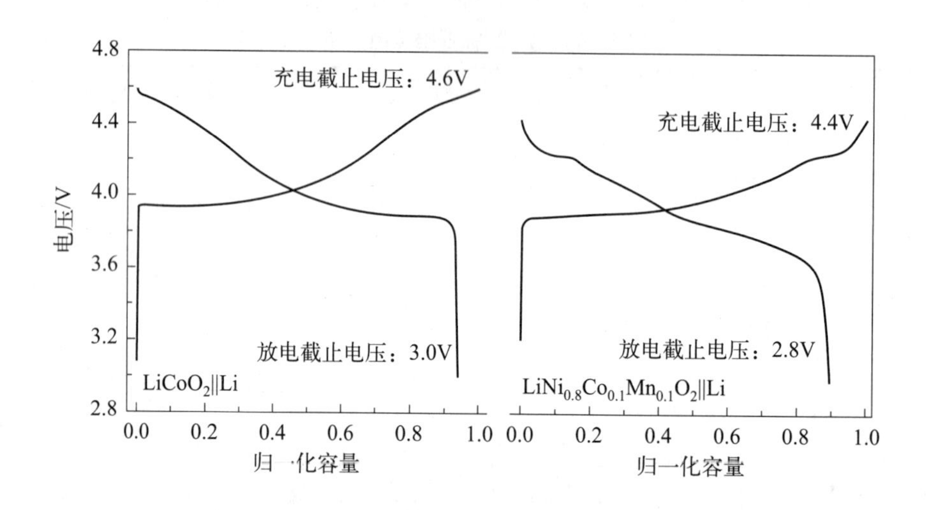

图 2-13 钴酸锂和三元正极的充放电曲线与充放电截止电压

2.2.3 电池的容量与能量

电池在一定放电条件下所能释放出的电量称为电池的容量（capacity），常用的单位为安时（A·h）或毫安时（mA·h）。电池的容量是电池储存电量的能力，即电池充电后容纳电荷的能力。电池的容量越大，其储能能力也就越强，可供应电力的时间也越长。

一般来说，电池的容量可以分为理论容量、额定容量和实际容量。理论容量（theoretical capacity）是指用活性物质的质量按法拉第定律计算而得到的最高理论值。为了更好地比较不同体系电池的储能能力，常采用比容量（specific capacity）的概念进行描述。比容量分为质量比容量和体积比容量，即单位质量或体积的单体电池所能释放的理论容量，单位为 A·h/kg（mA·h/g）或 A·h/L（mA·h/cm^3）。以质量比容量为例，其计算公式如式(2-60) 所示。

$$Q(\mathrm{mA\cdot h/g})=n\,\frac{26800}{M} \tag{2-62}$$

式中，M 为材料的摩尔质量，n 为 1mol 材料中参与反应的电子的物质的量。

额定容量（rated capacity）也叫标称容量，是按国家或有关部门颁布的标准，保证电池在一定的放电条件下应该放出的最低限度的容量。

实际容量是指电池在一定条件下所能输出的电量，等于放电电流与放电时间的乘积，单位为 A·h，其值小于理论容量。在实际应用中，电池容量的计算公式为：

$$\text{容量(A·h)}=\text{电流(A)}\times\text{使用时间(h)} \tag{2-63}$$

其中，电流是指电池放电时的电流大小，使用时间是指电池从开始放电到放电结束所经过的时间。在实际应用中，电池容量的计算还需要考虑到电池的放电曲线，因为在不同电流下，电池的容量可能会有所不同。因此，在实际计算中，需要根据电池的放电曲线来修正。

电池容量的大小直接影响了电池在实际应用中的使用时间和性能。因此，在选择电池时，要根据具体的应用场景来选择合适的电池容量。例如，在移动设备中，需要长时间使用的话，就需要选择容量较大的电池；而在轻便和小巧的设备中则更需要容量较小的电池。

此外，电池容量的大小也会影响到电池的充电和放电速率。容量较大的电池一般可以支持较大的充放电电流，而容量较小的电池则需要较小的充放电电流。

在实际应用中，不同电池产品之间不能简单地通过电池容量来比较，还需要考虑到其与电池电压之间的关系，两者的乘积就是电池的能量。电池的能量是指电池系统能够提供的电能总量，单位是瓦时（W·h），日常生活中的 1 度电就是 1kW·h。不同电池产品之间需要用电池能量或能量密度进行比较，而不能简单地用容量或比容量来比较。其中，电池的能量密度也分为质量能量密度（W·h/kg）和体积能量密度（W·h/L）。

2.2.4 充放电效率

电池的充放电效率包含容量效率和能量效率。

图 2-14 显示的是高镍三元正极材料的容量效率，容量效率是指在特定的充放电条件下，电池放电时输出的容量（C_o，A·h）与充电时输入的容量（C_i，A·h）之比，即 $C_o/C_i\times100\%$。容量效率也称库仑效率（Coulombic efficiency），是评估电池性能的一个重要指标，对于电池正负极材料而言，其首次充放电过程对应的首次库仑效率指标对电池的设计非常重要。其中，电池的正负极材料结构、电解液中溶剂含量、工作电压、工作温度及放电深度等问题都会对其库仑效率有显著的影响。以锂离子电池为例，充放电过程中的副反应是影响其库仑效率的主要因素。电池充电过程中，由于电解液分解等副反应的发生，部分电量会消耗在电解液的分解以及电极活性物质的脱落、结块、孔隙收缩等方面，造成电池的输出容量降低，最终导致电池库仑效率降低。目前，如何进一步提高电极材料

的库仑效率仍然是储能电池发展上的重点问题。

电池的能量效率（energy efficiency）也是评估电池性能的一个重要指标，反映了电池在储存和使用过程中的能量损失情况。图 2-15 显示的是锂离子电池的能量效率，电池的能量效率等于电池放电时输出的能量（E_o，W・h）与充电时输入的能量（E_i，W・h）的比值，即 $E_o/E_i \times 100\%$。影响电池能量效率的因素有多个方面，电池工作的化学反应机制、工作温度等都对能量效率具有显著的影响。其中，电池内阻产生的电压滞后现象是影响能量效率的主要因素，充放电过程中，电极材料发生电化学反应而导致相变可逆性降低，使得充放电过程电压滞后增大，最终导致能量效率降低。优化电池的电极组成及结构设计，以及在合理工作环境下使用电池，都可以有效提高电池的能量效率。

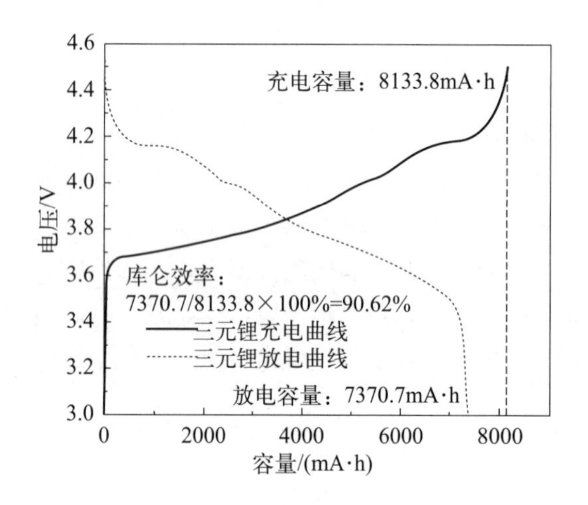

图 2-14 高镍三元正极材料的容量效率

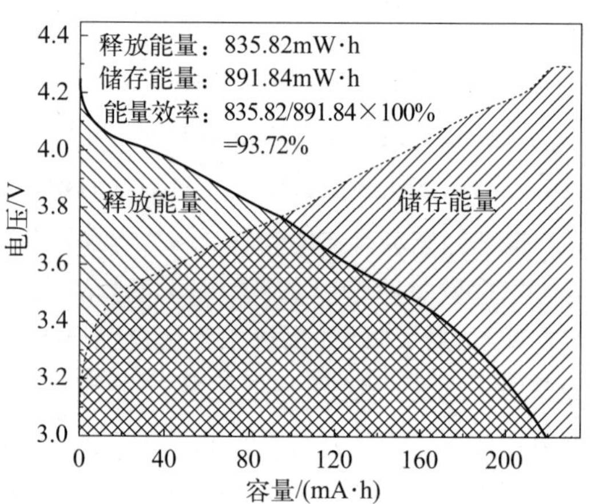

图 2-15 锂离子电池的能量效率

2.2.5 自放电率

电池的自放电现象是指电池处于开路搁置时容量自发损耗的现象，也称为荷电保持能力。电池在不使用的情况下，其内部化学反应所产生的自然放电速率称为自放电率，以每年或者每月损失的容量百分数表示。

自放电一般分为可逆自放电和不可逆自放电两种。损失容量能够可逆得到补偿的为可逆自放电，其原理跟电池正常放电反应相似；损失容量无法得到补偿的自放电为不可逆自放电。不可逆自放电产生的主要原因是电池内部发生了不可逆反应，如电极材料与电解液的副反应、电解液自带杂质引起的反应以及制成时所携带杂质造成的微短路引起的不可逆反应等。

不同体系的电池具有不同的自放电率。其中，碱性电池具有相对较低的自放电率，通常每年的自放电率在 2%～5%之间；而镍氢电池具有较高的自放电率，每月的自放电率通常在 10%～30%之间。使用最广泛的锂离子电池则具有较低的自放电率，每月的自放电率通常在 1%～3%之间。此外，存储的条件及电池工作的温度对自放电率也有很大的影响，通常来说潮湿或过热都会使电池的自放电率增大，因此需要选择阴凉干燥的环境存放电池，并定期对未使用的可充电电池进行充放电，防止能量损失。

2.2.6 电池内阻

电池在工作时，电流通过电池内部时所受到的阻力称为电池内阻（internal resistant），单位为欧姆（Ω）。电池内阻包括欧姆内阻和极化内阻，极化内阻又包括电化学极化内阻与浓差极化内阻。电池的欧姆内阻由电极材料、电解液、隔膜电阻及各部分零件间的接触电阻组成，与电池的尺寸、结构及装配有关。极化电阻是指电池的正极与负极在进行电化学反应时极化所引起的内阻。电流通过电极时，电极电势偏离平衡电极电势的现象称为电极的极化。极化电阻导致电池在放电时的端电压低于电池电动势和开路电压，而在充电时端电压高于电池电动势和开路电压。

电池内阻不是固定的常数，因为活性物质的组成、电解液浓度和温度都在不断地改变，电池内阻也在放电过程中不断变化。其中，欧姆电阻遵守欧姆定律，而极化电阻虽然随电流密度增加而增大，但不是线性关系，常随电流密度的对数增大而线性增大。

电池内阻是衡量电池服役性能的一个重要技术指标。电池内阻越大，电池自身消耗的能量越多，电池的能量效率越低。电池内阻很大的电池在充电时发热很严重，使电池的温度急剧上升，对电池和充电器的影响都很大。随着电池使用次数的增多，由于电解液的消耗及电池内部化学物质活性的降低，电池内阻会有不同程度的升高。因此，通常电池管理系统会通过检测电池内阻来监测电池的健康状态。但是，电池内阻受内部化学反应的动态变化特质影响，非常难以测量，所以在蓄电池监测技术中，电池内阻测量的准确性、一致性是非常重要和关键的技术，可能会影响到整个的电池状态分析结果。

2.3 电化学测试技术

对于电池器件及其电极材料，它们的电化学性能指标需要通过特定的技术来进行测试，以进行定性和定量分析，并且要与相应的标准进行对照。只有符合一定的预期指标后才能确定电池是否达到服役条件或者需要退役。下面我们展开介绍几种常见的电化学测试技术。

2.3.1 电池电压及荷电状态测试

电池的电压是衡量其能量状态和适用范围的重要参数之一。在许多应用中，电池的电压会被监测和控制，以确保设备正常运行并避免损坏。电压测试通常用于检查电池的状态，在进行电压测试时，电池的荷电状态（state of charge，SOC）对测试结果有较大影响。图 2-16 是锂离子电池开路电压与荷电状态的对应关系，通过已知的电池模型和特性曲线计算，可以根据测试电池的电压并结合荷电状态信息来推断电池的剩余容量。

荷电状态是电池管理系统中的一个关键参数，对于监测和控制电池的充放电过程至关重要。通过实时监测荷电状态，可以了解电池的剩余容量，从而更好地规划使用电池的时间和方式。荷电状态的计算通常基于电池的电压、电流和温度等参数，以及电池的特性曲线和充放电过程中的能量变化。通过采集和分析这些数据，电池管理系统可以使用预先定义的算法对荷电状态值进行计算。但需要注意的是，由于电池的非线性特性和环境条件的

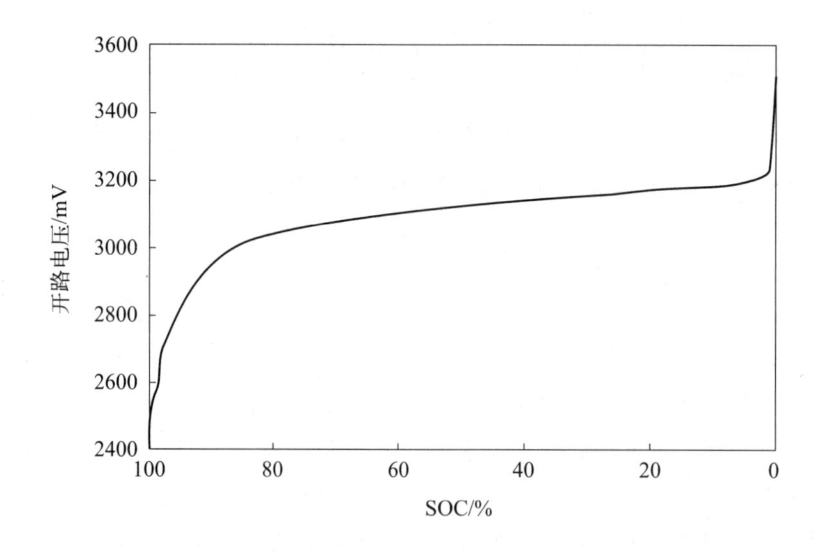

图 2-16 锂离子电池开路电压与 SOC 的关系

影响，实际的荷电状态估算可能存在一定的误差。因此，在应用中需要综合考虑其他参数，并结合适当的校准和修正来提高荷电状态估算的准确性。

荷电状态的计算方法包括电流积分法、开路电压法以及电池特性曲线拟合法等，下面简要介绍几种常见的荷电状态计算方法：

（1）电流积分法

电流积分法是一种通过对电池的充放电电流进行积分，来计算电池荷电状态的方法。它的优点在于计算过程简单，不需要进行标定。但是，由于电池内阻等因素的存在，电流积分法的计算结果存在一定的误差。此外，电流积分法只有对电池进行较长时间的充放电测试时，才能得到较为准确的结果。

（2）开路电压法

开路电压法是通过测量电池的开路电压来计算电池荷电状态的方法。开路电压法的优点在于计算过程简单无需电流测量。但是，电池的荷电状态-开路电压曲线是随着电池的使用和寿命变化而变化的。因此，需要定期进行标定，以确保计算结果的准确性。另外，受到电池的内阻等因素的影响，在高放电状态下，开路电压法存在较大的误差。

电流积分法和开路电压法各自有其优缺点，因此，在实际应用中，常常将两种方法结合起来使用，以提高荷电状态计算的准确性。但是，在结合使用电流积分法和开路电压法时，需要进行相应的标定工作，以保证计算结果的准确性。此外，电池的内阻、温度等因素对计算结果也有一定的影响，需要进行相应的校正。

2.3.2 充放电循环测试

电池充放电模式包括恒电流（恒流）充电、恒电压（恒压）充电、恒流放电、恒电阻（恒阻）放电、混合式充放电以及阶跃式等不同模式充放电。实验室中常采用恒流充电、恒流-恒压充电、恒压充电及恒流放电对电池的充放电行为进行测试分析，而阶跃式充放电模式则多用于直流内阻、极化和扩散阻抗性能的测试。考虑到活性材料的含量以及极片尺寸对测试电流的影响，恒流充电中常用电流密度表示，如 mA/g、mA/cm^2。充放电电流的大小常采用充放电倍率来表示，即：充放电倍率(C)＝充放电电流(mA)/额定容量(mA·h)。如果额定容量为1000mA·h的电池以500mA的电流充放电，则充放电倍率为0.5C。

倍率性能测试有三种形式，包括采用相同倍率恒流恒压充电，并以不同倍率恒流放电测试，表征和评估电池在不同放电倍率时的性能；或者采用相同的倍率进行恒流放电，并以不同倍率恒流充电测试，表征电池在不同倍率下的充电性能；以及采用相同倍率进行充放电测试。其中，常采用的充放电倍率有0.02C、0.05C、0.2C、0.5C、1C、2C、3C、5C和10C等。

对电池的循环性能进行测试时，首先需要确定电池的充放电模式。可以设置周期性循环至电池容量下降到某一规定值（通常为额定容量的80%）时，电池所经历的充放电次数为电池的循环寿命。此外，也可以对比不同电池在循环相同周次后的剩余容量保持率，以此表征测试电池的循环性能。电池的测试环境（温度等）对电池的充放电性能及循环寿命也有较大的影响。

2.3.2.1 充放电测试常规实验流程

以锂离子电池为例，其常规充放电测试流程如下：

① 将电池安装在测试仪器上，置于（25±1)℃测试环境中测试工步；

② 静置10分钟后以1.0C电流恒流充电至4.2V，然后恒压充电至电流下降至0.05C；

③ 静置5分钟后在1.0C的测试电流下以恒流放电至3.0V；

④ 重复上述充放电步骤5～10次。

上述测试参数为常规全电池测试参数。一般正极材料|金属锂半电池的电压范围为3.0～4.3V，负极材料|金属锂半电池的电压范围为0.005～1.0V。其中，特殊高电压正极材料（如高电压钴酸锂、尖晶石镍锰酸锂及富锂锰基层状氧化物等材料）或其他正极材料（如磷酸铁锂材料）可依据电极材料特性和电解液及固态电解质耐受氧化电压进行电压范围的调整。负极材料|锂以及无锂正极材料|锂半电池在测试时要先放电至最低电压窗口，然后进行充电测试。

2.3.2.2 倍率充放电测试常规实验流程

以充放电电压窗口为3.0～4.2V的锂离子电池测试为例，电池的倍率测试一般分为相同倍率充电，不同倍率放电；不同倍率充电，相同倍率放电；以及不同的倍率充放电。首先对电池进行活化，将电池连接测试仪器并于稳态环境中静置5分钟，之后以0.5C电流放电至3.0V，静置10分钟后以0.5C恒流充电至4.2V，在4.2V恒压充电至电流下降为0.05C截止，然后以不同形式进行倍率充放电测试。

（1）相同倍率充电，不同倍率放电

活化结束后以不同的倍率放电至3.0V，记录放电容量，静置10分钟后以0.5C恒流充电至4.2V，在4.2V恒压充电至电流下降为0.05C截止。

（2）不同倍率充电，相同倍率放电

活化结束后以0.5C恒流放电至3.0V，静置10分钟后以不同倍率恒流充电至4.2V，继续恒压充电至电流下降为 0.05*C* 截止。

（3）不同的倍率充放电

活化结束后以不同的倍率恒流放电至 3.0V，静置 10 分钟后以不同的倍率进行恒流充电至 4.2V，在 4.2V 恒压充电至电流下降为 0.05*C* 截止。

根据测试形式，改变不同的倍率重复上述某个实验流程，充放电倍率由低到高（一般为 0.2*C*、0.5*C*、1*C*、2*C* 以及 5*C* 等更高倍率）改变。建议相同倍率充放电循环 5～10 次。

2.3.2.3 充放电循环测试常规实验流程

在对电池的循环性进行测试时，可在上述充放电测试的基础上，增加循环次数，对比相同循环次数后的容量保持率。或重复充放电循环，当放电容量连续两次低于初始放电容量的 80%时，确定此时的循环周数。

2.3.2.4 高低温测试常规实验流程

锂离子电池的高低温性能测试中，高温性能测试一般设置为 45℃、55℃、80℃或更高温度，低温性能测试一般设置为 0℃、−10℃、−20℃、−30℃或−40℃，测试流程同 2.3.2.3。为了更好地对比高低温与室温的测试数据，实际生产中通常在高低温测试之前先进行常温的小倍率活化。在进行放电效率测试的时候，通常采用室温［(25±1)℃］下以恒流-恒压模式充电至荷电状态为 100%，之后再在不同温度下进行恒流放电测试。

2.3.3 循环伏安测试

循环伏安测试（cyclic voltammetry，CV）是一种常用的电化学测试技术，主要用于研究电极材料的电化学氧化还原反应行为及其反应动力学。它是通过在电极上施加一系列线性扫描电位脉冲，然后测量相应的电流响应来实现的。

在循环伏安测试实验中，电极的电位会随着时间的推移以一定的速率线性变化。这个过程通常被称为电位扫描。开始时，电位以一个固定的初始值开始扫描，然后以一定的速率线性增加或减小。在电位扫描的同时，测量电极上的电流响应。电流的变化反映了在电极表面发生的电化学反应过程。一次完整的循环包括电位从一个初始值线性扫描到一个最大值，然后反向扫描回初始值。这样的循环可以被重复多次。

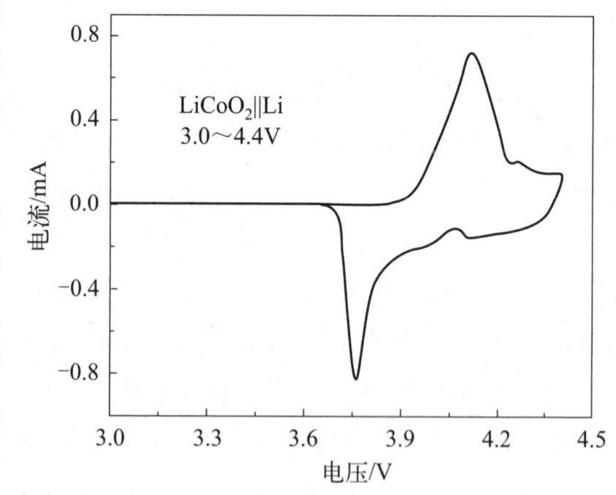

图 2-17 钴酸锂正极在 3.0～4.4V 的循环伏安曲线

循环伏安测试应用极为广泛。根据曲线形状可以判断电极反应的可逆程度，中间体、相界面吸附或新相形成的可能性，以及偶联化学反应的性质等。比如，对于电极反应可逆性，可以根据循环伏安曲线进行判断：反应是可逆的，则曲线上下对称；若反应不可逆，则曲线上下不对称。对于一个新的电化学体系，首选的研究方法往往就是循环伏安测试，循环伏安曲线可称之为“电化学的谱图”。图 2-17 是钴酸锂正极在 3.0～4.4V 内的循环伏安曲线，从中可以确定钴酸锂嵌锂-脱锂过程经历每个氧化还原反应的具体电位值。此外，对于由特定离子扩散步骤控制的可逆反应体系，可用循环伏安测试得到特定离子的化学扩散系数。

2.3.4　电化学阻抗测试

电化学阻抗测试（electrochemical impedance spectroscopy，EIS）也称交流阻抗测试，是一种测量电化学反应过程中阻抗的方法。近年来，由于频率响应分析仪的快速发展，交流阻抗的测试精度越来越高，电化学阻抗谱广泛应用于锂离子电池正负极材料分析、锂离子脱嵌动力学参数研究、固体电解质、界面反应和荷电状态预测等方面的研究，是分析锂离子电池性能的有力工具。

电化学阻抗测试是一种无损的参数测定和有效的电化学电池动力学行为测定方法。将电化学系统视为一个由电阻（R）、电容（C）、电感（L）等基本元件按串联或并联方式构成的等效电路。它是通过对电化学系统施加小幅度的正弦波电位（或电流）扰动信号，测量系统产生的相应电流（或电位）响应。电化学阻抗测试通过测量这些响应信号，获取电化学系统的阻抗或导纳随频率的变化关系。在电化学阻抗测试中，当采用小幅度正弦波对电极进行极化时，不会引起严重的浓度极化及表面状态变化，扰动与体系的响应近似成线性关系，速度不同的过程很容易在频率域上分开。可在很宽频率范围内测量得到阻抗谱，并判断得出所包含的子过程，进而对其动力学特征进行分析，因而电化学阻抗测试能比其他常规的电化学测试方法得到更多的电极过程动力学信息和电极界面结构信息。

图 2-18 是典型的锂离子电池正极材料的电化学阻抗测试谱。典型的电化学阻抗测试谱主要由超高频、高频、中频和低频四部分组成。其中，10kHz 以上的超高频区域与离

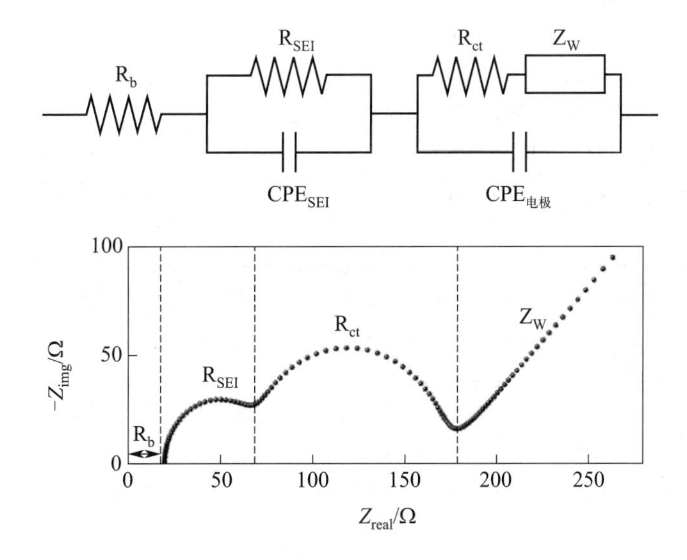

图 2-18　典型的电化学阻抗测试谱及拟合电路图

子和电子通过电解液、多孔隔膜、导线及活性材料颗粒等输运产生的欧姆电阻有关，在EIS谱上表现为一个点，用串联电路 R_b 表示；高频区域与锂离子通过活性材料颗粒表面SEI膜的扩散迁移相关，表现为一个半圆，可用并联电路 R_{SEI} 表示；中频区域与电荷传递过程相关，表现为另一个半圆，可用并联电路 R_{ct} 表示，是表征电荷传递过程相关的基本参数；低频区表现为与扩散过程相关的一条直线，此过程可用串联的 Warburg 阻抗 Z_W 来表示。Z_W 代表锂离子在活性材料颗粒内部的固体扩散过程，可通过拟合来计算扩散过程的主要动力学参数——锂离子扩散系数。

参考文献

[1] 卡尔·H. 哈曼，安德鲁·哈姆内特，沃尔夫·菲尔施蒂希．Electrochemistry（电化学）[M]．陈艳霞，夏兴华，蔡俊，译．2版．德国：Wiley VCH公司，2008.

[2] 胡会利，李宁．电化学测量[M]．北京：化学工业出版社，2020.

[3] 罗鹏．锰、钴杂多酸盐的设计合成及其在水系液流电池中的应用研究[D]．广州：华南理工大学，2022.

[4] Liu Y Y，Pan H G，Gao M X，et al. Advanced hydrogen storage alloys for Ni/MH rechargeable batteries[J]．Journal of Materials Chemistry，2011，21：4743-4755.

[5] 梅生伟，李建林，朱建全，等．储能技术[M]．北京：机械工业出版社，2022.

[6] Lei Y J，Liu H W，Yang Z，et al. A review on the status and challenges of cathodes in room-temperature Na-S batteries[J]．Advanced Functional Materials，2023，33：2212600.

[7] Ruan P C，Chen X H，Qin L P，et al. Achieving highly proton-resistant Zn-Pb anode through low hydrogen affinity and strong bonding for long-life electrolytic Zn||MnO_2 battery[J]．Advanced Materials，2023，35：2300577.

[8] Chen C，Lee C S，Tang Y B. Fundamental understanding and optimization strategies for dual-ion batteries：A review[J]．Nano Micro Letters，2023，15：121.

[9] 邓远富，叶建山，崔志明，等．电化学与电池储能[M]．北京：科学出版社，2023.

[10] Zhang J X，Wang P F，Bai P X，et al. Interfacial design for a 4.6 V high-voltage single-crystalline $LiCoO_2$ cathode[J]．Advanced Materials，2022，34：2108353.

[11] Choi W，Shin H C，Kim J M，et al. Modeling and applications of electrochemical impedance spectroscopy (EIS) for lithium-ion batteries[J]．Journal of Electrochemical Society Technology，2020，11(1)：1-13.

[12] Yanamandra K，Pinisetty D，Gupta N. Impact of carbon additives on lead-acid battery electrodes：A review[J]．Renewable and Sustainable Energy Reviews，2023，173：113078.

[13] Link N A，O'Connor C A，Scott J T. Battery technology for electric vehicles：public science and private innovation[M]．England：Routledge，2015.

[14] 贾铮，戴长松，陈玲．电化学测量方法[M]．北京：化学工业出版社，2006.

[15] Li Z J，Yi H C，Ding W Y，et al. Revealing the accelerated capacity decay of a high-voltage $LiCoO_2$ upon harsh charging procedure[J]．Advanced Functional Materials，2023，34(14)：2312837.

[16] 李荻，李松梅．电化学原理[M]．北京：北京航空航天大学出版社，2021.

[17] Park J K. 锂二次电池原理与应用[M]．张治安，杜柯，任秀，译．北京：机械工业出版社，2017.

3

电化学储能电池的关键材料

从前面各种电池的基本结构与基本原理介绍可知，每一种电化学电池器件都是多种材料的集合体。电池器件的性能主要是由其正极、负极、电解质等关键材料的特性决定的。比如，从锂电池到锂离子电池的性能突破，就是得益于二硫化钛正极、钴酸锂正极、石墨负极等材料的发现与应用。因此关键电池材料的研究、开发与应用对电化学电池产业的发展至关重要。本章将重点介绍目前应用最广泛的几类成熟的储能电池体系（铅酸电池、锂离子电池、镍氢电池、液流电池）和最具有应用前景的新型电池体系（钠离子电池、固态电池）的关键材料的基本物化特性，并结合国家标准、行业标准等方面介绍部分商品化材料体系的指标特征。

3.1 铅酸电池的关键材料

铅酸电池作为历史最悠久的二次电池，其关键材料对其性能和寿命起着至关重要的作用。铅酸电池主要由正极二氧化铅（PbO_2）、负极铅金属（Pb）以及酸性电解液构成。目前，铅酸电池能够广泛应用于汽车启动、低速电动自行车、备用电源以及电力系统中，成为许多关键应用领域的不可或缺的能量存储解决方案。

3.1.1 二氧化铅正极材料

二氧化铅正极板是铅酸电池的重要组成部分。正极板由涂在铅或铅合金栅格上的 PbO_2 活性物质层组成，根据其与板栅结合方式的不同，分为扁平结构和管式结构，目前市场上多采用扁平结构的正极板。物理性质方面，PbO_2 具有较高的密度和硬度，可以提高电极的结构稳定性和机械强度；化学性质方面，PbO_2 在强酸中具有较高的稳定性和良好的离子导电性，有助于电池中离子的快速传输，以提高电池的充放电效率。表 3-1 是《铅酸蓄电池用极板》（GB/T 23636—2017）中规定的铅酸蓄电池电极板中各物质含量标准。

表 3-1 铅酸蓄电池电极板中各物质含量标准

项目	普通型正极熟板	普通型负极熟板	普通型生极板
二氧化铅含量/%	≥75.0	—	—
一氧化铅含量/%	—	≤30.0	—
游离铅含量/%	—	—	≤5.0
杂质 Fe 含量/%	≤0.005	≤0.005	≤0.005
水分含量/%	≤0.50	≤0.50	≤0.50

图 3-1 是铅酸电池用 PbO_2 正极材料的晶体结构，PbO_2 正极材料包括斜方晶系 α-PbO_2 和正方晶系 β-PbO_2。其中，α-PbO_2 颗粒尺寸较小，颗粒之间的接触良好，具有更致密的结构和优异的力学性能，但导电性较差（电阻率约为 650μΩ/cm）。而 β-PbO_2 颗粒较大，在酸性电解液中具有更好的催化活性、结构稳定性和导电性（96μΩ/cm）。因此，在正极板的结构设计中，致密的 α-PdO_2 作为正极材料的结构骨架，而 β-PdO_2 则充当正极材料中的活性物质。

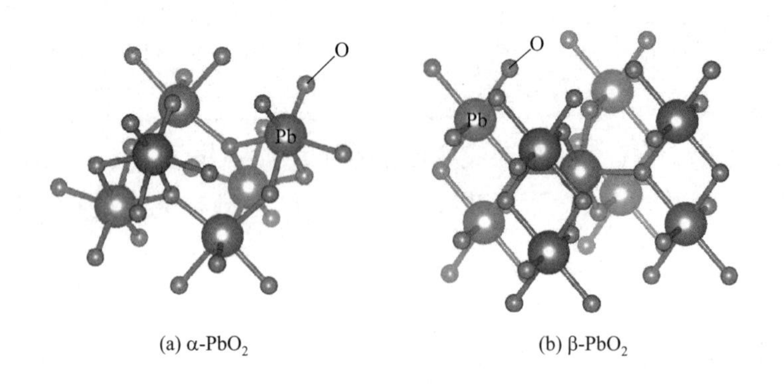

图 3-1 PbO_2 正极材料的结构模型

但在实际工作中，PbO_2 正极存在由于结构骨架被破坏而导致的软化及脱落等现象，电池寿命减少。目前，针对 PbO_2 正极的改性研究主要集中在以下几个方面：

① 掺杂改性：通过在 PbO_2 中掺杂其他元素（如 Sn、Sb 等），改变其晶体结构和电子结构，从而提高其电化学性能；

② 颗粒纳米化：将 PbO_2 制备成纳米级材料，可以显著提高其比表面积和离子传输速率，进而提高其电化学性能；

③ 多相复合化：将 PbO_2 与其他材料（如碳材料、导电聚合物等）进行复合，可以形成具有协同效应的复合材料，进一步提高其电化学性能。

3.1.2 铅金属负极材料

铅酸电池的负极板由涂在合金板栅上的铅金属（Pb）层组成，该活性 Pb 层会在充电过程中形成两种不同的结构，分别是 Pb 晶体相互连接而成的海绵状骨架以及沉积在骨架上的 Pb 晶体。Pb 负极的成分、质量、结构和制造工艺对铅酸蓄电池的性能和寿命有重要影响。在充放电循环过程中，Pb 负极会发生“硫酸化”生成 $PbSO_4$，可逆性较差的 $PbSO_4$ 会阻碍负极活性物质参与充放电过程，导致电池内阻增大，循环寿命缩短。研究人员通过增加无机添加剂及有机添加剂的手段来缓解负极端的硫酸化现象，目前已经投入生产使用的铅负极材料有 Pb-Sb 合金、Pb-Ca 合金、Pb-Sn 合金、Pb-Ca-Sn 合金以及 Pb-Al-Se 合金等。

3.1.3 铅炭负极材料

为了延长铅酸蓄电池负极的使用寿命，研究人员将具有高比功率特性的超级电容器与高比容量的铅酸蓄电池相结合，将铅酸电池的负板与电容器的负极合二为一，提出了采用铅炭负极材料的新型储能装置，即铅炭电池。图 3-2 是铅炭电池的结构，高比表面的碳材料（石墨、活性炭、碳纳米管或炭气凝胶等）被掺入铅负极中，形成稳固的 Pb-C 合金类化合物从而显著改善负极的综合性能。

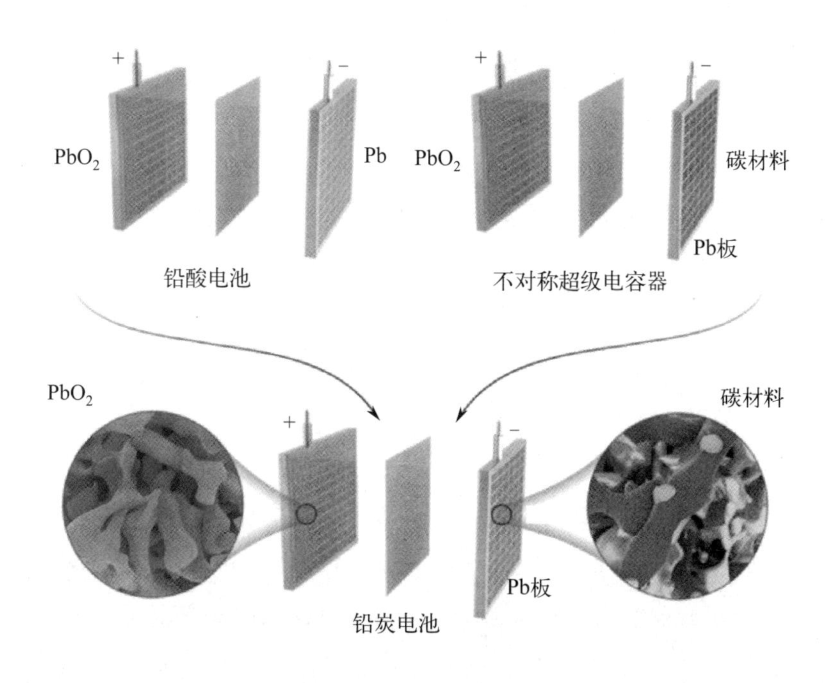

图 3-2 铅炭电池的结构

与常规铅酸蓄电池相比，铅炭电池具有显著优势，包括高电池功率、高充电接受能力、长循环寿命、高回收率及高安全性等。但是，铅炭电池仍然存在许多技术和工艺上的问题亟须解决，比如碳材料的析氢过电位较低、碳掺杂改变铅酸蓄电池充放电反应、电池反应活性下降、碳材料的黏性较低等。

3.2 镍氢电池的关键材料

镍氢电池通常是指镍-金属氢化物电池，其正极材料为氢氧化镍，负极为储氢合金材料。目前商用的储氢合金负极材料主要有 $LaNi_5$、$LaNi_3$、$TiMn_2$、VTi 等体系，Mg_2Ni 等体系具有更高的电化学容量而备受关注，但其循环寿命还难以满足实际应用需求。

3.2.1　储氢合金负极材料

储氢合金负极的选择对镍氢电池的性能有重要影响。根据成分和结构的不同，储氢合金负极材料主要有AB_5型合金、AB_2型Laves相合金、Mg基合金、Ti-V基合金和A_2B_7型或AB_3型稀土（Re)-Mg-Ni基超晶格合金等，其性能特点见表3-2。储氢合金负极的电化学性能由其储氢能力、动力学、热力学、吸放氢循环稳定性等本征性能决定。作为电极用储氢合金，必须满足以下要求：

① 高的可逆储氢容量和电化学可逆性；

② 高电催化活性，在碱性电解质中具有优异的电化学稳定性和足够的耐腐蚀性；

③ 具有良好的充放电动力学，在长时间循环过程中具有较高的稳定性；

④ 可在宽温域（－20～60℃）及宽工作电压范围内稳定工作；

⑤ 资源丰富，价格低廉，易于工业化生产。

表3-2　镍氢电池用储氢合金的性能特点

合金类型	化合物	氢化物	储氢容量/%	放电比容量/(mA·h/g)	优势	缺点
AB_5	$LaNi_5$	$LaNi_5H_6$	1.4	320	资源丰富	容量低
AB_2	$TiMn_2$	$TiMn_2H_2$	1.7	440	容量高	活性差
RE-Mg-Ni基	$LaNi_3$	$LaNi_3H_5$	1.6	410	活性高	循环寿命差
V基	VTi	$VTiH_2$	2.0	420	容量高	成本高，活性低
Mg基	Mg_2Ni	Mg_2NiH_4	3.6	999	资源丰富 容量高	循环稳定性差

AB_5型稀土系合金是应用最早和最广泛的镍氢电池负极材料，A侧元素通常是指La或富La混合稀土元素。图3-3是六方结构$LaNi_5$的结构示意图，每个$LaNi_5$晶格由3个八面体和3个四面体组成，每个$LaNi_5$晶格可以共吸附6个氢原子，从而得到稳定的$LaNi_5H_6$结构，$LaNi_5$具有1.39%的理论储氢容量及高达372mA·h/g的理论电化学比容量。

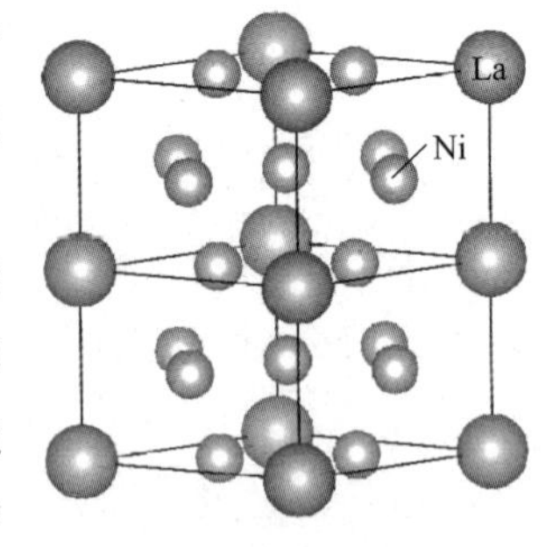

图3-3　$LaNi_5$晶体结构和氢原子间隙位

但为了改善合金的综合电化学性能，研究人员多通过元素替代提高AB_5型合金负极的循环稳定性。在过去的50多年里，研究人员探索了多种金属替代得到的三元、四元甚至多元AB_5合金材料。但是，A侧和B侧的合金化会降低其电化学容量。

《金属氢化物-镍电池负极用稀土系AB_5型贮氢合金粉》(GB/T 26412—2010）中详细规定了镍氢电池负极用稀土系AB_5型贮氢合金粉的成分要求、检验规则等内容。表3-3是AB_5型合金粉的产品粒度分布以及密度技术指标。此外，国标GB/T 26412—2010也对不同型号的AB_5合金的电化学性能做出了规定，表 3-4 是国标中对其负极比容量、循环寿命及 300mA/g 倍率下的放电比容量的要求规范。

表 3-3 AB_5 型合金粉的产品粒度分布以及密度指标

合金粉		粒度分布/μm			密度/(g/cm³)	
		D_{10}	D_{50}	D_{90}	松装密度	振实密度
负极湿法成型用粉	A 型	12.0±3.0	38.0±5.0	85.0±10.0	≥3.2	≥4.3
	B 型	14.0±3.0	54.0±5.0	115.0±10.0	≥3.2	≥4.3
负极干法成型用粉		19.0±5.0	65.0±10.0	130.0±20.0	≥3.4	≥4.6

表 3-4 AB_5 型合金粉的产品牌号以及电化学性能指标

牌号	类型	电化学性能		
		比容量/(mA·h/g)	循环寿命/次	300mA/g 下的放电比容量/(mA·h/g)
207000	普通型	≥310	≥500	≥275
207001	功率型	≥300	≥500	≥285
207002	高容量型	≥330	≥300	≥280

储氢合金负极材料的发展现状如下：

① AB_5 型合金电极：目前，商用 $LaNi_5$ 基合金负极的电化学容量已基本达到其理论容量，且其循环寿命不够高，限制了其进一步发展。因此，开发具有更长寿命、更高理论比容量和更好催化性能的新型合金负极是非常重要的研究方向。一方面，元素替代是提高 AB_5 型合金负极循环稳定性的主要改性方法，研究人员探索了多种金属替代得到的三元、四元甚至多元 AB_5 合金材料。另一方面，研究人员采用表面修饰、合金纳米化、热处理工艺改进及非化学计量比设计等方法来进一步提高 AB_5 型合金负极的储氢容量和促进电化学动力学过程。

② Ti/Zr 基 AB_2 型合金：C14 结构的 AB_2 型 Zr 系合金具有较高的理论比容量，但是高昂的生产原料及其缓慢的电化学反应过程限制了其实际应用。由于缓慢的电化学动力学过程，AB_2 型合金目前的实际放电比容量仍然较低，有待进一步提高。第二相的引入可以增加相界面从而促进脱氢过程，C14 相/C15 相的协同作用也可以调节合金负极的储氢容量，这些成为提高 AB_2 型合金负极电化学性能的重要策略。

③ 超晶格合金电极：目前，以 Re-Mg-Ni 为代表的超晶格合金已广泛应用于商用镍氢电池中，其实际电化学比容量接近 400mA·h/g，远高于 AB_5 型合金。但是 Mg 元素具有较低的熔点和较高的蒸气压，合金负极在制备过程中存在一定的安全隐患。为了保证安全性和控制合金成分与相结构的一致性，合金制备工艺较为复杂。而且，活泼的 Mg 元素也会在充放电过程中与碱性电解液反应，生成腐蚀产物 $Mg(OH)_2$ 附着在合金负极表面，使其循环稳定性较差。为了解决 Mg 元素自身存在的问题，发展了更容易制备的 La-Y-Ni 合金负极。

④ 非晶态 Mg 基储氢合金：具有非晶态结构的 Mg 基合金由于其较低的成本和较高的易得性作为储氢材料的前景十分广阔，但是其缓慢的动力学过程和较差的循环稳定性仍然是目前限制其作为镍氢电池负极的主要问题。防止 Mg 基合金在强碱溶液中的腐蚀和吸

氢导致的氢致晶化而失活是需要攻克的基础学科问题。未来，对非晶相结构和稳定性的深入研究将是推动 Mg 基合金负极发展的重要方向之一。

⑤ V 基固溶体型合金：具有高达 1018mA・h/g 的理论电化学比容量是 V 基固溶体合金的巨大优势，但是单相 V 基固溶体电催化活性较差，在碱性电解液中的实际放电容量较低。目前，V 基储氢合金的实际应用仍受限于较差的循环寿命和欠佳的动力学性能，研究发现，优化合金的相组成与组织结构和开发相对低廉的原料来降低生产成本是推动 V 基固溶体合金发展的重要方向。

3.2.2 氢氧化镍正极材料

镍氢电池通常采用负极容量过剩的配置方式进行组装，其中负极容量一般是正极容量的 1.3～1.5 倍。因此镍氢电池的额定容量由正极材料的容量决定。图 3-4 是 α-Ni(OH)$_2$ 和 β-Ni(OH)$_2$ 的晶体结构，两种材料均是由平行且等间距的 NiO_2 层堆垛而成，只是晶型结构的堆垛方式、层间距和层间离子有所不同。目前，镍氢电池采用的正极材料主要是 β-Ni(OH)$_2$。

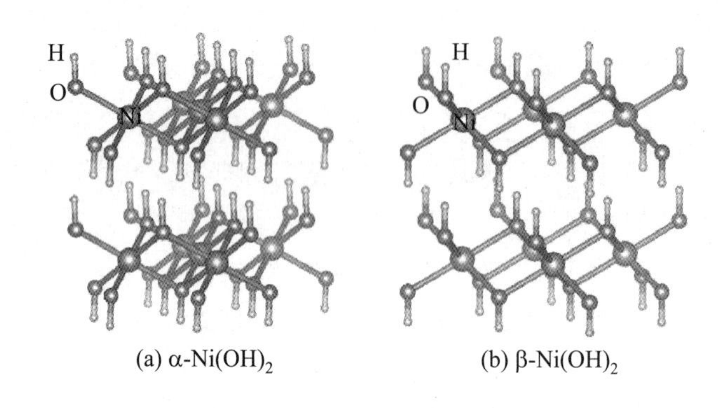

图 3-4 氢氧化镍的两种晶体结构

根据电池类型和电性能要求的不同，氢氧化镍正极材料分为加锌型、加镉型和覆钴型三类，表 3-5 显示的是《球形氢氧化镍》（GB/T 20507—2018）对球形氢氧化镍的牌号以及物理性能的要求规范。类似地，国标 GB/T 20507—2018 对氢氧化镍正极材料的电化学性能、测量方法及测试条件也都进行了明确规定，表 3-6 显示的是不同类型的球形氢氧化镍的比容量以及放电平台率等电化学性能指标。

氢氧化镍正极已经在商用镍氢电池中得到了广泛应用，但目前仍存在很多技术难题限制了其进一步应用，如理论容量偏低、充放电效率低及高温环境下放电比容量低等问题。

相比于负极材料高容量，传统的 β-Ni(OH)$_2$ 正极材料理论比容量仅为 289mA・h/g，极大地制约了镍氢电池的放电容量。研究人员首先采用元素掺杂来提高 Ni(Ⅱ) 到 Ni(Ⅲ) 反应的电子转移效率，但由于 β-Ni(OH)$_2$ 理论比容量有限，仅靠提高电子转移效率的容量提升比较有限。之后，有研究人员采用提高 Ni 的最高氧化价态来突破 β-Ni(OH)$_2$ 的理论容量瓶颈，当 Ni(OH)$_2$ 的极限氧化态 Ni 为＋3.66 时，Ni(OH)$_2$ 理论比容量可达到 479mA・h/g。

表 3-5 球形氢氧化镍的物理性能标准

类别	牌号	形貌	晶型	松装密度/(g/cm^3)	振实密度/(g/cm^3)	粒度 $D_{50}/\mu m$	比表面积/(m^2/g)	(101)半峰宽
加锌型	Zn3Co1.3	球形或类球形	β	≥1.60	≥2.10	6～15	6～15	≥0.85
	Zn4Co1.3							
加镉型	Cd3Co1					8～20	8～25	
覆钴型	Zn4Co1.3-Co3.5			≥1.50	≥2.00	9～14	5～15	
	Cd3Co1-Co3					8～20	8～25	

表 3-6 球形氢氧化镍的电化学性能指标

类别	牌号	比容量/(mA·h/g)	放电平台率/%
加锌型	Zn3Co1.3	≥245	≥70
	Zn3Co1.3	≥240	
加镉型	Cd3Co1	≥225	
覆钴型	Zn4Co1.3-Co3.5	≥225	
	Cd3Co1-Co3	≥205	

$Ni(OH)_2$ 正极充放电效率低的问题主要归结于两个方面。一方面，$Ni(OH)_2$ 正极材料颗粒的表面电阻较高，充放电过程中的动力学缓慢，充放电效率受到限制；另一方面，$Ni(OH)_2$ 的质子传导率低，颗粒内部的质子扩散受限制，活性物质无法充分氧化，利用率降低。研究人员通过表面包覆在 $Ni(OH)_2$ 颗粒表面形成高速导电网络结构，可以有效降低 $Ni(OH)_2$ 颗粒的表面电阻并提高表面质子传导速率，从而提高其充放电效率。此外，掺杂碱土金属可以在不改变 $Ni(OH)_2$ 晶体结构的前提下引入大量的缺陷和畸变，使电子与质子的迁移率大幅增加，从而显著提高正极材料的充放电效率。

在工作温度较高（≥50℃）时，过充导致的析氧反应过电位降低，$Ni(OH)_2$ 正极端在充电过程中会发生析氧反应与电极氧化反应同时进行的情况，从而对正极材料的容量和寿命都带来不可逆转的损害。因此，提高析氧过电位从而抑制析氧反应的发生是提高 $Ni(OH)_2$ 正极材料高温性能的关键。

3.3 液流电池的关键材料

液流电池作为一种可灵活配置的新型电化学储能技术，电池的活性物质以液态形式存在于电解质中，这为其能量密度、循环寿命和可扩展性等方面提供了独特优势。根据电解质和活性物质的组合方式，液流电池可以分为三种主要类型，包括全钒液流电池、锌溴液流电池和铁铬液流电池等。不同类型的液流电池都具有其独特的化学特性和应用优势，适用于不同的电力系统调节、储能需求和可再生能源集成环境。

3.3.1 全钒液流电池

全钒液流电池的标准电极电势为 1.26V，由于全电池的氧化还原反应仅涉及四种价态的钒离子，活性物质间的交叉污染现象对电池容量的损耗极小。当正负极电解质混合时，钒的氧化态都可以通过“再平衡”过程进行恢复。全钒液流电池的循环寿命也比其他液流电池要长（可达 20000 次充放电循环）。为了更贴合实际应用需求，对全钒液流电池的研究主要集中在增加其体积能量密度，这与钒离子在电解液中的饱和度和溶解度极限有密切关系。

全钒液流电池的电解液是影响电池性能的重要因素，其组分直接关系到全钒液流电池的性能。因此，对于全钒液流电池电解液组分的规范化技术条件也极为关键。如表 3-7 和表 3-8 所示，《全钒液流电池用电解液测试方法》（NB/T 42006—2013）和《全钒液流电池用电解液技术条件》（NB/T 42133—2017）对全钒液流电池的电解液分类及组成进行了详细的规定。

表 3-7 全钒液流电池的电解液分类标准

电解液种类	组分	浓度
负极电解液	V	≥1.50mol/L
	SO_4^{2-}	≥2.30mol/L
3.5 价电解液	V	≥1.50mol/L
	SO_4^{2-}	≥2.30mol/L
正极电解液	V	≥1.50mol/L
	SO_4^{2-}	≥2.30mol/L

注：3.5 价电解液中 V^{3+} ：VO^{2+} 比例为 1.0±0.1。

表 3-8 全钒液流电池中杂质的种类及含量标准 单位：mg/L

Al	As	Ca	Co	Cr	Cu	Fe	K	Mg	Mn
≤50	≤5	≤30	≤40	≤20	≤5	≤100	≤50	≤30	≤5

Mo	N	Na	Ni	Si
≤30	≤20	≤100	≤50	≤20

同时，国家能源局也针对全钒液流电池的碳塑双极板出台了具体规范，《全钒液流电池用碳塑复合双极板技术条件》（NB/T 11203—2023）中给出明确定义，碳塑复合双极板是以碳质和塑料（高分子聚合物或高分子聚合物衍生物）为原料制备的用于全钒液流电池的双极板。该规范针对双极板的厚度尺寸偏差、力学性能（抗弯强度、抗拉强度、抗压强度）、耐久性、气体透过率及耐腐蚀性等内容给出了明确要求。

在实际生产生活中，全钒液流电池可能会产生电解质泄漏、短路及过充过放等问题，从而引起意外事故，造成人身伤害和经济损失。为了规范全钒液流电池的生产和使用，保障人员的人身和财产安全，《全钒液流电池安全要求》（GB/T 34866—2017）制定了一系列安全要求，主要包括电气安全、气体安全、液体安全及设施安全等问题。

全钒液流电池因其固有优势，非常适合大规模储能。但是目前，液流电池依然需要取得重大进展，尤其是在关键材料方面亟需开展基础理论研究，通过提高电解液、电极及质子交换膜等关键材料的性能实现大规模商业化。

3.3.2 铁铬液流电池

近几年，随着以风电、光伏为代表的新能源并网量越来越大，新能源的存储问题越发突出，对储能时长有更高的要求。铁铬液流电池因其循环寿命长、环境友好、高效率、适应性强及低成本等优点脱颖而出，有望成为液流电池的主流路线和长时储能领域的有力竞争者。2023年最新发布的《铁铬液流电池用电解液技术规范》（NB/T 11067—2023）是目前国内生产及销售铁铬液流电池材料的重要参考标准，其对铁铬液流电池的电解液分类、成分含量及杂质元素含量做出了明确要求。其中，明确规定正极电解液中 Fe^{2+} 含量应≥1.0mol/L，负极电解液中 Cr^{3+} 含量应≥1.0mol/L。

目前铁铬液流电池的电极材料主要是价格相对低廉的碳素类材料，其中，三维网状结构的石墨毡具有高电导率、大比表面积、良好的耐酸性以及宽的电化学窗口等优点，这使其成为目前应用最为广泛的铁铬液流电池电极材料。为了进一步提升铁铬液流电池中 Cr^{2+}/Cr^{3+} 电对的反应活性，降低析氢反应速率，许多针对电极的改性应运而生，其中主要包括电极表面的改性与修饰。例如通过强氧化剂溶液浸泡或者改善碳化工艺等来改变电极的表面状态及电化学性质。也有研究者通过在石墨毡电极表面负载一层 SiO_2 有效增加了电极的比表面积和活性位点，从而提高了铬离子的反应活性。研究的初期，铁铬液流电池采用 $FeCl_2+HCl$ 溶液和 $CrCl_3+HCl$ 溶液分别作为正极和负极的电解液。然而随着放置时间的延长，负极电解液会发生老化，电池出现性能衰减。研究人员通过引入添加剂来提升 Cr^{3+} 的电化学反应活性，抑制析氢反应。

另外，提升电池运行温度可有效地改善负极反应的活性。然而，温度的升高会明显降低质子交换膜对离子的选择性，引起正负极电解液活性离子向异侧的大量穿透，严重降低电解液的有效电量，缩短电解液的使用时限。因此，在铁铬液流电池体系中，常采用正负极电解液预混合的方法，以降低正负极电解液间铁、铬两类离子浓度的差距，有效减缓了铁、铬离子的穿透速率。虽然活性离子的利用率因此下降，但得益于铁铬元素在自然界中的广泛存在，成本低廉，此种解决方案并未产生阻碍电池进一步发展的附加成本。

3.3.3 锌溴液流电池

锌溴液流电池具有高达1.85V的标准电池电压，而且具有比其他液流电池体系更高的理论能量密度，高达440W·h/kg。$ZnBr_2$ 是具有高水溶性的盐，但 Br_2 的水溶性较差，这使得锌溴液流电池的实际能量密度远低于其理论能量密度，约为60～85W·h/kg。微溶于水的 Br_2 还会与溶液中的 Br^- 形成 Br_3^-，该粒子极易破坏离子传导隔膜，造成电池容量衰减。因此，锌溴液流电池电解液中通常需要添加溴捕获剂以抑制其穿膜，但是溴捕获剂的添加又容易引起溶液分相，降低循环稳定性。此外，在循环过程中，锌元素存在固态与离子态间的相变，由于在锌电极上离子的不规则沉积程度出现了类似于锂金属电池中的枝晶现象，该现象大大降低了锌溴液流电池的循环寿命。因此，Br_3^- 的毒性和锌枝晶都严重阻碍了该液流电池体系的商业化进程。

锌溴液流电池主要由双极板、正负极、隔膜及电解液几部分组成。《锌溴液流电池电极、隔膜、电解液测试方法》（NB/T 42146—2018）针对锌溴液流电池的标准测试方法作了具体规定，包括电极电阻率测试、隔膜电阻率测试及溴络合能力测试等方面。

针对锌溴液流电池后续的发展，研究人员主要从以下方面进行考虑：

① 电极材料方面　主要开发在电极上镀催化活性高的活性物质，使电极对溴电对的反应具有更高的活性；

② 电解液方面　寻找更适合的添加剂在增加电解液导电性的同时还能兼顾电池的功率及循环寿命；

③ 隔膜材料方面　寻找制备工艺更简单、成本更低的聚合物复合膜代替 Nafion 系列质子交换膜，且保证使用聚合物复合膜对于电池的性能并没有太多影响。

3.4 锂离子电池的关键材料

目前，锂离子电池已经广泛应用于储能和动力电池两大领域。已经商业化的锂离子电池的材料组成如图 3-5 所示，主要包含正负极材料、电解质、隔膜、集流体等部分。

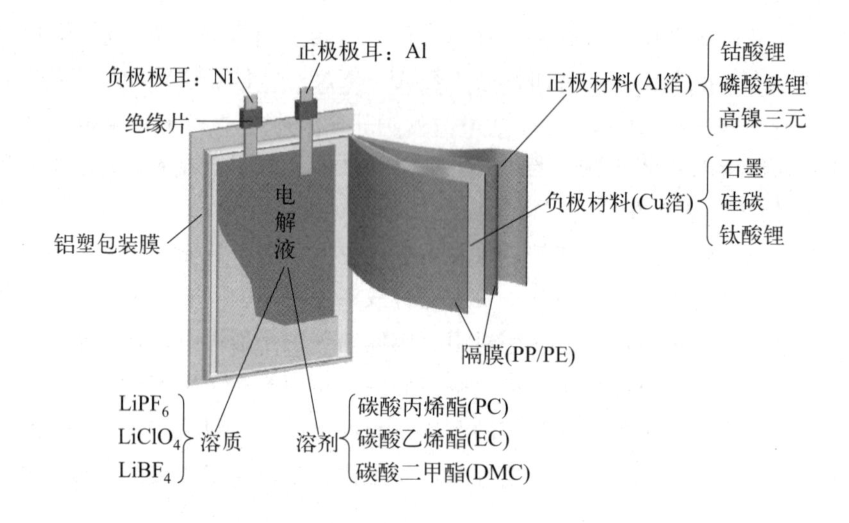

图 3-5　典型锂离子电池的材料组成

作为锂离子电池内部 Li^+ 来源的核心部分，正极材料的成本约占据总成本的 40%，而且，由于其放电比容量远低于负极材料，因此，正极材料限制了锂离子电池的进一步发展。寻求高能量密度和低生产成本的正极材料也是锂离子电池行业一直以来的研究热点。然而，在实际的工作过程中，正极不仅要提供锂离子电池内部脱嵌的 Li^+，还要提供在正负极与电解液界面形成固体电解质（cathode electrolyte interface/solid electrolyte interface，CEI/SEI）膜所需要的 Li^+。

按照不同的反应机制，正极材料可以分为固溶体反应类型和多相转换反应类型。一般来说，锂离子电池正极材料需要满足以下要求：

① 较高的氧化还原电位，平直的长电位平台，以保证较高且稳定的全电池输出电压；

② 丰富的储锂位点，允许大量 Li^+ 嵌入和脱出，使材料具有较高的放电比容量；

③ 快速的离子扩散通道，便于 Li^+ 完整嵌入和脱出，保证电极过程的可逆性；

④ 较高的电导率和离子扩散速率，保证 Li^+ 和电子的快速传输，使电池具有较好的倍率性能；

⑤ 结构稳定性较好，Li^+ 的嵌入和脱出不会影响材料结构，且在电化学窗口内不会与电解液发生反应；

⑥ 制备工艺简单、资源丰富和环境友好等。

负极是锂离子电池另一个核心组成部分，负极材料的结构组成和性能决定了锂离子电池的电化学性能。与目前多种多样的商业化正极材料不同，目前实现商业化的负极材料只有石墨等碳质材料和钛酸锂材料两种，且以前者居多。但石墨化的碳质材料存在比容量低和倍率性能差等问题，限制了锂离子电池能量密度和充电功率特性的进一步提升，因此，锂离子电池的负极材料开发仍然是目前的科研热点。

按照储锂机制的不同，负极材料可以分为嵌入型负极材料（石墨、TiO_2、$Li_4Ti_5O_{12}$、Nb_2O_5 等）、合金化负极材料（Si、Sn、Sb、Ge、Al 及 Bi 等）及转化反应型负极材料（过渡金属氧化物、硫化物、磷化物、氮化物等）。此外，部分金属化合物（SnO_2、SnS、Sb_2S_3、SnSe、SiO_x 等）则是通过转化反应和合金化反应两种方式来完成储锂过程的。目前，锂离子电池负极材料一般需要满足以下要求：

① 低工作电位，使其与正极材料匹配后保证系统有足够高的输出电压；

② 良好的结构和化学性质稳定性，电化学反应应具有高度可逆性；

③ 良好的电子和离子电导率，锂离子能够轻易地脱出和嵌入；

④ 锂离子在负极材料中脱出和嵌入时的电压变化小，以得到较为稳定的输出电压；

⑤ 资源丰富、价格低廉，生产使用过程中对人体与环境友好。

除了电极材料外，作为锂离子电池内部物质传输的“血液”，电解质对电池的能量密度、功率密度、循环寿命及安全性能等起着关键作用。目前，应用最广泛的是有机电解液。电解液主要由溶剂、添加剂、锂盐组成。电池的正负极和隔膜都浸泡在电解液中，在充放电过程中，电解液作为锂离子的传输媒介，一方面提供部分活性 Li^+ 作为导电离子使用，另一方面提供离子通道帮助正负极的 Li^+ 自由移动。因此，锂离子电池电解液一般需要满足以下要求：

① 良好的离子导体和电子绝缘体，以便离子传输并将自放电保持在最低限度。室温下，锂离子电池电解液的离子电导率应高于 10^{-3} S/cm；

② 较宽的电化学窗口，使得在正极和负极的工作电位范围内都不会发生电解液的分解；

③ 对电池隔膜、电极基板和电池封装材料等组件呈惰性，安全性较好。

隔膜也是电池设计中不可或缺的一部分。它大多是薄的多孔膜，在电极之间提供电绝缘的作用，同时也促进离子传输，并稳定正极侧的 CEI 膜和负极侧的 SEI 膜。理想的隔膜需要具有优秀的力学性能，化学、电化学和热稳定性。确定膜材是否适合作为隔膜，需从对电解液的高润湿性、良好的渗透性和用于有效离子传输的高孔隙率几方面考虑。需要调整隔膜的多孔性质以避免内部短路并确保电解质的充分渗透。同时隔膜必须具有适当的厚度，以实现其力学性能和锂离子传输性能之间的平衡。此外，隔膜应能够在温度升高的情况下阻止电极组分或正极产物的扩散。此外，力学性能、离子电导率和弯曲度也影响隔膜的性能。

3.4.1 钴酸锂正极材料

1980 年，约翰·B·古迪纳夫首次研究并报道了 $LiCoO_2$ 正极材料，由于其制备工艺简单、循环寿命长、工作电压高且倍率性能好，$LiCoO_2$ 是最早实现商品化的正极材料，也是目前研究和应用最为广泛的正极材料之一。

3.4.1.1 钴酸锂正极材料的结构及理化性质

层状结构 $LiCoO_2$ 是最早商用的锂离子电池正极材料体系。其晶体结构如图 3-6 所示，具有 α-$NaFeO_2$ 型结构，属于六方晶系，空间群为 R-3m。在晶体结构中，氧原子在 6*c* 位点上以面心立方密堆的形式排列形成结构骨架，Li 原子与 Co 原子在（111）面上有序占据 3*a* 位点与 3*b* 位点，交替分布在氧层两侧占据八面体间隙，分别通过离子键及共价键与相邻的 O 原子形成 LiO_6 八面体与 CoO_6 八面体。这种排布方式形成的“—O—Li—O—Co—O—Li—O—Co—”的结构使得 Li^+ 可以在 CoO_2 层间进行迁移，具有二维的锂离子扩散通道。

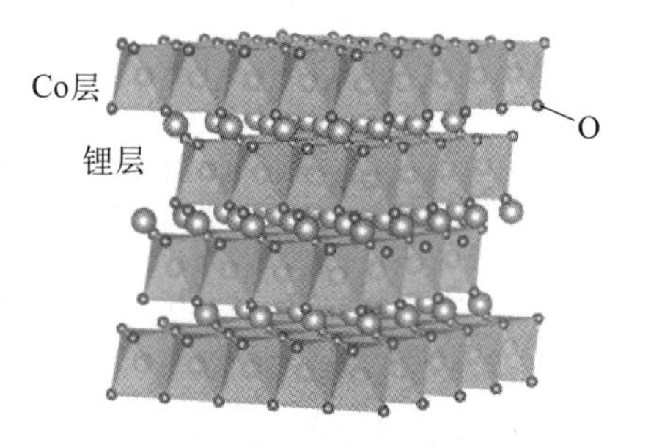

图 3-6 层状结构 $LiCoO_2$ 正极材料的晶体结构

对于钴酸锂正极材料而言，材料的结构、化学组成以及理化性质对其能量密度、循环性能、使用寿命等电化学性能有着显著的影响，是决定钴酸锂正极材料综合性能的重要因素，因此需要对其结构、组分与理化性质进行标准化规范，表 3-9 是国标《钴酸锂》（GB/T 20252—2014）中对钴酸锂的化学成分的明确规定。

表 3-9 钴酸锂正极材料的化学成分含量标准

主元素含量/%	Co	57～60
	Li	6.5～7.5
杂质元素含量/%	K	≤0.02
	Na	≤0.03
	Ca	≤0.02
	Fe	≤0.01
	Cu	≤0.01
	Cr	≤0.01
	Cd	<0.01
	Pb	<0.1

同时，《钴酸锂》（GB/T 20252—2014）根据性能和用途将钴酸锂分为常规钴酸锂、高倍率型钴酸锂、高压实型钴酸锂以及高电压型钴酸锂。表 3-10 为国标 GB/T 20252—2014 中对不同类型钴酸锂的理化性能、磁性异物含量及残碱含量等方面的要求。其中，磁性异物主要是指铁、镍、铬及锌等具有磁性的物质；残余碱含量指产品中可以与酸发生反应的水溶性物质占产品总量的百分比，通常以 Li_2CO_3 计。

表 3-10 不同类型钴酸锂正极材料的技术指标

技术指标			产品种类			
			常规钴酸锂	高倍率型钴酸锂	高压实型钴酸锂	高电压型钴酸锂
理化性能	粒度分布	$D_{50}/\mu m$	7.0～13.0	4.0～8.0	10.0～25.0	10.0～25.0
		$D_{max}/\mu m$	≤50.0	≤40.0	≤70.0	≤70.0
	pH 值		≤11.5	≤11.5	≤11.5	≤11.5
	振实密度/(g/cm^3)		≥2.3	≥1.8	≥2.5	≥2.4
	比表面积/(m^2/g)		0.15～0.5	0.3～1.0	0.1～0.4	0.1～0.4
残余碱含量/%			≤0.15	≤0.15	≤0.15	≤0.15
水分含量/%			≤0.05	≤0.05	≤0.05	≤0.05
磁性异物/(mg/kg)			≤0.3	≤0.3	≤0.3	≤0.3

3.4.1.2 钴酸锂正极材料的电化学性能

$LiCoO_2$ 正极的充放电过程基于 Co^{2+}/Co^{3+} 的氧化还原反应过程，其脱出和嵌入锂的氧化还原电位平台在 4V 左右。在充电过程中，Li^+ 从正极材料中脱出，同时失去一个 e^-，发生氧化反应；在放电过程中，Li^+ 嵌入正极材料中，同时得到一个 e^-，发生还原反应。由计算可知 $LiCoO_2$ 的理论比容量可达到 274mA · h/g，其充放电过程的反应式为：

充电： $$LiCoO_2 - xLi^+ - xe^- \longrightarrow Li_{1-x}CoO_2$$

放电： $$Li_{1-x}CoO_2 + xLi^+ + xe^- \longrightarrow LiCoO_2$$

图 3-7 是 $LiCoO_2$ 正极的第 1 圈和第 50 圈的充放电曲线。充电过程中，随着充电电压的升高，$LiCoO_2$ 中脱出更多的 Li^+，但是，随着脱锂量的增加，$LiCoO_2$ 发生相变，颗粒内部应力与应变增加，结构稳定性变差。此外，当 $x \leqslant 0.5$ 时，Li_xCoO_2 在有机溶剂中不稳定，会发生失氧反应从而导致容量的急剧衰减。因此，目前商业化的 $LiCoO_2$ 正极只脱出 1/2 的 Li^+，充电终止电压设置为 4.2V，实际利用的可逆比容量为 140～150mA · h/g。

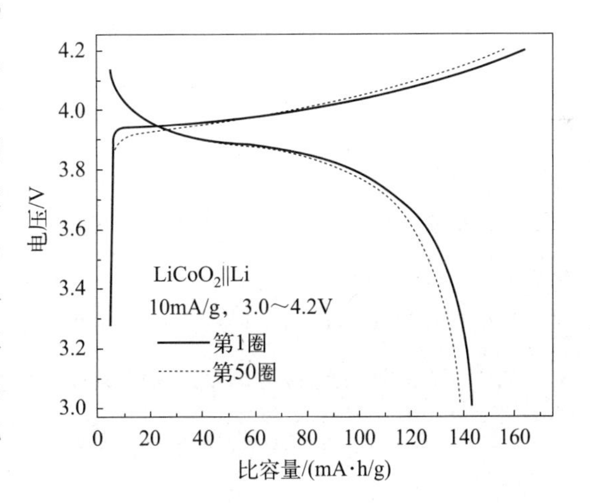

图 3-7 $LiCoO_2$ 正极的充放电曲线

同样的，《钴酸锂》（GB/T 20252—2014）也对常规钴酸锂、高倍率型钴酸锂、高压实型钴酸锂以及高电压型钴酸锂的电化学性能、测量方法及测试条件都进行了明确规定。表 3-11 是上述四种钴酸锂正极材料的电化学性能指标，具体内容包括首次放电比容量、首次库仑效率、倍率性能、平台容量保持率以及循环寿命等。

表 3-11 不同类型钴酸锂正极材料的电化学性能指标

技术指标	产品种类			
	常规钴酸锂	高倍率型钴酸锂	高压实型钴酸锂	高电压型钴酸锂
首次放电比容量/(mA·h/g)	≥155	≥155	≥155	≥180
首次库仑效率/%	≥95	≥95	≥95	≥95
平台容量比率/%	≥80	≥80	≥75	≥75
倍率性能/%	—	10C/1C≥90	—	—
平台容量保持率/%	≥70	—	≥70	≥70
循环寿命/次	500	—	500	500

3.4.1.3 高电压型钴酸锂正极材料的研究进展

$LiCoO_2$ 在过去 40 年中取得了巨大的进步，但它的能量密度仍然无法实现进一步突破。为了进一步提高其能量密度，研究人员将其充电截止电压提高至 4.6～4.8V，从而实现更多的 Li^+ 脱嵌，有效提高其能量密度。因此，在针对 $LiCoO_2$ 正极的研究中，提高其高工作电压下的循环寿命是目前的主流研究方向。

高工作电压（>4.5V）不仅会使 $LiCoO_2$ 发生巨大的体积变化，导致不可逆的相转变，还会引发大量氧气析出及界面严重退化等问题。在高电压下工作时，$LiCoO_2$ 的表面晶格氧很容易被氧化为过氧化态的 O_2^{2-}，其不仅破坏 CEI 膜，而且会转化为 O_2 从而导致严重的产气现象。同时 Co^{4+} 在高电压下容易与碳酸盐电解质反应，从而产生 CO_2 和其他气体。

为了得到可在高电压工作下的 $LiCoO_2$，目前主流的研究思路有对 $LiCoO_2$ 的结构/界面进行改性，对电解液、隔膜进行优化改性以及对新型黏结剂进行探索等。其中针对 $LiCoO_2$ 正极材料本身的改性方法主要是体相掺杂和表面修饰。

3.4.2 磷酸铁锂正极材料

1997 年，约翰·B·古迪纳夫等人报道了一系列聚阴离子型正极材料 $LiMPO_4$（M＝Ni、Co、Mn 及 Fe 等）。其中，$LiFePO_4$（LFP）具有一定的导电性、高热安全性和高结构可逆性，被视为高功率、高容量、大尺寸锂离子电池的首选正极材料。目前，$LiFePO_4$ 已实现了大规模商业化应用，商用 $LiFePO_4$ 已经广泛应用于电动汽车动力电池、储能系统储能电池等。

3.4.2.1 磷酸铁锂正极材料的结构及理化性质

图 3-8 是 $LiFePO_4$ 正极的晶体结构为有序橄榄石结构，空间群为 Pnma。其中，氧原子的占位为稍微扭曲的六方密堆积，以 O 原子为框架，P 原子占据 O 四面体间隙位置，Fe 原子占据 O 八面体间隙的 $4a$ 位置，Li 原子占据 O 八面体间隙的 $4c$ 位置。每个 FeO_6 八面体通过 b 和 c 面的公共角与另外四个 FeO_6 八面体相连，形成 Z 平面，而 LiO_6 八面体之间共享 b 轴边，形成直线链。FeO_6 八面体与两个 LiO_6 八面体有公共边，PO_4 四面体与 FeO_6 八面体有一个公共边，与 LiO_6 有两个公共边。这种结构使 $LiFePO_4$ 具有一维的锂离子扩散通道。

$FePO_4$ 结构与 $LiFePO_4$ 结构基本相同，$FePO_4$ 主体框架轻微变形为正交对称。因此，当 $LiFePO_4$ 脱锂转化为 $FePO_4$ 时，橄榄石结构保持稳定，只有体积和密度的略微变化（体积减小 6.81%，密度增加 2.59%），避免了充放电过程中正极体积的剧烈变化，且脱锂态正极略微减小的体积对于碳基负极的体积增加起到一定的补偿作用。同时，得益于 PO_4^{3-} 基团中键能较高的 P—O 共价键，氧原子稳定而不易发生氧溢出现象，导致 $LiFePO_4$ 和 $FePO_4$ 在 N_2 或 O_2 气氛下均具有良好的热稳定性，是十分安全可靠的锂离子电池正极材料。

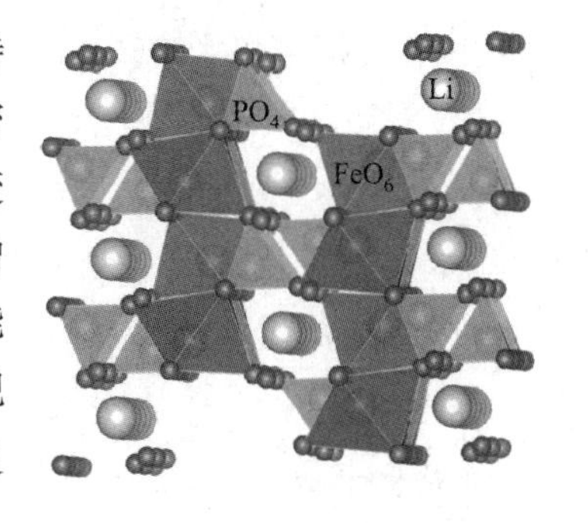

图 3-8 $LiFePO_4$ 正极的晶体结构

同样地，对磷酸铁锂正极材料而言，其结构、化学组成以及理化性质显著影响着材料的电化学性能，需要对其进行标准化规范。《锂离子电池用炭复合磷酸铁锂正极材料》（GB/T 30835—2014）针对磷酸铁锂正极材料的充放电特性及使用要求，将其分为能量型（LFP@C-E）和功率型（LFP@C-P）两类，表 3-12 是标准 GB/T 30835—2014 在结构、组分与理化性质方面的要求规定。

《锂离子电池用炭复合磷酸铁锂正极材料》（GB/T 30835—2014）也分别对能量型和功率型磷酸铁锂正极材料的电化学性能、测量方法及测试条件都进行了明确规定，表 3-13 是对上述两种正极材料的电化学性能要求。

表 3-12 锂离子电池用炭复合磷酸铁锂正极的理化性能要求

技术指标		材料种类	
		能量型 LFP@C-E	功率型 LFP@C-P
物理性质	D_{50}/μm	0.5～20	0.5～20
	pH 值	7.0～10.0	7.0～10.0
	BET 比表面积/(m^2/g)	≤30.0	≤30.0
	振实密度/(g/cm^3)	≥0.6	≥0.6
	粉末压实密度/(g/cm^3)	≥1.5	≥1.5
化学指标	水分含量/(mg/kg)	≤1000	≤1000
	碳含量/%	≤5.0	≤10.0
	锂含量/%	4.4±1.0	4.4±1.0
	铁含量/%	35.0±2.0	35.0±2.0
	磷含量/%	20.0±1.0	20.0±1.0

表 3-13 锂离子电池用炭复合磷酸铁锂正极的电化学性能要求

技术指标	能量型 LFP@C-E			功率型 LFP@C-P		
	Ⅰ	Ⅱ	Ⅲ	Ⅰ	Ⅱ	Ⅲ
0.1C 首次库仑效率/%	≥95.0			≥95.0		
0.1C 首次可逆比容量/(mA·h/g)	≥160.0	≥155.0	≥150.0	≥155.0	≥150.0	≥145.0
倍率性能(1C/0.1C 保持率)/%	≥94.0	≥92.0	≥90.0	≥96.0	≥94.0	≥92.0
电导率/(10^{-4} S/cm)	≥10	≥5	≥1	≥50	≥25	≥10

3.4.2.2 磷酸铁锂正极材料的电化学性能

图 3-9 是 $LiFePO_4$ 在 0.1C 下的首次充放电曲线和 1C 下的第 50 圈充放电曲线。

$LiFePO_4$ 的充放电过程是 Fe^{2+} 和 Fe^{3+} 之间的氧化还原反应过程，其首个充电平台出现于约 3.5V。$LiFePO_4$ 脱锂后的产物为 $FePO_4$，因此实际充放电过程处于 $FePO_4$ 和 $LiFePO_4$ 两相共存的状态。$LiFePO_4$ 在充电时，锂离子从 FeO_6 层中脱出，发生 Fe^{2+} 到 Fe^{3+} 的氧化反应。放电时则相反，锂离子嵌入 FeO_6 层中，同时 Fe^{3+} 被还原为 Fe^{2+}。其充放电过程的反应机理如下所示：

充电过程：　$LiFePO_4 - xLi^+ - xe^- \longrightarrow xFePO_4 + (1-x)LiFePO_4$

放电过程：　$FePO_4 + xLi^+ + xe^- \longrightarrow xLiFePO_4 + (1-x)FePO_4$

$LiFePO_4$ 是一种电子离子混合导体，其电导率较低，仅为 10^{-9}S/cm。在 $LiFePO_4$ 晶体结构中，PO_4 四面体对锂离子的扩散形成了一定的限制，使其仅能沿着 c 轴方向做一维扩散，这降低了锂离子的扩散系数，使得材料的倍率性能和低温性能受到了较大的限制。因此，$LiFePO_4$ 材料在使用过程中，适合在低电流密度下工作，而在大电流充放电条件下，材料的容量损失会较大。

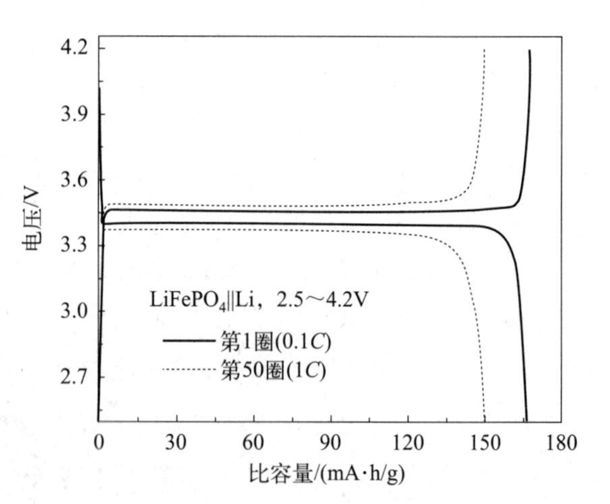

图 3-9　$LiFePO_4$ 正极在 0.1C 及 1C 下的充放电曲线

高倍率充放电情况下，随着锂离子的嵌入，$LiFePO_4$ 和 $FePO_4$ 界面逐渐向内移，造成界面面积的不断缩小。当界面面积小到一定程度（临界面积）时，锂离子在 $LiFePO_4$ 材料中的迁移速率无法平衡电子的迁移速率（电流），充电过程就会中止，放电过程也是如此。因此，磷酸铁锂材料在高倍率下放电，电流密度较大，需要的临界面积相对较大，可迁移的锂离子量就较少，导致了材料高倍率下放电比容量的下降。

3.4.2.3　磷酸铁锂正极材料的研究进展

$LiFePO_4$ 材料低的电子电导率和锂离子扩散系数，导致该材料在充放电过程中的实际比容量较低，尤其是低温与高倍率充放电情况下的电化学性能较差，极大地限制了 $LiFePO_4$ 材料的发展和应用。为了克服以上缺点，目前研究者们主要采用表面包覆与掺杂等手段来提高 $LiFePO_4$ 材料的电化学性能。

使用具有优异导电性的表面包覆层不仅可以提高离子迁移率，提高材料的表面导电性，还可以在一定程度上抑制 $LiFePO_4$ 颗粒的过度生长，缩短 Li^+ 的脱嵌路径，增强动力学性能。常用的有金属化合物包覆层、导电聚合物包覆层以及碳材料包覆层。

此外，降低颗粒尺寸，材料的比表面积将逐渐增加，因此合成微米级和纳米级 $LiFePO_4$ 颗粒可以大大缩短 Li^+ 的扩散路径，提高 Li^+ 迁移效率，从而提高材料的导电性。目前，降低颗粒尺寸的主要方法是机械球磨、控制煅烧温度、使用高比表面积的超细导电颗粒作为成核促进剂、在合成过程中使用均匀的前驱体以及使用碳包层来限制晶体生长等方法。

为了提高 $LiFePO_4$ 本征电化学活性，可以采用离子掺杂来扭曲其晶格，从而降低电化学极化和电荷迁移电阻，大幅提高 $LiFePO_4$ 的电子导电性和 Li^+ 扩散速率。少量的 Li 位点掺杂能得到更宽的 Li^+ 扩散通道和更低的电荷迁移电阻，显著改善锂脱嵌的可逆性和动力学行为；而 Fe 位点掺杂可以削弱 Li—O 键的相互作用，提高 Li^+ 的扩散速率；当采用阴离子掺杂占据 O 位点时，可以有效抑制 $LiFePO_4$ 的反位缺陷，提高其导电性，提高 Li^+ 的迁移率，具有相当大的使用价值。

3.4.2.4 新型磷酸锰铁锂正极材料

目前，$LiFePO_4$ 已广泛应用于储能站和电动汽车中，实际生产中已基本实现了其理论比容量，但其能量密度（180W·h/kg）难以进一步提高。$LiFePO_4$ 有限的氧化还原反应电位是限制其能量密度的主要原因，而磷酸锰铁锂（$LiMn_xFe_{1-x}PO_4$）在 4.1V 处还具有一个氧化还原电位平台，使其具有更高的理论能量密度。铁锰配比是影响 $LiMn_xFe_{1-x}PO_4$ 电化学性能的主要因素，其能量密度随着 Mn 含量的提高而增加，但当 Mn 含量过高（$x>0.8$）时，$LiMn_xFe_{1-x}PO_4$ 在循环过程中会引发 Jahn-Teller 效应，导致晶格畸变，影响材料的结构稳定性。研究发现，当 Mn 含量为 0.6～0.8 时，$LiMn_xFe_{1-x}PO_4$ 正极更适合作为高比容量正极材料。

图 3-10 是 $LiMn_xFe_{1-x}PO_4$ 的晶体结构，$LiMn_xFe_{1-x}PO_4$ 一般是均匀的固溶体结构，由 FeO_6、MnO_6 和 PO_4 组成，具有与 $LiFePO_4$ 类似的橄榄石结构。由于 Mn 具有比 Fe 更大的原子半径，其具有比 $LiFePO_4$ 更大的晶胞体积。

$LiMn_{0.6}Fe_{0.4}PO_4$ 在 0.1*C* 和 1*C* 倍率下 2.5～4.35V 的充放电曲线如图 3-11 所示，$LiMn_{0.6}Fe_{0.4}PO_4$ 具有位于 3.4V 和 4.1V 的两个充放电长平台，分别对应于 Fe^{2+}/Fe^{3+} 和 Mn^{2+}/Mn^{3+} 氧化还原转化过程。其中，4.1V 处的充放电平台提高了平均工作电压，从而提升了材料的能量密度。此外，图 3-11 中 4.1V 处的充电平台贡献容量明显高于 3.4V 处充电平台的贡献容量，这是因为材料中 Fe 含量高于 Mn 含量。

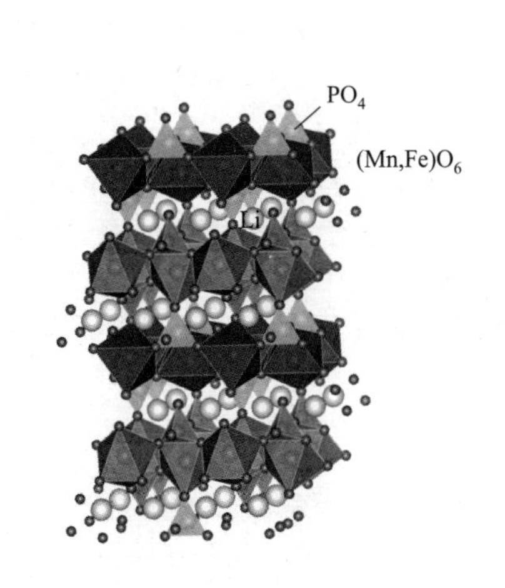

图 3-10 $LiMn_{0.5}Fe_{0.5}PO_4$ 的晶体结构

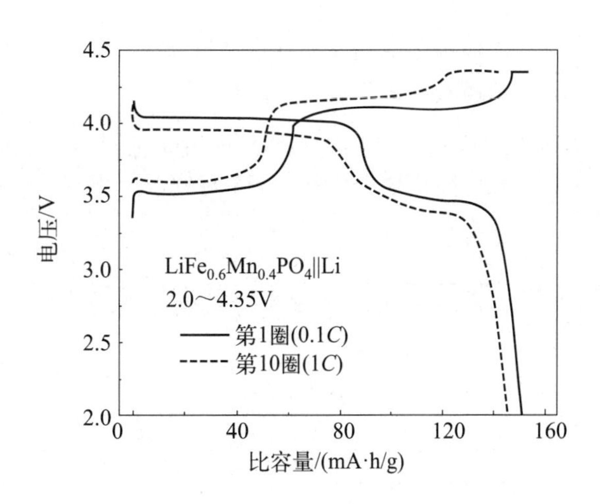

图 3-11 $LiMn_{0.6}Fe_{0.4}PO_4$ 的充放电曲线

3.4.3 富镍三元氧化物正极材料

在针对 $LiCoO_2$ 等单元层状材料的研究中，为了降低生产成本并提高安全性，人们尝试寻找和Co化学性质较为相近的其他元素进行取代掺杂，得到能量密度更高的正极材料。其中，镍钴锰酸锂三元氧化物正极材料 $LiNi_xCo_yMn_{1-x-y}O_2$(NCM) 是最为重要的一类材料。三元氧化物正极材料综合了 $LiCoO_2$、$LiNiO_2$ 和 $LiMnO_2$ 三种正极材料的优点，展现出优秀的电化学性能。根据 Ni、Co、Mn 含量的不同，将开发的三元氧化物正极材料命名为 NCM333($LiNi_{1/3}Co_{1/3}Mn_{1/3}O_2$)、NCM523($LiNi_{0.5}Co_{0.2}Mn_{0.3}O_2$)、NCM622($LiNi_{0.6}Co_{0.2}Mn_{0.2}O_2$)、NCM811($LiNi_{0.8}Co_{0.1}Mn_{0.1}O_2$) 及 NCM955($LiNi_{0.95}Co_{0.05}Mn_{0.05}O_2$) 等。

3.4.3.1 富镍三元氧化物正极材料的结构及理化性质指标

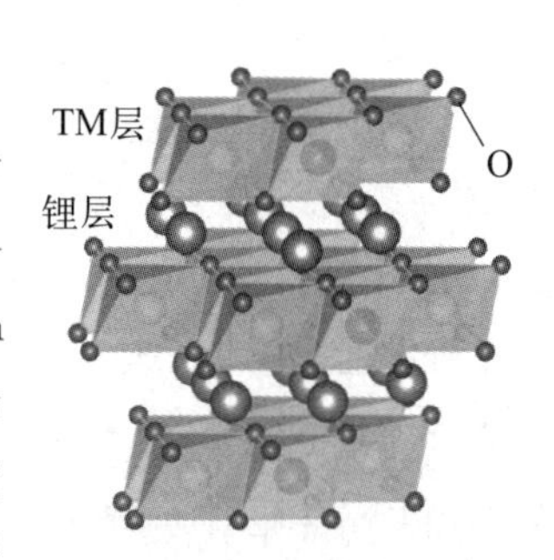

图 3-12 镍钴锰三元氧化物正极材料的晶体结构

图 3-12 是三元氧化物正极材料的结构，三元氧化物正极材料具有与 $LiCoO_2$ 一样的 R-3m 空间群，属于六方晶系，是 α-$NaFeO_2$ 型层状盐结构。Li 占据 3*a* 位置，过渡金属 Ni、Co、Mn 占据 3*b* 位置，O 以立方密堆积的形式占据 6*c* 位置，每个过渡金属原子由 6 个氧原子包围形成 MO_6 八面体结构，在 *c* 轴上过渡金属层与锂层交替排列，这样的结构使得锂离子可以在层间进行迁移，具有二维的锂离子扩散通道。

一般来说，三元氧化物正极材料的电化学性能及物理性能随着 Ni、Co、Mn 元素的比例变化而有所不同。其中，Ni 元素含量的增加可以显著提高正极材料的放电容量，这是由于体积较大的 Ni 的含量增加会导致材料的晶胞发生膨胀，使得该层状结构中 Li^+ 的自由嵌入量增加，从而使电池的放电容量增大。但是，由于 Ni^{2+} (0.069nm) 和 Li^+ 的半径 (0.076nm) 相近，所以在脱锂过程中少量 Ni^{2+} 会占据 Li 位，导致阳离子混合占位情况的出现，从而影响后续的放电过程及活性材料的循环稳定性。

工信部发布的行业标准《镍钴锰酸锂》(YS/T 798—2012) 对锂离子电池用正极活性物质镍钴锰酸锂的化学成分进行了规定，规定产品的化学组成中 Li 与 Ni+Co+Mn 的摩尔比应在 1.00～1.15 之间，而产品的水分含量应不大于 0.05%。除了材料的化学成分之外，表 3-14 是行标 YS/T 798—2012 对锂离子电池用正极活性物质镍钴锰酸锂的理化性质规定。

表 3-14 三元氧化物正极材料的理化性质指标

理化性质指标	锂离子电池用正极活性物质镍钴锰酸锂
外观	灰黑色粉末,颜色均一,无结块,无夹杂物
D_{10}/μm	≥2.0
D_{50}/μm	5.0～15.0
D_{90}/μm	≤30.0
比表面积/(m^2/g)	≤1.0
振实密度/(g/cm^3)	≥1.8
pH 值	10.0～12.5

目前，在不同的三元氧化物正极材料体系当中，对于 NCM523、NCM622 与

NCM811 三种材料的研究与应用较多，因此，中国有色金属工业协会与中国有色金属学会针对上述三种三元氧化物正极材料发布了《NCM523 型镍钴锰酸锂》（T/CNIA 0043—2020）等团体标准。在《NCM622 型镍钴锰酸锂》（T/CNIA 0044—2020）及《NCM811 型镍钴锰酸锂》（T/CNIA 0045—2020）中，对其富镍正极的分类、化学成分及理化性质进行了详细的规定。其中，将 NCM811 型镍钴锰酸锂按照形貌分为团聚型与单晶型，按照性能和用途分为常规型、高倍率型与高压实型。表 3-15 和表 3-16 是 NCM811 型镍钴锰酸锂的化学成分及理化性质的标准。

表 3-15 NCM811 型镍钴锰酸锂的化学成分技术指标

化学成分		含量/%(质量分数)
主元素	Li	7.0～7.8
	Ni	47.6～51.3
	Co	3.0～9.7
	Mn	2.3～9.1
杂质元素	Na	≤0.03
	Ca	≤0.03
	Fe	≤0.01
	Cu	≤0.01
	Zn	≤0.01
	S	≤0.17

表 3-16 NCM811 型镍钴锰酸锂的理化性质技术指标

技术指标		NCM811 型镍钴锰酸锂种类			
		团聚型			单晶型
		常规型	高倍率型	高压实型	常规型
理化指标	外观质量	灰黑色粉末，颜色均一，无结块，无夹杂物			
	微观形貌	若干个一次颗粒团聚成的球形或类球形二次颗粒			主要为单一颗粒
	D_{50}/μm	8.0～14.0	3.0～8.0	10.0～18.0	3.0～7.0
	比表面积/(m^2/g)	≤1.1			
	振实密度/(g/cm^3)	≥2.0	≥1.4	≥2.3	≥1.4
	pH 值	≤12.5			
水分含量/%		≤0.04			
磁性异物/(mg/kg)		≤0.05			
氢氧化锂含量/%		≤0.4			
碳酸锂含量/%		≤0.3			

3.4.3.2 富镍三元氧化物正极材料的电化学性能

镍含量达到 60%及以上的三元氧化物材料被称为富镍三元氧化物正极材料，其具有较高的理论比容量（278mA·h/g）和实际放电比容量（>200mA·h/g）。以 NCM811 正极为例，其首圈及第 30 圈的充放电曲线如图 3-13 所示，在充放电循环过程中，富镍三元氧化物正极中的过渡金属元素会发生一系列的氧化还原反应，可将其大致分为三个过程：

（1）脱锂量≤Ni 占过渡金属的比例时，Ni^{2+} 被氧化成 Ni^{3+}；

（2）脱锂量>Ni 占过渡金属的比例同时小于所占比例的两倍时，Ni^{3+} 被氧化成 Ni^{4+}；

（3）脱锂量>Ni 占过渡金属的比例的两倍与 Co 所占比例之和时，Co^{3+} 被氧化成 Co^{4+}。

富镍三元氧化物正极材料充放电过程中具体的反应式为：

充电过程： $LiNi_xCo_yMn_{1-x-y}O_2 - nLi^+ - ne^- \longrightarrow Li_{1-n}Ni_xCo_yMn_{1-x-y}O_2$

放电过程：$Li_{1-n}Ni_xCo_yMn_{1-x-y}O_2 + nLi^+ + ne^- \longrightarrow LiNi_xCo_yMn_{1-x-y}O_2$

在充电过程中，由于 Ni 和 Co 的氧化，晶胞参数 a 随着 Li^+ 的不断脱出呈现先减小后增大的趋势，在电压达到 4.4V 之前，晶胞参数 c 由于 Li^+ 脱出后相邻的 O 层层间电子斥力增大而不断增大，而当充电电压超过 4.4V 之后，晶胞参数 c 又由于 Ni—O 键的增多引起的层间电子斥力减小而减小；在放电过程中，由于 a 减小 c 增大晶胞体积有所减小，缩减值在 2%左右，这个微小的体积差异说明了镍钴锰三元氧化物复合正极材料具有良好的电化学性能。

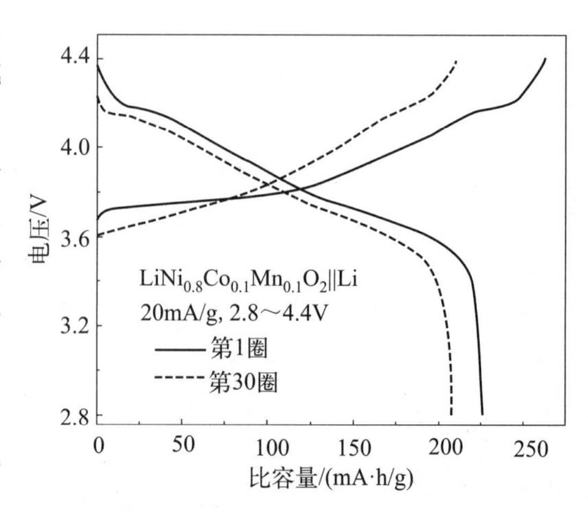

图 3-13 $LiNi_{0.8}Co_{0.1}Mn_{0.1}O_2$ 正极的首圈及第 30 圈充放电曲线

行标《镍钴锰酸锂》（YS/T 798-2012）同样也对锂离子电池用正极活性物质镍钴锰酸锂的电化学性能、测量方法及测试条件都进行了明确规定。表 3-17 是三元氧化物正极材料的电化学性能指标。

表 3-17 三元氧化物正极材料的电化学性能指标

电化学性能指标	活性物质镍钴锰酸锂
首次放电比容量/(mA・h/g)	≥140
首次充放电效率/%	≥85
第 10 次充放电循环后平台容量比率/%	≥60
第 100 次充放电循环后平台容量比率/%	≥50
放电容量达到首次放电容量的 80%时的循环次数	≥500

针对 NCM523、NCM622 与 NCM811 三种材料的电化学性能指标，中国有色金属工业协会与中国有色金属学会同样分别发布了《NCM523 型镍钴锰酸锂》（T/CNIA 0043—2020）、《NCM622 型镍钴锰酸锂》（T/CNIA 0044—2020）及《NCM811 型镍钴锰酸锂》（T/CNIA 0045—2020）的团体标准。表 3-18 为标准 T/CNIA 0045—2020 中对锂离子电池用正极活性物质 NCM811 型镍钴锰酸锂的电化学性能指标的相关规定。

表 3-18 NCM811 型镍钴锰酸锂的电化学性能指标

电化学性能指标		NCM811 型镍钴锰酸锂种类			
		团聚型			单晶型
		常规型	高倍率型	高压实型	常规型
电化学性能	首次放电比容量/(mA・h/g)	≥200	≥202	≥195	≥200
	首次充放电效率/%	≥85			
	循环寿命/次	≥1000	≥800	≥1000	≥1000

3.4.3.3 富镍三元氧化物正极材料的研究进展

为了获得更高能量密度的正极材料，三元氧化物正极材料逐步向富镍化、无钴化的方向发展。目前在常温下三元氧化物材料的研究已相对完善，并在我国动力汽车产业已经初步实现商业化。然而，要实现富镍三元氧化物正极材料的大规模商业应用，仍亟须解决其在低温环境下电化学性能较差的问题。

富镍三元氧化物正极材料在低温下的电化学性能出现显著下降，原因是温度的降低导致了锂离子本征扩散动力学性能的下降，这使得在正极材料体相内部、正极与电解液的固液界面处以及电解液的内部，锂离子扩散速率都会出现大幅的下降，使材料发生严重的电化学极化。与此同时，低温还会使得正极材料与电解液界面处的 CEI 膜厚度增加，从而显著降低电池的性能，温度的降低除了会导致锂离子本征动力学性能下降之外，还会对正极材料的相转变过程起到抑制作用。这对正极材料的动力学性能提出了严峻的挑战。

除了低温给富镍三元氧化物正极材料带来的影响外，材料本身所具有的缺陷也是影响其低温电化学性能的重要因素之一。这些因素主要有阳离子混排、微裂纹及表面残锂等问题，都会导致材料的性能受到影响。为了解决上述问题，实现富镍低钴正极材料在常温与低温下的大规模商业化应用，目前改性手段主要为表面修饰、元素掺杂等。

3.4.4 石墨类负极材料

目前，商业化锂离子电池使用最多的负极材料是石墨类材料。根据组成结构的不同，石墨类负极材料主要分为天然石墨（natural graphite，NG）、人造石墨（artificial graphite，AG）及复合石墨（composite graphite，CG）。其中，人造石墨又分成中间相碳微球人造石墨（carbon micro bead，CMB）、针状焦人造石墨（needle coke artificial graphite，NAG）及石油普焦人造石墨（common petroleum coke artificial graphite，CPAG）。复合石墨是指至少含有天然石墨和人造石墨双组分的石墨材料。

2019 年发布的《锂离子电池石墨类负极标准规范》（GB/T 24533—2019）是目前国内生产销售石墨类负极材料的重要参考依据，其对于天然石墨、人造石墨及复合石墨等石墨类负极材料的结构指标、性能要求、测量方法及测试条件等都进行了明确规定。其中，根据石墨类负极材料的石墨化度、粉末压实密度、固定碳含量及杂质含量等结构指标，将石墨类材料分为Ⅰ、Ⅱ、Ⅲ三个等级。根据国标 GB/T 24533—2019 的分类要求，以及其不同的结构和电化学性能，对不同石墨类负极材料产品进行代号命名。表 3-19 是常见石墨类负极材料的产品代号的含义。

3.4.4.1 石墨类负极的结构指标

石墨类负极材料是一种典型的基于锂离子的可逆脱嵌反应机制的一种嵌入型负极材料。经典的天然石墨负极是二维层状结构，其中碳层由 sp^2 杂化的碳原子呈六边形排列并沿二维方向延伸，层与层之间靠范德华力结合连接形成二维层状结构。

图 3-14 是天然石墨负极的晶体结构，天然石墨负极属于典型的六方层状结构，分别由热力学上更稳定的六边形 ABA 序列（2H）和不太稳定的菱形 ABC 序列（3R）组成，

片层结构之间以AB序列堆叠，层间距约为0.335nm，通过离域π轨道的弱范德华力相结合。天然石墨呈现出片状形态，具有基面和边缘面两种不同的表面结构，边缘面也称为棱柱面。片层平面上的每个碳原子都通过sp^2杂化与周围的三个碳原子连接，形成键长为0.142nm，相邻键之间夹角为120°的C—C共价键。边缘面按照不同的堆叠顺序可以划分为“Z字形面”和“扶手椅面”。一般来说，棱柱面由于其较高的表面能而具有比基面更高的表面反应性，因此，层状结构的石墨材料往往具有电子、力学及物理化学性能上的各向异性。

表3-19 产品代号示例及其表示的含义

示例	表示含义
NG-Ⅰ-18-360	天然石墨类，Ⅰ级品质锂离子电池石墨类负极材料，D_{50}=(18.0±2.0)μm，首次放电比容量≥360mA·h/g
AG-CMB-Ⅰ-22-350	人造石墨中间相类，Ⅰ级品质锂离子电池石墨类负极材料，D_{50}=(22.0±2.0)μm，首次放电比容量≥350mA·h/g
AG-NAG-Ⅰ-18-355	人造石墨针状焦类，Ⅰ级品质锂离子电池石墨类负极材料，D_{50}=(18.0±2.0)μm，首次放电比容量≥355mA·h/g
CG-Ⅰ-17-355	复合石墨类，Ⅰ级品质锂离子电池石墨类负极材料，D_{50}=(18.0±2.0)μm，首次放电比容量≥360mA·h/g

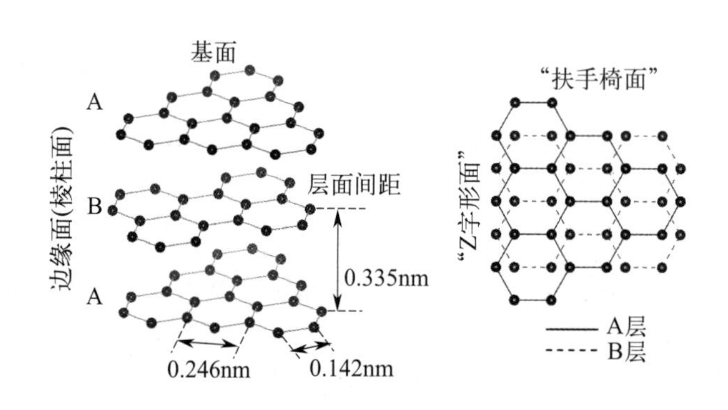

图3-14 天然石墨负极的晶体结构

《锂离子电池石墨类负极标准规范》(GB/T 24533—2019) 对于天然石墨、人造石墨及复合石墨等石墨类负极材料的结构指标、测量方法及测试条件都进行了明确规定。表3-20是不同等级的锂离子电池天然石墨类负极材料的结构及组分要求。

表3-20中，磁性物质主要是指铬、镍、锌及钴金属元素；微量金属元素是指钠、铜、镍、铝及钼金属元素；限用物质主要是指镉、铅、汞、铬(Ⅳ)及其化合物，多溴联苯及多溴联苯醚；阴离子主要包括氟离子、氯离子、溴离子、硝酸根离子及硫酸根离子；有机物主要包括丙酮、异丙醇、甲苯、乙苯、二甲苯、苯及乙醇等。

表 3-20 典型锂离子电池天然石墨类负极材料的结构及组分指标

技术指标			产品代号		
			NG-Ⅰ-19	NG-Ⅱ-13	NG-Ⅲ-23
理化性能	粒度分布	D_{10}/μm	12.0±2.0	9.0±2.0	14.0±2.0
		D_{50}/μm	19.0±2.0	13.0±2.0	23.0±2.0
		D_{90}/μm	28.0±3.0	33.0±3.0	33.0±3.0
		D_{max}/μm	≤50	≤70	≤50
	石墨化度/%		≥96	≥94	≥92
	pH 值		8±1	5.5±1	5.5±1
	振实密度/(g/cm^3)		≥1.20	≥1.00	≥1.05
	粉末压实密度/(g/cm^3)		≥1.65	1.55～1.65	1.45～1.55
	真密度/(g/cm^3)		2.24±0.02	2.24±0.02	2.22±0.02
	比表面积/(m^2/g)		≤1.5	≤2.5	5.0±0.5
	层间距 d_{002}/nm		0.3357±0.0003	0.3358±0.0003	0.3358±0.0003
固定碳含量/%			≥99.97	≥99.95	≥99.90
水分含量/%			≤0.2	≤0.2	≤0.2
铁含量/(mg/kg)			≤10	≤30	≤50
磁性物质含量/(mg/kg)			≤0.1	≤0.1	≤0.5
微量金属元素含量/(mg/kg)			≤5	≤5	≤5
硫含量/(mg/kg)			≤20	≤20	≤20
限用物质含量/(mg/kg)			≤5	≤5	≤5
阴离子/(mg/kg)			≤50	≤50	≤50
有机物/(mg/kg)			≤1	≤1	≤1

此外，在石墨负极材料的生产企业中，也存在着一些企业标准。这些标准主要为企业内部制定，是针对自身生产情况和需求而制定的一些技术规范。

3.4.4.2 石墨类负极的电化学性能指标

图 3-15 是石墨负极在商用碳酸酯基电解液中的首圈及第 50 圈充放电曲线，石墨负极在首圈放电过程中存在两个放电平台，即分别位于约 0.5V 的短放电平台和 0.01V 长放电平台。其中，位于约 0.5V 的放电平台对应着首圈放电过程中 SEI 膜的生成，而位于 0.01V 的放电平台则对应于锂离子在石墨负极中的嵌入过程。对比首圈和第 50 圈的充放电曲线可以发现，第 50 圈放电曲线只有位于 0.01V 的长放电平台，说明 SEI 膜的生长过程在首圈放电过程已经完成。此外，首圈产生的 SEI 膜可以提高石墨负极材料在循环过程中的结构稳定性，从而具有平滑稳定的充放电曲线。

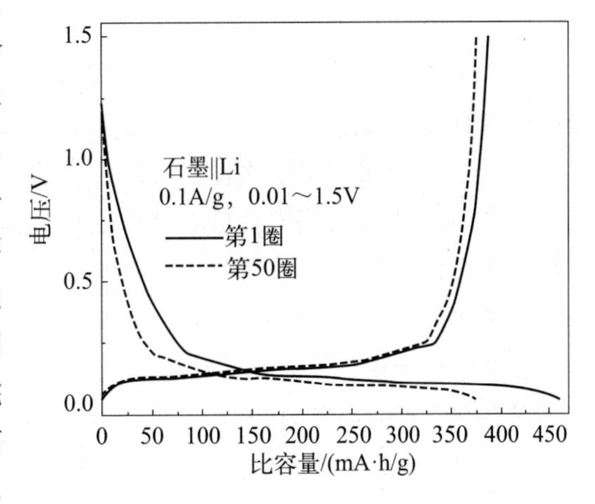

图 3-15 石墨负极在0.1A/g的首圈及第 50 圈充放电曲线

石墨负极在放电过程中，随着锂插入

量的不同，可以形成不同阶的插层化合物。其总电化学过程如下式所示：

$$6C + xLi^+ + xe^- \rightleftharpoons Li_xC_6$$

《锂离子电池石墨类负极材料》（GB/T 24533—2019）对于天然石墨、人造石墨及复合石墨等石墨类材料的电化学性能、测量方法及测试条件也都进行了明确规定。表 3-21 是不同等级的锂离子电池天然石墨类、人造石墨类及复合石墨类负极材料的电化学性能指标，具体内容包括首次放电比容量、首次库仑效率。

表 3-21 典型锂离子电池石墨类负极材料的电化学性能指标

类型		级别	首次放电比容量/(mA·h/g)	首次库仑效率/%
天然石墨(NG)		Ⅰ	≥360.0	≥95.0
		Ⅱ	≥360.0	≥93.0
		Ⅲ	≥345.0	≥91.0
人造石墨(AG)	中间相碳微球(CMB)	Ⅰ	≥350.0	≥95.0
		Ⅱ	≥340.0	≥94.0
		Ⅲ	≥330.0	≥90.0
	针状焦(NAG)	Ⅰ	≥355.0	≥94.0
		Ⅱ	≥340.0	≥93.0
		Ⅲ	≥320.0	≥90.0
	石油普焦(CPAG)	Ⅰ	≥350.0	≥95.0
		Ⅱ	≥320.0	≥93.0
		Ⅲ	≥300.0	≥90.0
复合石墨(CG)		Ⅰ	≥355.0	≥94.0
		Ⅱ	≥345.0	≥92.0
		Ⅲ	≥330.0	≥91.0

3.4.4.3 石墨类负极的快充研究进展

石墨类负极是目前商用锂离子电池广泛使用的负极材料，为了进一步实现锂离子电池的大面积推广，石墨类负极材料在快充过程中的容量下降及安全隐患是急需攻克的技术难题。如上所述，锂离子在石墨类负极中的脱嵌机制与其理想的二维层状结构密切相关，限制其快充应用的主要问题有：

① 二维层状结构中的扩散动力学缓慢，从层状边缘扩散到材料内部的路径较长，石墨的结构稳定性较差；

② 石墨类负极与电解质界面处发生的动力学过程仍需进一步明确；

③ 快充过程中石墨类负极会发生表面锂沉积及锂枝晶的形成，存在内部短路或热失控等安全隐患。

石墨类负极的结构设计是目前提高其快速储锂性能的主要途径，主要包括晶体结构设计、形貌生长调控、界面工程修饰及混合相制备等四个方面。

石墨类负极的晶体结构设计可以有效加速锂离子的传输过程，从而提高石墨类负极材料的快充性能，如扩大二维层间距、制造多孔结构、体相掺杂等。其中，扩大石墨的层间距离可以降低锂离子的扩散电阻，并防止二维结构在锂离子的脱嵌过程中被破坏，从而提高其快速充电能力。而石墨类负极中的多孔结构也可以有效缩短锂离子嵌入石墨类负极中的路径，从而有效地提高其充放电性能。与石墨类负极的传统嵌入型储锂行为相比，赝电容电荷存储机制更有可能同时实现高能量密度和高功率密度，而具有大量缺陷结构的材料更倾向于实现赝电容行为。因此，增加石墨中的缺陷结构也是优化其快充性能的一种有效方法，如通过体相掺杂及酸处理等。

调控石墨类负极的颗粒尺寸和形貌也可以有效缩短锂离子的扩散途径，从而加速其动力学过程。调控石墨类负极的粒径尺寸可以有效提高其比表面积、活性位点和锂离子传输路径，而且小颗粒的石墨类负极可以降低其与电解液间的副反应程度，从而提高其首次库仑效率，增强快速充电能力。

界面工程可以优化石墨类负极和电解质之间的界面结构，从而有效提高锂离子在表界面的扩散速率和循环性能，如表面包覆和界面修饰。石墨类复合材料的制备可以通过利用石墨类材料与第二相之间增强的协同作用，实现材料性能的良好组合，提高其电化学性能，如合金化、异质结构及化合物制备等。

3.4.5 硅碳负极材料

硅碳复合材料作为锂离子电池负极材料的重要组成部分，标志着电池技术在追求更高能量密度和更长循环寿命的道路上迈出了重要的一步。硅作为主要成分之一，具有极高的理论比容量，远远超过传统碳材料。然而，硅在充放电过程中会发生显著的体积膨胀和收缩，这一问题严重影响了电池的稳定性和寿命。为了解决这一问题，研究人员开发了硅碳复合材料，将硅与高导电性的碳材料结合，以提供稳定的电极结构和良好的电子传导路径。这种复合材料不仅能有效抑制硅的体积膨胀，还能够减少固体电解质界面的问题，从而显著改善电池的循环性能和安全性。硅碳复合材料因其在电池能量密度、循环寿命和成本效益方面的潜力，成为当前锂离子电池研究的热点之一，并有望在未来的商业化应用中发挥重要作用。

3.4.5.1 硅碳负极材料的理化指标

广义上的硅碳负极材料包括两类：其一，碳材料与 Si 基材料通过物理混合得到的硅碳共混材料；其二，硅、碳两者通过化学方法合成得到的硅碳化合物，即硅碳复合材料。其中，硅碳复合材料由于合成方法不同而存在多种结构，不同厂商对硅碳复合材料的设计也各不相同。因此，为了方便分类与规模化生产，《硅碳》（GB/T 38823—2020）中按照首次放电比容量对硅碳负极材料产品进行命名，表 3-22 是硅碳负极材料产品代号的含义。

表 3-22 硅碳负极材料产品代号及其表示含义

产品代号	表示含义
SiC-Ⅰ	400mA·h/g≤首次放电比容量<600mA·h/g
SiC-Ⅱ	600mA·h/g≤首次放电比容量<900mA·h/g
SiC-Ⅲ	900mA·h/g≤首次放电比容量<1200mA·h/g
SiC-Ⅳ	1200mA·h/g≤首次放电比容量<1500mA·h/g
SiC-Ⅴ	首次放电比容量≥1500mA·h/g

硅碳负极材料由碳材料与 Si 基材料混合/复合所得，Si 基材料可以是纯 Si 或 SiO_x 材料，二者的晶体结构不同，且纯 Si 材料存在晶态与非晶态的同分异构体，此外，碳材料

亦包括石墨与无定形碳。因此，不同厂商基于各自对硅碳负极材料的设计可以选择不同的碳材料或 Si 基材料进行组合。表 3-23 是《硅碳》（GB/T 38823—2020）中对于硅碳负极材料中硅碳含量、粒度分布、比表面积以及水分含量等理化参数的明确规定。

表 3-23 硅碳负极的锂化性能指标

技术指标			产品代号				
			SiC-Ⅰ	SiC-Ⅱ	SiC-Ⅲ	SiC-Ⅳ	SiC-Ⅴ
理化性能	粒度分布	$D_{10}/\mu m$	3～9	3～9	3～9	3～9	3～9
		$D_{50}/\mu m$	10～18	10～18	10～18	10～18	10～18
		$D_{90}/\mu m$	22～32	22～32	22～32	22～32	22～32
	比表面积/(m^2/g)		≤3.0	≤4.0	≤5.0	≤6.0	≤8.0
	振实密度/(g/cm^3)		≥0.8	≥0.7	≥0.7	≥0.6	≥0.5
	压实密度/(g/cm^3)		≥1.2	≥1.1	≥1.0	≥1.0	≥1.0
碳含量/%(质量分数)			≥80.0	≥70.0	≥60.0	≥50.0	≥30.0
硅含量/%(质量分数)			≥2.0	≥10.0	≥20.0	≥30.0	≥40.0
水分含量/%			≤0.5	≤0.5	≤0.5	≤0.5	≤0.5
磁性物质含量/(mg/kg)			≤0.1	≤0.1	≤0.1	≤0.1	≤0.1
微量金属元素含量/(mg/kg)		Fe	≤100	≤100	≤100	≤100	≤100
		Co	≤5	≤5	≤5	≤5	≤5
		Cu	≤5	≤5	≤5	≤5	≤5
		Ni	≤5	≤5	≤5	≤5	≤5

3.4.5.2 硅碳负极的电化学性能指标

由于硅碳负极在结构与成分设计上存在多样性与复杂性，碳材料中无定形碳的储锂机制尚存在争议，因此硅碳负极的储锂特性各不相同。但是，不论硅碳负极如何选择碳材料与 Si 基材料，在其储锂过程中一定会体现出 Si 基材料的储锂特性。图 3-16 是 Si 负极在 0.1A/g 下不同圈数的充放电曲线。

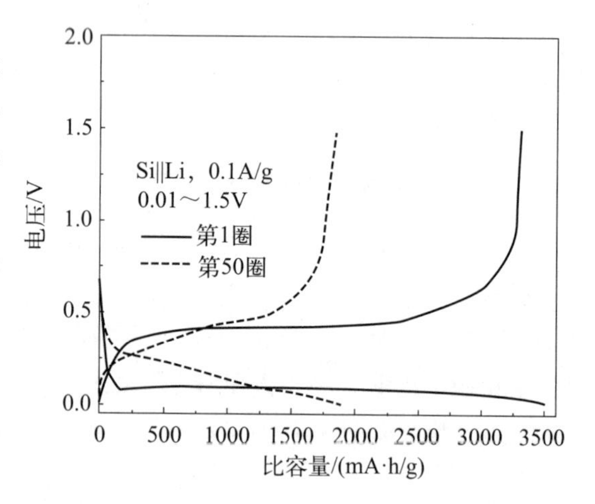

图 3-16 Si 负极在 0.1A/g 下第 1 圈及 50 圈的充放电曲线

首次放电过程中，随着电压不断下降，Li^+ 不断扩散并渗透到 Si 晶格中，当电压降至约 0.1V 时，二者开始发生相变，形成非晶 Li_xSi 合金，并继续形成 $Li_{15}Si_4$ 相，该过程对应着放电曲线中的长放电平台；在之后的充电过程中，随着电压升高，晶体 $Li_{15}Si_4$ 不断脱锂分解形成非晶 Li_xSi 合金，所形成的 Li_xSi 相继续脱锂分解形成非晶 Si，该过程对应着充电曲线中位于 0.4V 附近的充电平台，其电化学过程如下所示：

锂化：

$$Si(晶态)+xLi^{+}+xe^{-}\longrightarrow Li_xSi(非晶态)$$

$$Li_xSi(非晶态)+(3.75-x)Li^{+}+(3.75-x)e^{-}\longrightarrow Li_{15}Si_4(晶态)$$

去锂化：

$$2Li_{15}Si_4 \longrightarrow Li_xSi(\text{非晶态})+(3.75-x)Li^+ +(3.75-x)e^- +Li_{15}Si_4(\text{晶态，残余})$$

$$Li_xSi(\text{非晶态})\longrightarrow Si(\text{非晶态})+xLi^+ +xe^-$$

相比纯 Si 材料，SiO_x 材料会在首次放电过程中额外形成 Li_2O 与硅酸锂等不可逆相，后续过程则与纯 Si 材料的锂化相似。不可逆相的形成会导致过多活性 Li 的损失，降低负极的首次库仑效率，但同时这些不可逆相的存在也会提高负极的稳定性与导电性。因此 SiO_x 负极具有比 Si 负极更低的首次库仑效率但具有更优的循环稳定性。这对于硅碳负极选择引入何种 Si 基材料而言至关重要，同时也决定了硅碳负极的改性方向。

3

硅碳负极的锂化/去锂化平台等指标需要考虑其结构与成分。对于其电化学性能指标，在《硅碳》（GB/T 38823—2020）中做出明确规定，表 3-24 给出了硅碳负极在 0.1C 下的首次放电比容量以及首次库仑效率。

表 3-24 硅碳负极的电化学性能指标

技术指标		产品代号				
		SiC-Ⅰ	SiC-Ⅱ	SiC-Ⅲ	SiC-Ⅳ	SiC-Ⅴ
扣式电池电化学性能	0.1C 首次放电比容量/(mA·h/g)	400～600	600～900	900～1200	1200～1500	≥1500
	0.1C 首次库仑效率/%	≥88.0	≥86.0	≥86.0	≥86.0	≥86.0

3.4.5.3 硅碳负极的结构设计

相比纯 Si/SiO_x 材料，尽管硅碳负极材料在体积变化方面有所改善，但究其原因是硅碳负极材料中的 Si 含量相对较少，所引起的体积变化程度较小。由于锂离子电池高能量密度的发展趋势，硅碳负极的 Si 含量将会逐渐升高，而因合金型负极锂化/去锂化过程伴随的体积变化无法避免。因此，利用合理的结构设计以缓解 Si 基负极材料体积变化所带来的应力/应变对其稳定性的影响具有重要意义。理想的硅碳复合负极材料的结构应该由具有致密结构的软碳表层和复合内部结构（硬炭/石墨/碳纤维/纳米硅）组成。其中，纳米尺度的硅颗粒均匀地分布在碳基体中，形成微米尺度的二次颗粒。纳米硅脱嵌锂过程的绝对体积应变化较小，减缓电极体积膨胀与粉化；而碳基体在缓冲硅材料体积膨胀的同时，可以提供良好的离子和电子导通网络而提升动力学性能。同时，微米尺度的二次颗粒可以增加振实密度，提高整体材料的体积能量密度，减小比表面积，提升首次库仑效率。然而，复合体系中 Si 的含量与分布状态、碳基体的孔隙、表面状态、杂原子掺杂量等方面都会对负极材料的充放电容量、稳定性及库仑效率等性能有重要影响。

在硅碳负极材料产业化的道路上，除了优秀的结构设计，其制备流程与成本也要予以考虑。硅碳负极材料的研发和应用将受益于新材料开发以及相关技术的不断改进。随着技术的突破与创新，硅碳负极材料的性能有望得到进一步提升，生产成本有望逐渐降低，进一步推动其在市场上的普及和应用，从而满足市场对高比能量锂离子电池日益增长的需求。

3.4.6 固态电解质

传统的液态电解质具有易燃、易泄漏等安全风险。固态电解质以其固态形式的特性，有效消除了液态电解质泄漏和挥发的潜在风险，从而显著提升了锂离子电池的整体安全性，为未来能源存储领域的进一步发展提供了无限的潜力。固态电解质目前主要分为两大类，包括无机类和聚合物类固态电解质。无机固态电解质材料主要分为氧化物（$Li_{1.5}Al_{0.5}Ge_{1.5}P_3O_{14}$ 等）、硫化物（$Li_{10}SnP_2S_{12}$ 等）、卤化物（Li_3YBr_6 等）和氢化物（$LiBH_4$ 等）四大类。聚合物固态电解质主要分为固态聚合物电解质和凝胶聚合物电解质。各种常见的聚合物类型包括聚氧化乙烯（PEO）、聚偏氟乙烯（PVDF）、聚腈、聚丙烯酸和聚酯等。这些材料各具独特的性能，在不同应用领域所选用的聚合物种类也会有所不同。

在无机固态电解质中，离子扩散主要依赖于缺陷的分布和种类。图 3-17 是无机固态电解质和聚合物固态电解质中的离子传输，无机固态电解质中的缺陷主要分为肖特基缺陷和弗伦克尔缺陷两类。一般来说，相比含有弗伦克尔缺陷的固态电解质，含肖特基缺陷的固态电解质具有相对较低的离子电导率和较高的迁移能垒。在聚合物固态电解质中，锂离子与聚合物基体中的极性基团发生配位，随着链的分段运动产生自由体积，为锂离子的迁移提供了条件。当前认为，聚合物固态电解质中的离子传导同时发生在无定形相和结晶相中。在无定形相中，聚合物链的分段运动有助于锂离子从一个配位点迁移和跳跃到另一个配位点。相反，在结晶相中，离子传导则是在通过折叠聚合物链形成的有序结构域中进行。

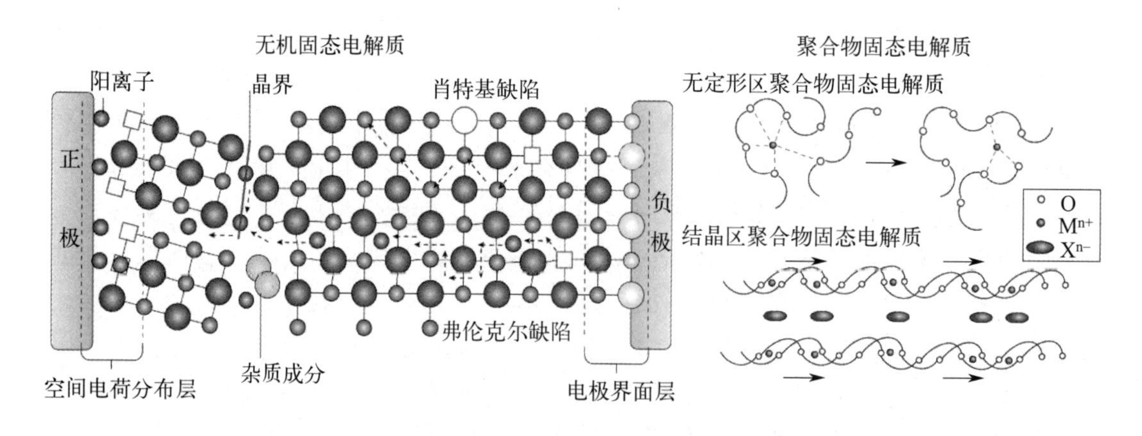

图 3-17 无机固态电解质和聚合物固态电解质中的离子传输

固态电解质作为固态锂电池的核心组分，其综合性能直接决定了电池的整体性能表现，理想的固态电解质应在离子电导率、锂离子迁移数、电化学稳定窗口、界面稳定性、安全性、成本等方面都具有明显的优势，需具备以下特性：

① 高离子电导率和低电子电导率，其室温离子电导率应大于 10^{-3}S/cm；

② 高离子迁移数；

③ 宽电化学窗口；

④ 高稳定性包括高化学稳定性、高电化学稳定性和高热稳定性；

⑤ 高力学性能并与电极有良好的界面接触性；

⑥ 低制造成本。

目前无论是无机固态电解质还是聚合物固态电解质，都无法同时满足上述性能指标。因此，研究人员需要在材料设计、结构优化、制备工艺等多个层面采取创新策略，以推动固态锂金属电池技术的发展和商业化应用。

3.4.6.1 固态电解质的性能指标要求

截至目前，固态锂电池的产业化过程仍处于起步阶段，市场上的产品产量也相对较低，国内外都尚未形成针对固态锂电池及其相关材料的统一标准。2022 年 12 月 17 日，由清华大学深圳国际研究生院、中国科学院物理研究所、深圳市比亚迪锂电池有限公司、中国科学院上海硅酸盐研究所等单位起草了团体标准《固态锂电池用固态电解质性能要求及测试方法 无机氧化物固态电解质》（T/SPSTS 019—2021）和《固态锂电池用固态电解质性能要求及测试方法聚合物及复合固态电解质》（T/SPSTS 020—2021），首次对固态电解质的组成及结构、测试方法及性能要求进行了规范。其中，表 3-25 是无机氧化物固态电解质的理化性质规定内容，表 3-26 是聚合物及复合固态电解质的关键性能标准。

表 3-25 固态锂电池用无机氧化物固态电解质粉体的技术参数指标

项目名称		指标
纯度		≥99.9%
粒度分布		D_{50} 的范围应在 40nm～10μm
晶体结构		多晶材料：与对应表征卡片匹配、晶体结构单一 非晶材料：在 $2\theta=45°$ 处存在明显非晶峰，其他角度无衍射峰
振实密度		≥0.2g/cm^3
比表面积		≥2m^2/g
磁性物质含量（质量分数）		≤1.0×10^{-5}%
水分含量（质量分数）		≤0.2%
电子电导率		≤5.0×10^{-8}S/cm
离子电导率（25℃，基于陶瓷片的测量值）	钙钛矿型钛酸镧锂（LLTO）及其改性物质	≥4.0×10^{-5}S/cm
	四方相锂镧锆氧（LLZO）及其改性物质	≥1.0×10^{-5}S/cm
	立方相锂镧锆氧（LLZO）及其改性物质	≥4.0×10^{-4}S/cm
	NASICON 型磷酸钛铝锂（LATP）及其改性物质	≥3.0×10^{-4}S/cm
	NASICON 型磷酸锗铝锂（LATP）及其改性物质	≥3.0×10^{-4}S/cm
	其他类型的氧化物固态电解质	≥4.0×10^{-5}S/cm
热稳定性		≥200℃

表 3-26 固态锂电池用聚合物及复合固态电解质的技术参数指标

项目名称		指标
厚度		≤50μm
离子电导率	全固态聚合物电解质(25℃)	≥5.0×10^{-6}S/cm
	全固态聚合物电解质(60℃)	≥1.0×10^{-4}S/cm
	全固态聚合物/无机陶瓷复合电解质(25℃)	≥1.0×10^{-4}S/cm
	全固态聚合物/无机陶瓷复合电解质(60℃)	≥5.0×10^{-4}S/cm
	含液聚合物固态电解质(25℃)	≥1.0×10^{-4}S/cm
	含液聚合物/无机陶瓷复合电解质(25℃)	≥3.0×10^{-5}S/cm
电子电导率		≤1.0×10^{-10}S/cm
氧化电位		≥3.5V
还原电位		≤2.0V
锂离子迁移数		≥0.2
热稳定性		≥60℃
力学性能	杨氏模量	≥3MPa
	拉伸强度	≥1MPa

3.4.6.2 固态锂电池的性能指标要求

固态锂电池的性能指标要求是确保其在实际应用中具备卓越性能的关键。这些要求不仅包括固态电解质本身，还包括固态锂电池中良好的固/固界面相容性要求，以确保电解质与电极间稳定接触，避免电化学副反应。此外，固态锂电池还需满足特定的电池规格，如电芯尺寸、容量和电压等，以适应不同应用场景的需求。同时，电池测试指标如充放电性能、循环寿命和安全性能等也是评估固态锂电池性能的重要指标。采用不同固态电解质的固态锂电池的性能指标也会存在一定差异。《固态锂电池用固态电解质性能要求及测试方法 全固态锂电池》(T/SPSTS 023—2022) 中明确规定了聚合物固态电解质、无机固态电解质以及两者复合固态电解质的全固态锂电池的电性能要求、实验方法和检验规则等内容，具体内容如表 3-27 和表 3-28 所示。

表 3-27 应用聚合物及复合固态电解质的全固态锂电池单体技术参数指标

检验项目		指标
外观		全固态锂电池应无变形及裂纹，表面无毛刺、干燥、无外伤、无污物，且宜有清晰、正确的标志
极性		端子极性标识应正确、清晰
外形尺寸及质量		外形尺寸、质量应符合企业提供的产品技术条件
高温放电容量(初始容量)		应不低于额定容量，并且不应超过额定容量的 110%，同时所有测试对象初始容量极差不大于初始容量平均值的 5%
室温放电容量		应不低于初始容量的 20%
高温倍率放电容量	$5I_{10}$	应不低于初始容量的 85%
	I_1	应不低于初始容量的 70%
高温倍率充电容量	$2I_{10}$	应不低于初始容量的 85%
	$5I_{10}$	应不低于初始容量的 70%
标准循环寿命		高温循环寿命达到 200 次时放电容量不应低于初始容量的 70%
荷电保持与容量恢复能力		高温荷电保持率应不低于初始容量的 90%，容量恢复率应不低于初始容量的 95%

表 3-28 应用无机固态电解质的全固态锂电池单体技术参数指标

检验项目		指标
外观		全固态锂电池应无变形及裂纹，表面无毛刺、干燥、无外伤、无污物，且宜有清晰、正确的标志
极性		端子极性标识应正确、清晰
外形尺寸及质量		外形尺寸、质量应符合企业提供的产品技术条件
室温放电容量（初始容量）		应不低于额定容量，并且不应超过额定容量的110%，同时所有测试对象初始容量极差不大于初始容量平均值的5%
低温放电容量		应不低于初始容量的60%
高温放电容量		应不低于初始容量的95%
室温倍率放电容量	I_1	应不低于初始容量的80%
	$2I_1$	应不低于初始容量的60%
室温倍率充电容量	$5I_{10}$	应不低于初始容量的80%
	I_1	应不低于初始容量的60%
标准循环寿命		循环寿命达到300次时放电容量不应低于初始容量的70%
荷电保持与容量恢复能力		室温及高温荷电保持率应不低于初始容量的90%，容量恢复率应不低于初始容量的95%

3.4.6.3 固态电解质的发展现状

固态电解质要实现最佳性能涉及各种因素间的微妙平衡，不仅要考虑离子电导率，还要考虑加工性、机械强度、电极/电解质的界面稳定性和其他关键参数。聚合物固态电解质因其柔韧性能够实现较好的界面接触，无机固态电解质因其与液态电解质相媲美的离子电导率从而能够实现高效的离子传输。因此，将无机电解质材料作为填料引入聚合物固态电解质是当前重要的固态电解质技术路线之一，两者的结合可以实现优势互补从而制备综合性能优异的复合固态电解质。

无机填料根据其化学性质主要分为活性填料和惰性填料两种。活性填料如 $Li_{6.4}La_3Zr_{1.4}Ta_{0.6}O_{12}$（LLZTO）等，能够为聚合物固态电解质提供额外的离子传输通道。惰性填料如 Al_2O_3、SiO_2、TiO_2 等，虽不直接参与离子传输，但可通过路易斯酸碱相互作用来促进锂盐解离，进而提高电解质的离子电导率。

除了优化无机填料的结构和界面，对聚合物固态电解质基体进行结构改性也是提升复合电解质电化学性能的关键。目前常见的结构改性策略主要包含共混、共聚、交联和端基改性四种方法。

聚合物的共混是一种类似无机-有机复合的改性策略，通过将两种或更多种聚合物进行物理复合，形成的复合电解质具有各组分的优点。共聚是通过在聚合物主链中引入不同的结构单元形成共聚物基质，从而形成新的聚合物基体。交联是指聚合物分子间通过化学键连接的反应过程，通常通过引发剂并辅以热或光照射来诱导聚合物发生交联聚合。交联能够显著提升聚合物的机械强度、热稳定性和蠕变性能。端基改性是指对聚合物链端基团进行化学修饰，可显著影响聚合物的形态学、老化速率和电化学稳定性等多方面性能。不同的改性方法为增强聚合物固态电解质性能提供了多元化的途径。通过共混、共聚、交联和端基改性等手段，可以针对性地提高聚合物基体的离子导电性、力学性能和热稳定性，从而更好地应对固态锂电池在不同温度环境下的挑战。

3.4.7 隔膜材料

根据其性能、组成成分与制备工艺的不同，隔膜主要分为聚烯烃隔膜、复合膜、陶瓷涂层膜、微孔膜、玻璃纤维膜、无纺布隔膜等。目前，市面上常见的锂离子电池用隔膜主要有聚乙烯隔膜和聚丙烯隔膜，这类隔膜材料具有良好的力学性能、化学稳定性和热稳定性。此外，为了提高隔膜的热稳定性和离子电导率，在聚烯烃隔膜表面涂覆一层陶瓷材料（如 Al_2O_3 等）形成的陶瓷涂层隔膜也得到了广泛应用。图 3-18 是湿法隔膜、干法隔膜及陶瓷涂覆隔膜三种不同类型隔膜的微观形貌及其孔隙特征照片。

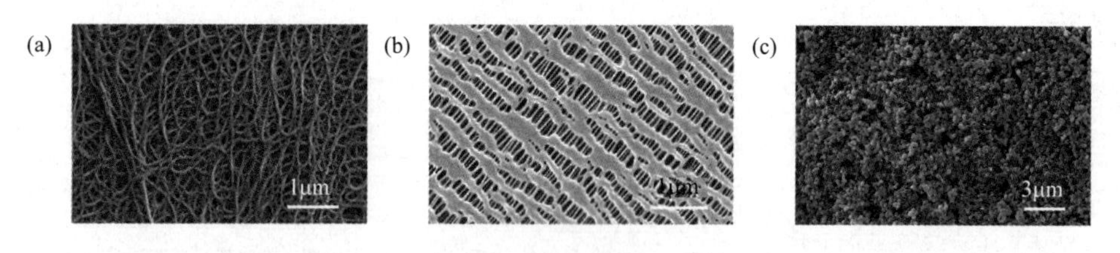

图 3-18 湿法隔膜（a）、干法隔膜（b）及陶瓷涂覆隔膜（c）的扫描电镜图片

2018 年发布的《锂离子电池用聚丙烯隔膜》（GB/T 36363—2018）是目前国内生产销售聚烯烃隔膜和其他材质隔膜的重要参考依据，其对于锂离子电池聚烯烃隔膜的术语与定义、分类、要求、实验方法及检验规则等方面进行了相关规定。根据国标 GB/T 24533—2019 的分类要求，按照生产工艺将隔膜分为干法单向拉伸隔膜、干法双向拉伸隔膜和湿法双向拉伸隔膜三类。表 3-29 是不同生产工艺制备的聚丙烯隔膜的物理性能要求规范。

表 3-29 聚丙烯隔膜的物理性能指标

<table>
<tr><th colspan="2">项目</th><th>干法单向拉伸</th><th>干法双向拉伸</th><th>湿法双向拉伸</th></tr>
<tr><td rowspan="2">拉伸强度/MPa</td><td>纵向</td><td>≥110</td><td colspan="2">≥100</td></tr>
<tr><td>横向</td><td>≥10</td><td>≥25</td><td>≥60</td></tr>
<tr><td rowspan="2">断裂伸长率/%</td><td>纵向</td><td>≥80</td><td>≥20</td><td rowspan="2">≥50</td></tr>
<tr><td>横向</td><td>≥10</td><td>≥80</td></tr>
<tr><td rowspan="2">90℃,2h 热收缩率/%</td><td>纵向</td><td colspan="3">≤4</td></tr>
<tr><td>横向</td><td>≤0.5</td><td>≤2</td><td>≤2.5</td></tr>
<tr><td rowspan="2">120℃,2h 热收缩率/%</td><td>纵向</td><td>≤6</td><td rowspan="2">≤5</td><td rowspan="2">≤13</td></tr>
<tr><td>横向</td><td>≤1</td></tr>
<tr><td colspan="2">穿刺强度/(N/μm)</td><td colspan="2">≥0.133</td><td>≥0.204</td></tr>
<tr><td colspan="2">透气度/(s/100mL)</td><td colspan="3" rowspan="2">符合详细规范或订购文件</td></tr>
<tr><td colspan="2">孔隙率/%</td></tr>
</table>

隔膜的电化学性能主要包括自身的电化学稳定性、锂离子的通过性、循环性能等。国标 GB/T36363—2018 对隔膜的电化学性能并没有明显的规定，可根据对产品的要求进行生产制备。结合国标 GB/T 36363-2018 及美国先进电池联盟（USABC）对锂离子电池隔膜的电化学性能参数规定，表 3-30 给出了隔膜的电化学性能的测试方法。

表 3-30 隔膜的电化学性能的测试方法

测试项目	测试要求	反映指标
电化学交流阻抗测试	测试中的频率范围为 0.1Hz～100kHz	隔膜对锂离子的通过性
离子电导率	供需双方协商确定	
MacMullin 值测试	MacMullin 值是纯电解质的离子电导率与填充有电解质的隔膜的离子电导率之比，比值应小于 8	
充放电测试	至少循环 100 次以上	循环性能

隔膜作为电池的关键组成部分，其性能直接影响电池的安全性，主要存在的问题有：

（1）电池滥用损坏隔膜

电池在振动、冲击及机械穿透等滥用条件下隔膜会造成损坏，可能导致隔膜破裂或穿孔，使正负极直接接触，进而引发电池内部短路，还可能引发剧烈的氧化还原反应，产生大量热量，最终导致热失控甚至电池爆炸。

（2）电池组装和操作过程中产生的机械应力

在电池组装和操作过程中，可能会产生拉伸、压缩等机械应力，导致隔膜发生形变、裂纹或破裂。此外，电池在组装过程中的工艺问题也会导致隔膜在电池运行过程中发生机械故障。

因此，需要通过提高隔膜的性能、优化电池设计和组装工艺以及加强电池管理和维护等措施，可以有效降低电池机械故障的风险，提高电池的安全性能。

在隔膜表面涂覆阻燃材料，可直接隔离可燃物与氧化剂，防止热失控的发生，比如聚磷酸铵（APP）防火层和 ZrO_2 等无机陶瓷颗粒有利于提高锂离子电池的安全性。但是，涂覆阻燃材料不能从根本上改善聚烯烃隔膜热稳定性差的缺点，因此开发新型隔膜成为提高锂离子电池安全性的重要发展方向。目前新型隔膜有聚对苯二甲酸乙二酯（PET）隔膜、聚对亚苯基苯并二噁唑纤维（PBO）隔膜、纳米纤维素隔膜等。其中，聚对苯二甲酸乙二酯隔膜具有优异的力学性能、热力学性能及电绝缘性能。纳米纤维素隔膜是一种可再生的材料，具有良好的机械强度和高表面积。这些新型隔膜材料各有特点，适用于不同的应用场景。在实际应用中，应根据具体需求选择合适的隔膜材料。

3.5 钠离子电池的关键材料

钠离子电池作为备受瞩目的能源存储解决方案正逐渐展现其规模化应用潜力。与锂离子电池相比，钠离子电池具有更为丰富的钠资源和较低的生产成本。此外，与锂离子电池相同，钠离子电池的核心组件也包括正极、负极、隔膜、电解液和集流体等。正负极是钠离子电池最关键的部件，它们很大程度决定了钠离子电池的循环容量、循环寿命、倍率性能以及能量密度等主要性能。

近年来，一系列的钠离子电池正极材料受到了广泛的关注，例如氧化物类、普鲁士蓝类、聚阴离子类。其中，氧化物类主要包括层状氧化物和隧道结构氧化物，聚阴离子类包括磷酸盐、氟化磷酸盐、焦磷酸盐和硫酸盐等。层状氧化物具有周期性层状结构，能量密度较高，但大多容易吸水或与空气反应；隧道结构氧化物晶体结构中具有独特的“S”形通道，具有较好的倍率性能，且对空气和水稳定性高，但是其比容量较小。聚阴离子类材料具有开放的三维通道，倍率性能好，但是电导率较差，需要采取碳包覆和掺杂手段改善其离子导电性，但这又会导致其体积能量密度降低。普鲁士蓝类材料具有开放型三维通道，Na^+可以在通道中快速迁移，其结构稳定性和倍率性能好，但存在结晶水难以除去及过渡金属离子溶解的问题。

理想的钠离子电池正极材料具有以下几个性能：

① 高氧化还原电位，便于全电池获得更高的工作电压，提高电池的能量密度；

② 高的质量比容量和体积比容量；

③ 在电解液中具有好的结构稳定性，保证电池较长的循环寿命；

④ 高电子电导率和离子电导率，具有合适的钠离子扩散通道和较低的离子迁移势垒；

⑤ 高空气结构稳定性，避免由存放导致的性质恶化问题；

⑥ 安全无毒、原材料成本低廉、容易制备。

在产业上，目前钠离子电池正极材料的各技术路径均有企业布局。层状氧化物技术路径和现有三元锂离子电池体系较为接近，且综合性能平衡，将在产业化方面抢占先机。普鲁士蓝技术路径能量密度高，在宁德时代等公司的推动下，有望应用于更高能量密度需求的储能场景。而聚阴离子路径成熟度相对较低，发展速度偏慢。

目前，研究较多的钠离子电池负极材料主要分为碳基材料、合金基材料、基于转化反应的金属氧化物和硫化物、具有插入机制的钛基复合材料及有机复合负极材料五类。其中，碳基材料由于其优异的循环稳定性和较小的体积膨胀，是目前最有商业化前景的候选负极材料。因此，作为钠离子电池负极材料应尽量满足以下要求：

① 具备较多的储钠位点，较高的储钠比容量；

② 在钠离子脱嵌过程中，结构变化尽可能小，以确保良好的循环性能；

③ 对电解液具备良好的兼容性，不发生副反应；

④ 具备较高的离子迁移率、电子电导率，较好的化学稳定性、热力学稳定性；

⑤ 能够与电解质形成良好的 SEI 膜，在宽的电压窗口下能够稳定循环；

⑥ 具备环保性和经济性。

电解质是位于正负极之间的介质，作为正负极的桥梁，承担着在正负极之间传输Na^+的作用，允许Na^+在充放电过程中移动。钠离子电池电解质可分为液体电解质和固体电解质。目前钠离子电池常用的电解液为碳酸酯电解液。碳酸酯作为一类常用的钠离子电池有机电解液溶剂，一般溶盐能力很强。钠离子电池常用的碳酸酯溶剂主要有碳酸乙烯酯、碳酸丙烯酯、碳酸二乙酯及碳酸二甲酯等。

3.5.1 层状氧化物类正极材料

随着钠离子电池技术迭代，实验室研究向市场化应用的转化已取得一定的成效，钠离子电池处于产业化关键培育期。纵观全球研究机构、实验室和行业企业，钠离子电池材料体系各有特点，其中，层状氧化物正极材料被视为下一代高性能钠离子电池的候选正极材料。

目前，我国有多家企业在钠离子电池领域早有布局，例如中科海钠、钠创新能源、星空钠电等公司，并且在政策支持和高校、研究机构的探索下，钠离子电池正处于小规模的产业化前期，市场成熟还需要一定时间。钠离子电池行业主要竞争产品为锰酸锂电池、磷酸铁锂电池、铅酸电池等。通过计算钠离子电池正负极能量密度差异，可以得出在相同技术条件下，钠离子电池的能量密度可达锰酸锂电池和磷酸铁锂电池能量密度的70%～80%。

2023年发布的《钠离子电池通用规范》（T/CIAPS 0031—2023）是目前国内能源科技公司联合制定的一份团体标准，是钠离子电池正极材料生产与应用的重要参考依据，其对于钠离子电池的术语、定义和符号、型号编制、技术要求、试验方法、检验规则及标志、包装、运输和贮存等都进行了明确规定。

根据T/CIAPS 0031—2023的分类要求，以及其不同的结构和电化学性能，对不同钠离子电池正极材料产品进行代号命名。代号命名方法主要分为电池单体和电池模块，电池单体代号由电池类型符号、正极体系代号、负极材料体系代号、电池形状代号、电池尺寸、标称电压和额定放电容量组成，电池模块代号由电池类别符号、正极材料体系代号、负极材料体系代号、电池形状代号、标称电压和额定容量等几部分组成。表3-31是一些电池单体和电池模块的产品代号命名方法，钠离子电池后续小节将不再赘述产品代号。

表3-31 产品代号示例及其表示的含义

示例	表示含义
Na-CFM/SC-CY46145-3.2-20	表示直径为46mm，高度为145mm，标称电压为3.2V，额定容量为20A·h，采用铜、铁、锰基三元过渡金属氧化物正极材料体系和软碳负极材料体系的圆柱形钠离子电池
Na-NFM/HC-SP16109227-3.0-26	表示长度为161mm，宽度为9mm，高度为227mm，标称电压为3.0V，额定容量为26A·h，基于镍、铁、锰基三元过渡金属氧化物正极材料体系和硬炭负极材料体系的柔性层压薄膜外壳方形钠离子电池
Na-M-NFM/HC-PR-48-20	表示采用基于镍、铁、锰基三元过渡金属氧化物正极材料体系和硬炭负极材料体系的方形金属外壳钠离子电池组成的48V、20A·h的电池模块
Na-CFM/SC-CY-12.8-24	表示采用基于铜、铁、锰基三元过渡金属氧化物正极材料体系和软碳负极材料体系的圆柱形钠离子电池组成的12.8V、24A·h电池模块
Na-M-MHCF/SC-SP-48-24	表示采用基于锰基普鲁士蓝类正极材料体系和软碳负极材料体系的软包钠离子电池组成的48V、24A·h电池模块

3.5.1.1 层状氧化物类正极的结构及行业标准

1980年，法国Delmas等首次报道了Na_xCoO_2层状氧化物正极材料的储钠能力，结构通式为Na_xTMO_2，其中过渡金属位置可以由常见的过渡金属离子（如Ti、V、Cr、Mn、Fe、Co、Ni、Cu、Zn等）或碱金属离子、碱土金属离子（Li、Na、Mg等）占据。

根据 Na^+ 在 TMO_6 的配位构型和氧的堆垛方式，将层状氧化物分为 O3、O2、P3 和 P2 等不同结构。其中，O 和 P 分别代表 Na^+ 的不同多面体配位环境，O 表示 Na^+ 位于八面体配位中心，P 表示 Na^+ 位于三棱柱配位中心，数字表示氧离子堆垛的 TMO_6 的最小重复单元。图 3-19 是经典的 O3-$NaNi_{1/3}Fe_{1/3}Mn_{1/3}O_2$ 的晶体结构，其晶体结构与 α-$NaFeO_2$ 相同，对应空间群为 R-3m。

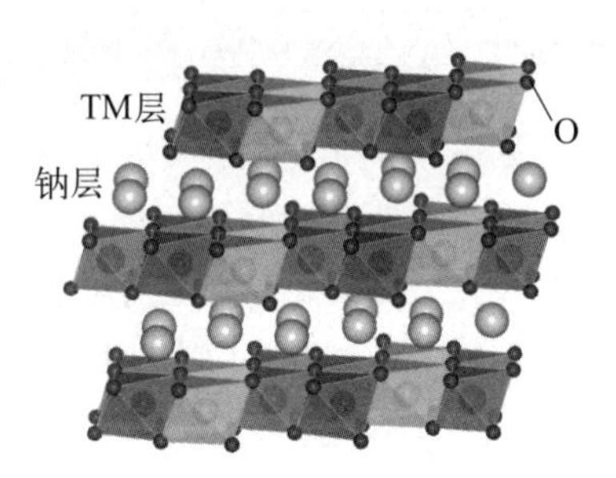

图 3-19 O3-$NaNi_{1/3}Fe_{1/3}Mn_{1/3}O_2$ 正极的晶体结构

以市面上销售的钠离子电池正极材料 O3-$NaNi_{1/3}Fe_{1/3}Mn_{1/3}O_2$ 为例，表 3-32 列举了国内两家企业生产销售的产品的理化性质和组分技术指标，具体包括粒度分布、外观、pH、比表面积、含水量、振实密度、钠含量、过渡金属含量和比容量等参数。

表 3-32 常见的钠离子电池层状氧化物正极材料的结构和组分技术指标

技术指标		指标	甲企业	乙企业
粒度分布	D_{10}/μm	≥2.00	3.45	2.8
	D_{50}/μm	8.00±2.0	7.64	5.25
	D_{90}/μm	≤24.00	17.03	9.34
外观		黑色粉末	黑色粉末	黑色粉末
pH		≤13	12.82	12.86
比表面积/(m^2/g)		0.3～1.0	0.68	0.52
H_2O 含量/(mg/kg)		≤500	432	432
振实密度/(g/cm^3)		≥1.20	1.34	1.34
Na 含量/%		20.00～21.00	20.72	20.47
过渡金属含量/%		50.50±1.00	50.63	48.69
比容量/(mA·h/g)		≥120	127	127

3.5.1.2 层状氧化物类正极的电化学行为

以经典的 O3 结构层状氧化物 $NaNi_{1/3}Fe_{1/3}Mn_{1/3}O_2$ 为例，$NaNi_{1/3}Fe_{1/3}Mn_{1/3}O_2$ 正极在 10mA/g 下的首圈和第 50 圈充放电曲线如图 3-20 所示，充放电过程中存在多个电压平台，随着 Na^+ 的脱出和嵌入，相结构发生复杂的变化。在 2.0～4.0V 电压窗口内循环时，可以实现约 150mA·h/g 的可逆比容量，同时伴随有 O3→P3 的相转变过程。随着循环的进行，$NaNi_{1/3}Fe_{1/3}Mn_{1/3}O_2$ 正极在第 50 圈循环时只具有约 130mA·h/g 的可逆比容量，说明充放电过程中复杂的相变现象对其脱嵌钠过程有较大的影响。因此，如何有效地提高材料的结构可逆性，改善不可逆性相变过程是层状正极材料急需解决的重要难题。

3.5.1.3 层状氧化物正极存在的问题及发展方向

层状过渡金属氧化物正极因其高容量、高倍率性能和低成本等优点被视为下一代高性能钠离子电池的候选正极材料。然而，层状过渡金属氧化物正极的实用化仍受到能量密度

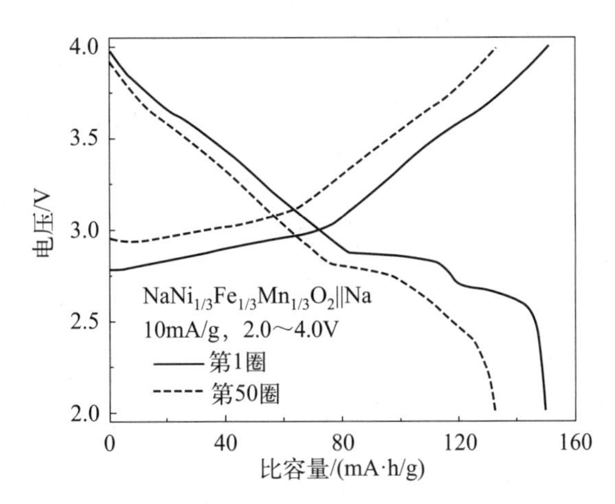

图 3-20 O3-$NaNi_{1/3}Fe_{1/3}Mn_{1/3}O_2$ 正极在 10mA/g 下的首圈和第 50 圈充放电曲线

低和循环性能差的限制，这一问题在极端温度条件下尤其显著。

一方面，由于 Na^+ 的离子半径远大于 Li^+ 的离子半径，层状氧化物正极在充放电过程中需要经历复杂的电化学行为和结构演变。钠离子的深度脱/嵌过程容易诱发不可逆的相变，并不可避免地引起大的体积膨胀和收缩，它是发生在充放电循环过程中的一个需要避免的问题，是影响层状金属氧化物循环性能的重要因素之一。相变中发生的 Na^+/空位有序化和过渡金属层间滑移，不可避免地导致循环过程中的体积膨胀与收缩，降低了结构稳定性和倍率性能。目前，研究人员发现可以通过离子掺杂、表面修饰、结构设计等优化方法减缓复杂相变的产生。

另一方面，暴露在空气中进行电化学循环过程的层状氧化物正极材料容易潮解，空气敏感性高，其样品材料会发生体积膨胀甚至开裂。这是因为层状过渡金属氧化物正极材料容易与潮湿空气中的水、氧气和 CO_2 反应，其结构容易转变为缺钠相，并伴随着 Na^+ 以碳酸钠、碳酸氢钠等方式溶出及过渡金属的氧化，从而导致较差的电化学性能。因此，许多层状氧化物正极材料在样品处理过程中需要空气防护，增加了制造和运输成本。迄今为止，表面包覆是十分有效且常见的可以提升正极材料空气稳定性的方法，但仅有少量关于其空气不稳定性背后机制的系统研究。

3.5.2 普鲁士蓝类正极材料

作为一种因成本低廉而备受青睐的钠离子电池正极材料，普鲁士蓝类似物因具有开放的 3D 结构框架和较高的理论容量而成为研究学者的关注重点，以将其规模化应用。现如今，普鲁士蓝类正极材料应用在多种完全不同但非常有前途的领域，如污水处理、催化、生物传感器以及可充电电池等，甚至作为医用纳米材料用于治疗癌症。

普鲁士蓝及其类似物（prussian blue analogues，PBAs），其结构通式为 $Na_xM_A[M_B(CN)_6]_{1-y}\cdot zH_2O(0\leqslant x\leqslant 2,0\leqslant y\leqslant 1)$，其中 M 为过渡金属元素，如 Mn、Fe、Co、Ni、Cu、Zn、Cr 等，H_2O 为结晶水，其中包括间隙水和配位水。这些六氰基高铁酸盐呈现出开放的骨架结构，具有丰富的氧化还原活性位点和强的结构稳定性。这类材料通常具有面心立方结构，空间群为 Fm-3m。以经典的 $Na_xMnFe(CN)_6$ 正极为例，如

图 3-21 所示，$Na_xMnFe(CN)_6$ 正极由 Fe—C≡N—Mn 链的三维网络组成，Mn 和 Fe 分别位于面心立方的极点，Na^+ 位于立方体间隙。该晶体构造有利于 Na^+ 的脱嵌，在循环过程中具有较小的体积变化，从而具有良好的循环稳定性。

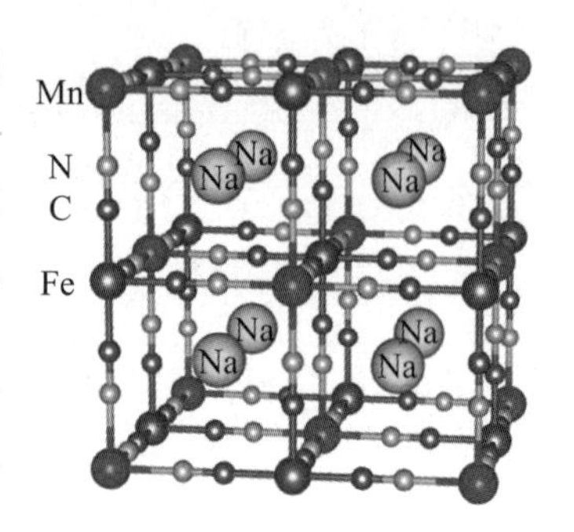

图 3-21 $Na_xMnFe(CN)_6$ 正极的晶体结构

当前，长期循环性能仍然是储能电池商业开发中所有插入式正极材料的重要性能。尽管一些正在开发的普鲁士蓝化合物材料表现出优异的循环性能，但与目前商业化的 $LiCoO_2$ 和 $LiFePO_4$ 正极的优异循环性能相比，其循环性能还需进一步提升。除了晶格缺陷引起的结构退化外，过渡金属离子的溶解损失是普鲁士蓝化合物材料长期循环不稳定的一个不可忽视的原因。目前正在开发各种表面改性方法，以确保普鲁士蓝化合物材料在长时间循环过程中保持稳定的表面成分和结构。

此外，普鲁士蓝化合物材料的一个安全问题是氰化物释放可能导致的潜在毒性。大量的毒理学研究证明，普鲁士蓝本身对环境无害，对人体无害；但在高温或强酸性条件下会分解形成游离的 CN^-，其毒性极强。由于它有毒且具有污染性，必须特别注意化学废物的处理。建议在丢弃反应废物之前使用过量的氧化剂，例如 H_2O_2 和 $NaClO_4$ 将 CN^- 充分氧化为无毒产物（CO_2、N_2 等）。与广泛研究的过渡金属氧化物插入正极相比，普鲁士蓝化合物材料作为 Na^+ 插入正极的开发几年前就已经复兴，因此有大量的基础和技术研究，包括材料设计、结构体系和合成方法，以获得更好的普鲁士蓝正极。

3.5.3 聚阴离子类正极材料

聚阴离子型化合物是由聚阴离子多面体和过渡金属离子多面体通过强共价键连接形成的具有三维网络结构的化合物，钠离子占据其中的空隙位置。其化学式为 $Na_xM_y(X_aO_b)_zZ_w$，其中，M 为 V、Ti、Mn、Fe、Ni、Al 等金属元素中的一种或几种；X 为 Si、S、P、B 等元素；Z 主要为 F 元素。目前，普遍研究的聚阴离子类正极材料有磷酸盐、焦磷酸盐和混合型聚阴离子等材料体系。

含有可变价过渡金属元素（如 M=V、Fe、Cr、Mn、Ni、Cu 等）的具有开放的钠超离子导体框架结构（NASICON 结构）的 $Na_3M_2(PO_4)_3$ 材料是一种典型的磷酸盐材料。其中，磷酸钒钠 $Na_3V_2(PO_4)_3$ 正极（NVP）是典型代表，也是目前研究最广泛的聚阴离子型正极材料之一。

NASICON 结构的磷酸钒钠材料具有高离子导电性和优异的化学和电化学稳定性。以经典的 $Na_3V_2(PO_4)_3$ 正极为例，如图 3-22 所示，其晶体结构为三方相，空间群为 R-3c，VO_6 八面体和 PO_4 四面体顶点相互连接，建立了具有两个不同 Na 晶体学位点的三维框架。其中，具有六重配位的 Na1 位点被一个钠离子占据，该位点的钠离子无法自由移动，而 Na2 位点被两个钠离子占据，该位点的钠离子可以在充放电过程中脱出与嵌入。

磷酸钒钠正极在半电池体系中的充放电曲线如图 3-23 所示，其在 3.4V 左右具有长电压平台，说明该材料反应机制为典型的两相反应，对应于 V^{3+}/V^{4+} 之间的转变。此时。位于 VO_6 八面体中的 1 个钠离子会脱出/嵌入，同时其可变价态的 V 离子改变其价态材料体系以保持整体电荷守恒。

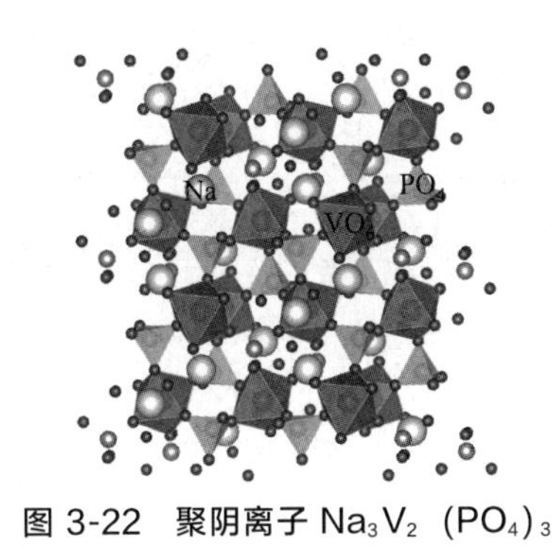

图 3-22 聚阴离子 $Na_3V_2(PO_4)_3$ 正极的晶体结构

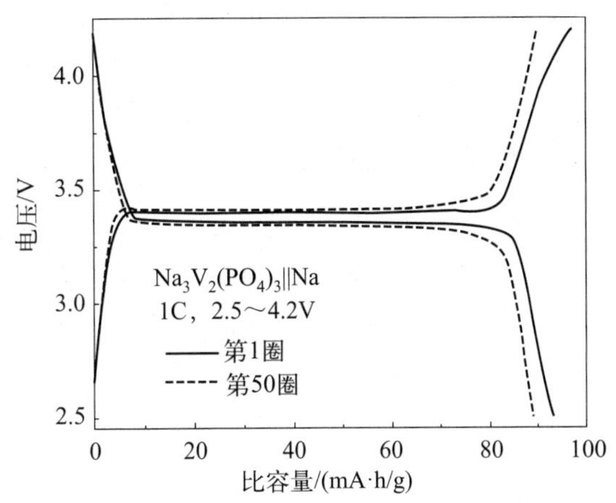

图 3-23 磷酸钒钠正极的充放电曲线

磷酸钒钠正极的理论比容量为 117mA・h/g，且具有很高的循环稳定性，其两相转变过程的体积变化较小，循环可逆性较高。目前，各企业生产的聚阴离子类正极材料均可稳定循环数千圈，如鹏辉能源生产的聚阴离子体系实现循环寿命 6000 圈以上；众钠能源生产的 NFS-420 型电芯的循环寿命大于 8000 圈，标称电压为 3.6V，能量密度为 120W・h/kg。

聚阴离子型正极关键的核心问题主要是固有的低电子电导率导致钠离子扩散动力学性能较差，目前产业界主要通过聚阴离子类正极材料尺寸减小至纳米尺寸或与导电碳材料包覆复合及减小到纳米级水平，从而缩短钠离子扩散路径，改善材料电接触及颗粒团聚现象。

同时，提高聚阴离子类正极材料的电压以获得更高的能量密度同样是研究的重点，目前对应的策略包括利用 F 原子取代 O 原子合成氟磷酸钒钠，或通过混合磷酸根离子与焦磷酸根离子形成混合聚阴离子体系以增强诱导效应、提升电压平台；同时利用金属阳离子的掺杂与取代，激活高价态过渡金属的氧化还原性以提升反应电压。

目前在钒基聚阴离子材料中，钒元素的引入导致材料制备中较高的生产成本和环境毒性。因此，具有低成本优势的铁基与锰基聚阴离子材料在大规模储能方面具有较广的市场前景。

3.5.4 硬炭负极材料

与锂离子电池负极材料类似，目前已报道的钠离子电池负极材料主要包括碳基、钛基、有机类、合金类负极材料。其中，硬炭材料具有资源丰富、成本低、稳定性好及高安全性等优点，是目前钠离子电池负极材料中唯一实现商业化的负极材料。

目前，国内外各厂商针对硬炭材料前驱体原材料进行筛选和研究，主要包括以下几方面：①实现工序简化与成本优化；②调控材料孔隙结构，提升材料的比容量；③提高压实密度，进一步提升电芯能量密度。目前已经开展商业布局的公司主要有可乐丽、杉杉股份、贝特瑞、璞泰来及中科海钠。

硬炭通常是通过对前驱体碳材料进行高温热解获得的，在很大程度上保留了前驱体的结构特性，而不同的前驱体则具有独特的微观结构（不同孔径、数量与结构的孔隙、缺陷）和各种杂原子（如 N、P、S 等）。在 2023 年新发表的国家标准《硬炭》（GB/T

43114—2023）中，对锂离子电池与钠离子电池用硬炭材料的理化性质做出一般规定，将硬炭材料分为树脂类硬炭负极材料（RHC）、沥青类硬炭负极材料（PHC）和生物类硬炭负极材料（BHC）三类，对材料的理化性能、电化学性能、微量金属元素与磁性物质含量做出规定。表 3-33 是国标 GB/T 43114—2023 中对生物类硬炭材料的理化性能及电化学性能指标要求规范。

表 3-33 生物类硬炭材料的理化性能及电化学性能指标要求

技术指标			产品代号		
			BHC-Ⅲ	BHC-Ⅱ	BHC-Ⅰ
理化性能	粒度分布	D_{10}/μm	≥2		
		D_{50}/μm	4～15		
		D_{90}/μm	≤45		
	水分含量/%		≤0.5		
	pH 值		8.5±1.5		
	振实密度/(g/cm^3)		≥0.6		
	层间距 d_{002}/nm		≥0.370		
电化学性能	首次放电比容量/(mA·h/g)		≥220.0	≥350.0	≥450.0
	首次库仑效率/%		≥82.0	≥80.0	≥80.0
磁性物质含量/(mg/kg)			≤0.5		
铁含量/(mg/kg)			≤100		
微量金属元素含量/(mg/kg)			≤10		

生物类硬炭负极在 0.01～2.0V 下的充放电曲线如图 3-24 所示，硬炭的嵌钠过程与嵌锂过程相似，对应于包括 0.1V 以上的倾斜电压区域和 0.1V 以下的低电压平台。其中，第一个区域代表钠离子在碳层之间的插入，而第二个步骤则代表钠离子在碳微孔中的吸附过程。一般来说，目前在研究的硬炭材料具有 300mA·h/g 的高可逆比容量和 0.1V 的低储钠电压。

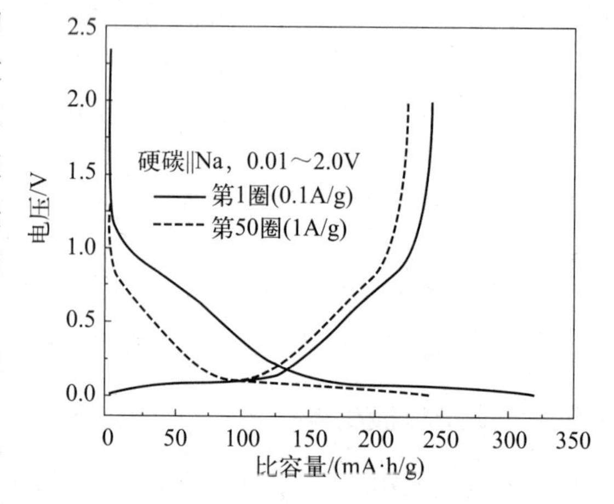

图 3-24 硬炭负极材料的充放电曲线

目前，对于硬炭材料储钠性能提升方面，研究人员主要采用的研究思路与改性手段分为掺杂、微观结构的调控与改性及电解液调控三方面。其中，掺杂在电极材料领域是常用的改性方法，非金属原子掺杂（N、B、P、S）可以显著改善负极的电化学性能，包括负极充放电比容量与倍率性能的提升。研究发现，N 和 B 掺入碳结构中可以显著改善钠离子传输和电荷转移过程，掺入的电化学活性元素 S 和 P 可以与钠发生可逆反应，提供额外的钠离子吸附位点。此外，硬炭材料具有丰富的供钠离子填充的孔隙结构，通过筛选特定孔隙结构的前驱体与设计合理的热解工艺可以有效地调控硬炭材料的内部孔结构（孔隙大小、开孔闭孔比例）以提升首次库仑效率与斜坡区容量。调控电解液的配方也可以减少材料表面的副反应，形成稳定的SEI膜，提高材料的库仑效率。

硬碳负极材料因其良好的循环稳定性、较高的比容量及适应宽温域的优势，成为钠离子电池中备受关注的候选材料。深入理解其储钠机理与反应动力学，将为推动硬碳负极材料的规模化应用及下一代高性能钠离子电池的开发提供重要技术支持。

参考文献

[1] 德切科·巴普洛夫．铅酸蓄电池科学与技术［M］．段喜春，译．2版．北京：机械工业出版社，2015.

[2] 李泓．锂电池基础科学［M］．北京：化学工业出版社，2021.

[3] 郑洪河．锂离子电池电解质［M］．北京：化学工业出版社，2007.

[4] 李建玲．电动车用铅酸蓄电池二氧化铅电极的研究［D］．哈尔滨：哈尔滨工业大学，2006.

[5] 刘亚利，吴娇杨，李泓．锂离子电池基础科学问题（Ⅸ）——非水液体电解质材料［J］．储能科学与技术，2014，3：262-282.

[6] 索鎏敏，李泓．锂离子电池过往与未来［J］．物理，2020，49（01）：17-23.

[7] Cordeiro J M M，et al. Conducting behavior of crystalline α-PbO_2 as revealed by DFT calculations［J］. Materials Research，2018，21（1）：e20170641.

[8] 黄伟国，刘孝伟，陈理，等．活性炭结构特性对铅炭电池性能的影响［J］．蓄电池，2018，55（05）：220-224.

[9] Hall D S，Lockwood D J，Bock C，et al. Nickel hydroxides and related materials：a review of their structures，synthesis and properties［J］. Proceedings of the Royal Society A：Mathematical，Physical and Engineering Sciences，2015，471（2174）：20140792.

[10] Peng C，Xu X，Li F，et al. Recent progress of promising cathode candidates for sodium - ion batteries：current issues，strategy，challenge，and prospects［J］. Small Structures，2023，4（10）：2300150.

[11] 杨润杰，卢婷婷，张家靓，等．锂离子电池隔膜物理及电化学性能评价及对比［J］．工程科学学报，2024，46（1）：73-80.

[12] Zhao Q，Stalin S，Zhao C，et al. Designing solid-state electrolytes for safe，energy-dense batteries［J］. Nature Reviews Materials，2020，5（3）：229-252.

[13] 张恒，甄琪，崔国士．动力锂离子电池隔膜材料的研究进展［J］．绝缘材料，2018，51（11）：14-20.

[14] 莫英，肖逵逵，吴剑芳，等．锂离子电池隔膜的功能化改性及表征技术［J］．物理化学学报，2022，38（6）：90-111.

[15] Wang G，Liu H，Liang Y，et al. Composite polymer electrolyte with three-dimensional ion transport channels constructed by NaCl template for solid-state lithium metal batteries［J］. Energy Storage Materials，2022，45：1212-1219.

[16] Sun L，Liu Y，Shao R，et al. Recent progress and future perspective on practical silicon anode-based lithium ion batteries［J］. Energy Storage Materials，2022，46：482 - 502.

[17] Li H，Yang Z，Gong J，et al. SiO_x anode：From fundamental mechanism toward industrial application［J］. Small，2021，17：2102641.

[18] 张伟，齐小鹏，方升，等．碳在锂离子电池硅碳复合材料中的作用［J］．化学进展，2020，32：454-466.

[19] Paolella A，Faure C，Timoshevskii V，et al. A review on hexacyanoferrate-based materials for energy storage and smart windows：challenges and perspectives［J］. Journal of Materials Chemistry A，2017，5：18919.

电化学储能电池的设计准则

电池作为电化学储能系统的核心，需要满足能量与功率两大类主要性能指标。电池性能指标是通过在不同条件下对电池进行充放电测试以及储存，记录电流、电压等参数随时间的变化关系而获得的。根据不同的应用场景，电池储能系统（battery energy storage system，BESS）可分为能量型和功率型，与之适配的电池也需满足不同的性能要求。合适的电池，应用于不同的场景。除与电池模块自身性能有关外，储能系统在使用中的性能发挥还与其应用的电池管理系统和储能变流器功能有着密切的关系。储能电站的电池管理系统是储能电池系统的大脑，主要用于对储能电池进行实时监控，保障电池系统安全可靠运行，从而防止电池过充/放电、提高电池利用率、维护电池、延长电池寿命。储能变流器是储能系统与电网或交流负荷连接的功率接口，可控制电网与储能单元间能量的双向流动，满足功率控制准确度和充放电快速转换的响应速度要求。储能变流器决定电池系统对外输出的电能质量和动态特性，也在很大程度上影响电池的安全与使用寿命。

为了保证电化学储能系统的正常工作要求，电池的设计需满足必要的电性能指标。本章将首先介绍电化学储能电池的主要电性能技术指标，然后具体介绍这些技术指标的评测方法，最后简要概述电池储能系统的关键设备及工作原理。

4.1 电池的主要性能指标

储能电池的电性能指标主要包括电池单体的容量、电压、能量、功率、寿命和内阻。其中能量和功率主要用于衡量电池对于能量的存储能力与有效利用，以及能量的补充/释放能力。

4.1.1 容量与荷电状态

电池容量是衡量电池存储能量大小的指标，是指在一定条件（放电率、温度及终止电压等）下电池放出的总电荷量。电池容量是电流与时间的积分，单位通常为安时（A·h），如标注容量为 48A·h 的储能电池，表明该电池在工作电流为 48A 时的理论工作时间是 1h。

电池容量可分为理论容量、额定容量与实际容量。理论容量是指理想状态下电池中所有的化学物质全部参与化学反应，且无能量损失时所释放的电荷总量，是理想状态下的计算值。额定容量，也称标称容量，是指在规定实验条件和测试方法下，电池从初始化状态以额定放电功率放电至终止电压时所释放的电荷总量，一般标明于产品铭牌上。实际容量是指在电池实际放电过程中在一定放电条件下所释放的电荷总量。实际容量一般小于额定容量，它与电池实际工作时的温度等环境因素及充放电倍率等因素相关。在实际工作中，常用荷电状态对电池的剩余容量进行描述，是储能电池管理技术中涉及容量的重要指标。荷电状态是指电池的剩余可利用容量与额定容量的百分比。当荷电状态为0%，表示电池处于放电完全状态；当荷电状态为100%，表示电池处于满充状态。

4.1.2 电压

电池电压通常指正负极之间的电位差，单位为伏特（V）。储能电池与电压相关的参数有标称电压、开路电压和充/放电截止电压等。

标称电压（nominal voltage，U_{nom}）也称额定电压，是标志或识别一种电池或一种电化学体系的重要参数。镍氢电池的标称电压为1.2V，全钒液流电池的标称电压为1.26V，钴酸锂电池的标称电压为3.6V，磷酸铁锂电池的标称电压为3.2V。

开路电压（open circuit voltage，OCV）是指电池外部不接任何负载时正负极之间的电位差。电池开路电压与荷电状态一般存在线性关系，因此储能电池管理中常用开路电压法估算荷电状态。如采用4.2V恒压限制充电的锂离子电池，当开路电压为4.20V时，荷电状态为100%；而当开路电压为3.0V时，荷电状态为0%。

工作电压（work voltage）又称放电电压或负荷电压，是指电流通过外电路时电池正负极之间的电位差，是电池实际工作时的输出电压。工作电压总是低于开路电压，这是因为电流在电池内部流动时，需克服欧姆电阻和极化电阻所造成的阻力。此外，工作电压和标称电压之间也存在差异。工作电压会受到电池的工作环境、负载变化等外界因素影响而发生波动，而标称电压是制造商在设计和制造设备时所规定的一个固定值，用于保证设备的正常工作。当工作电压偏离标称电压过大时，可能会导致电池无法正常工作，甚至被损坏。

充/放电截止电压是指电池充电/放电允许达到的最高/最低工作电压。当实际工作电压超过充放电截止电压时，电池将产生一些不可逆的损害，导致电池性能的降低，严重时甚至造成起火、爆炸等安全事故。其中，锂离子单体电芯的充电截止电压一般为4.2V，放电截止电压为3.0V。

4.1.3 能量与能量效率

能量是指电池在一定放电条件下所做的电功总和。电池能量是容量和电压的乘积，单位为瓦时（W·h）或者千瓦时（kW·h）。储能电池一般标注有标称能量（额定能量），是指在规定实验条件和实验方法下，处于初始状态的电池以额定功率充/放电至截止电压时的能量，分别为额定充电能量和额定放电能量。一个72V/200A·h的电池可以存储72V×200A·h=14.4kW·h的能量，即14.4度电；而当一台电池储能系统由100个72V/200A·h电池组成时，则该电化学储能系统的能量为1440kW·h，即1440度电。

电池能量效率也被称为循环效率，是与能量相关的一个重要参数，是指电池放电能量 E_{d} 与充电能量 E_{c} 的比值，常用百分数表示。

$$\text{电池能量效率}\quad \mu=\frac{E_{\mathrm{d}}}{E_{\mathrm{c}}} \tag{4-1}$$

电池能量效率可以反映电池在充放电过程中的能量损失（$E_{\mathrm{loss}}=E_{\mathrm{c}}-E_{\mathrm{d}}$）。除了在充放电过程中存在损耗，电池在静置过程中也会产生能量损失。铅酸电池的静置过程能量损失率一般每月为1%～3%，锂离子电池的静置过程能量损失率每月小于1%。

4.1.4 功率

电池的功率是衡量电池输出电能速率的指标，指电池在一定的放电条件下，单位时间内所输出能量的大小，通常以瓦（W）或千瓦（kW）为单位。如一台功率为1kW的电池储能系统，可以在1h内提供1kW的电能输出。储能电池一般标注额定放电功率（P_{rd}）和额定充电功率（P_{rc}），是指在规定实验条件和实验方法下，电池可持续工作一定时间的放电功率和充电功率。

国标GB/T 36276—2018规定，以额定功率≤1h工作的电池为功率型电池，而以额定功率>1h工作的电池为能量型电池。根据储能电池的应用场景不同，对能量和功率两个主要指标的要求也有所不同。如用于独立调频等高功率应用时，功率要求高，一般选择功率型电化学储能系统，其功率参数相对容量参数较大（如1MW/250kW·h）；如用于调峰等能量型应用时，功率要求低，一般选择能量型电化学储能系统，其功率参数相对容量参数较小（如500kW/1MW·h）。

4.1.5 寿命

电池寿命是指电池充电/放电的循环次数，通常使用相对于初始时期的一些衰减性能（如容量、能量及功率等）来定义电池寿命的终止。

电池寿命可分为循环寿命和日历寿命。循环寿命一般是在理想的温度、湿度下，以额定的充放电电流进行100%或80%的深度充放电，计算电池容量衰减到80%所经历的循环次数，一般以次为单位。日历寿命是电池从制造出厂后，在使用环境条件下容量衰减达到80%的时间跨度，一般以年为单位。电池日历寿命与电池的具体工作场景关系紧密，更具有实际意义。但由于日历寿命的测算复杂，而且耗时长，所以一般电池厂家只给出循环寿命数据。

国标GB/T 36276—2018规定，能量型电池单体的循环寿命应满足循环次数达到1000时，充放电能量保持率不小于90%的要求；功率型电池单体循环寿命应符合循环次数达到2000时，充放电能量保持率不小于80%的要求。能量型电池模块的循环寿命应符合循环次数达到500时，充放电能量保持率不小于90%的要求；功率型电池模块循环寿命应符合循环次数达到1000时，充放电能量保持率不小于80%的要求。

4.1.6 内阻

电池内阻是指电池在工作时，电流流过电池内部所受到的阻力，它包括欧姆内阻和极化内阻。欧姆电阻由电极材料、隔膜、电解液电阻及各部分零件的接触电阻组成。极化内阻包括电化学极化内阻和浓差极化内阻。

电池内阻是一个非常复杂而又非常重要的特性，原材料、工艺和使用条件等都会影响电池的内阻。电池内阻大，在正常使用过程中会产生大量焦耳热，引起电池温度升高，导致电池工作电压降低，放电时间缩短，对电池性能、寿命等造成严重影响。

4.1.7 其他电池性能指标

除上述性能指标外，还有一些其他电化学性能指标用来描述电池的使用状况，且这些指标在核算项目成本、储能电站选址等方面具有重要的参考意义，比如自放电率、放电深度、电池健康状态、比能量（也称能量密度，表示单位质量或单位体积的能量，W・h/kg 或 W・h/L）、比功率（也称功率密度，表示单位质量或单位体积的功率，k・W/kg 或 k・W/L）、单位容量占地面积（W・h/m^2）等。

4.1.7.1 自放电率

自放电率又称荷电保持能力，是指电池在开路状态下所储存的电量在一定条件下的保持能力，是衡量电池性能的重要参数。电池类型不同，其每月的自放电率也不一样，一般可充电电池的自放电率在 10%～35%左右，远比一次电池高。储存过程中与自放电伴随的是电池内阻上升，这会造成电池负荷的降低和能量的损失。液流电池自放电可控，在系统处于关闭模式时，储罐中的电解液不会产生自放电现象。

4.1.7.2 放电深度

放电深度（depth of discharge，DOD）是指电池在使用过程中放出的容量与电池额定容量的百分比。同一电池的放电深度和电池循环寿命成反比，即电池循环寿命随放电深度的增加而缩短。商业化锂离子电池循环寿命与放电深度之间的关系如图 4-1 所示，在放电深度为 50%的情况下，锂离子电池循环寿命可达 6000 次以上，而当放电深度增加至 80%和 100%时，循环寿命则分别降低至 3500 次和 2000 次。因此在电池的实际工作过程中，要注意通过调节放电深度而平衡电池所需的运行时间和电池循环寿命两者的关系。

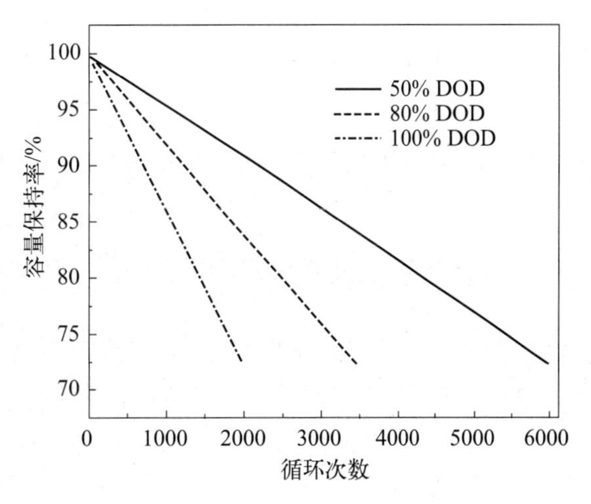

图 4-1 电池放电深度与循环次数的关系

4.1.7.3 电池健康状态

电池健康状态（state of health，SOH）是指电池从满充状态下以一定的倍率放电到截止电压所放出的容量与其所对应的标称容量的比值。其中，新出厂电池的健康状态为 100%，完全报废电池的健康状态则为 0%。一般来说，当电池的健康状态低于 80%时就建议更换电池。

4.1.8 储能电池体系的电池性能指标对比

不同类型的储能电池因其特有的电池性能指标，可满足不同场景的应用需求。从储能电池应用场景及其对储能电池系统的技术需求来看，小时级以上的能量型应用场景主要为削峰填谷、负荷调平、需求侧响应及降低弃风弃光率；而小时级以下的功率型应用场景主要为平滑和跟踪计划出力、稳定电网频率、紧急功率支撑及配网末端电能质量改善等。表4-1是几种常见储能电池装机容量、装机功率及使用寿命等核心性能指标。

表4-1 不同储能电池体系的核心性能指标

电池类型	储能电池装机容量	储能电池装机功率	使用寿命
钠硫电池	<100MW·h	<10MW	约15年
铅酸蓄电池	最高可达10MW·h	一些可达MW	5～5年
钠-氯化镍电池	4kW·h～10MW·h	少数可达MW	10～5年
锂离子电池	最高可达100W·h	少数可达MW	5～15年
镍镉电池	一些可达MW·h	一些可达MW	10～20年
镍氢电池	一些可达MW·h	一些可达MW	5～10年
锌铁液流电池	<100MW·h	<10MW	约15年
全钒液流电池	<100MW·h	<10MW	约15年
锌溴液流电池	<100MW·h	<10MW	约15年

4.2 电池性能评测技术

电池性能评测技术可以了解电池的特性。通过测试了解电池的能量和功率等重要参数，既可以论证被测电池是否达到设计目标，同时在使用电池的过程中也能实现更好的管理、控制以及应用。在本节中将以应用较为广泛的锂离子电池和全钒液流电池为例，介绍电化学储能电池的电化学性能评测技术。

4.2.1 锂离子电池性能评测

储能锂离子电池通过在不同条件下进行充放电测试以及储存，获得电流、电压等参数随时间的变化关系，从而评估其容量、能量、功率和循环寿命等技术指标。如图4-2所示，电化学性能测试过程中，电池电压在充电过程中随充电容量的增加而升高，在放电过程中随放电容量的增加而降低。

储能锂离子电池包含电池单体（或称作电芯）、电池模块和电池簇，各部分组成的性能评测有不同标准。其中电池单体是组成电池模块和电池簇的最基本的元素；电池模块由多个单体集合，构成一个单一的物理模块，提供更高的电压和容量；电池簇一般是由多个电池组集合而成，且与储能变流器及附属设施连接后实现独立运行的电池组合体，还包括电池管理系统。监测和保护电路、电气和通信接口等部件。根据《电力储能用锂离子电池》(GB/T 36276—2023)规定，储能用锂离子电池的常用评测技术有初始充放电性能测试、倍率充放电测试、高低温充放电测试、过充/放电测试以及储存测试等。

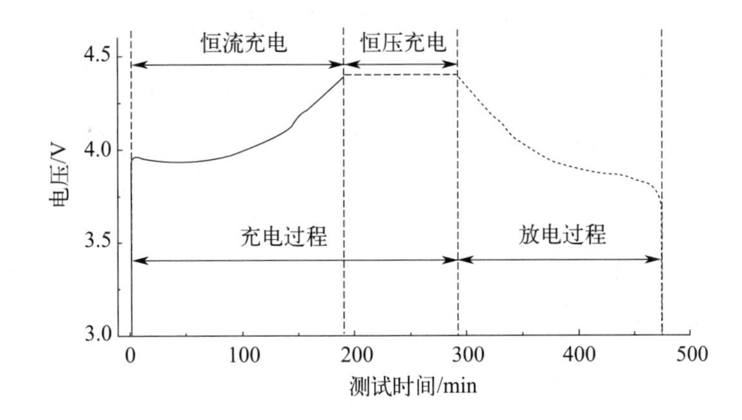

图 4-2 钴酸锂电池充放电曲线

4.2.1.1 初始充放电性能测试

初始充放电性能测试可以直观得到储能电池的初始充放电容量及初始充放电能量，国标 GB/T 36276—2023 中对储能电池在 5℃、25℃以及 45℃下的初始充放电性能测试都有明确规定。以 25℃下储能电池单体的测试为例，其具体测试方法为：

① 在 (25±2)℃下，储能电池单体经过初始化放电后，以额定充电功率在恒功率条件下充电至设定充电截止条件，静置 10 分钟后记录其功率、时间、电压、温度及初始充电能量；

② 随后以额定放电功率在恒功率条件下放电至设定放电截止条件，静置 10 分钟后记录其功率、时间、电压、温度及初始放电能量；

③ 最后，断开试验样品和充放电装置的连接，拆除数据采样线后取出试验样品。

图 4-3 是商业化锂离子电池在恒功率下的充放电曲线，图中黑色实线代表锂离子电池

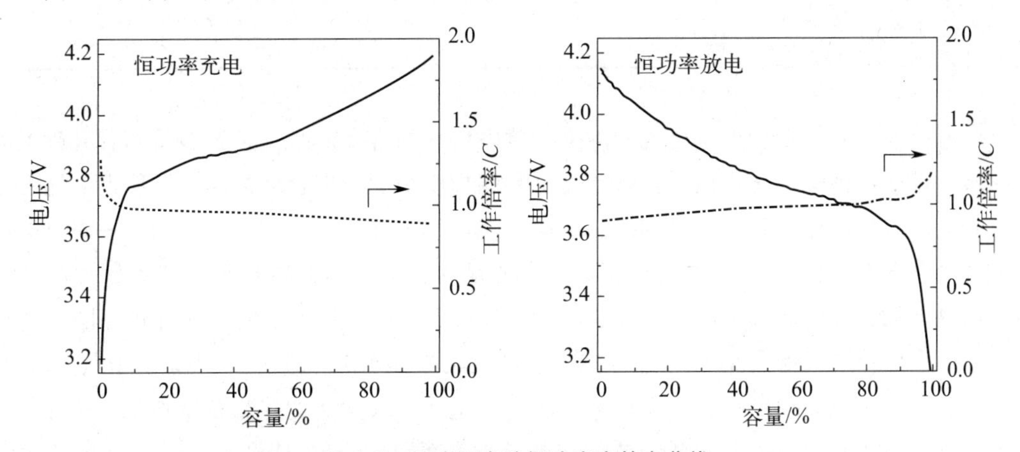

图 4-3 锂离子电池恒功率充放电曲线

在恒功率模式下电压与容量之间的关系，黑色虚线则代表电流与容量的关系。如图所示，在恒功率充电过程中，充电时电压和容量逐渐增加，电流逐渐降低；在恒功率放电过程中，电压逐渐减小，容量和电流逐渐增加。表 4-2 是《电力储能用锂离子电池》（GB/T 36276—2023）中对锂离子电池单体、电池模块以及电池簇的初始充放电性能的规定。

4.2.1.2 倍率充放电测试

倍率充放电测试用来量度充放电快慢性能，是指在规定试验条件和试验方法下，以额定功率（*C*）的倍数对电池进行充放电的测试。充放电倍率即额定功率的倍数，数值上与充电或放电到截止电压时所用时间的倒数相同，即充放电电流与额定容量的商。例如，当额定容量为 100A·h 的电池用 20A 电流放电时，其放电倍率即为 20A/100A·h=0.2*C*。充放电倍率会影响锂离子电池工作时的连续电流和峰值电流，例如电池的额定容量是 20A·h，如果其额定充放电倍率是 0.5C，那么该电池可以在 20A·h×0.5C=10A 的工作电流下进行正常工作。

表 4-2 锂离子电池单体、电池模块以及电池簇的初始充放电能量的要求

电池单体	初始充电能量不小于额定充电能量
	初始放电能量不小于额定放电能量
	能量效率不小于 90%
	试验样品的初始充电能量的极差平均值不大于初始充电能量平均值的 6%
	试验样品的初始放电能量的极差平均值不大于初始放电能量平均值的 6%
电池模块	初始充电能量不小于额定充电能量
	初始放电能量不小于额定放电能量
	能量效率不小于 93%
	试验样品的初始充电能量的极差平均值不大于初始充电能量平均值的 7%
	试验样品的初始放电能量的极差平均值不大于初始放电能量平均值的 7%
电池簇	初始充电能量不小于额定充电能量
	初始放电能量不小于额定放电能量
	能量效率不小于 92%

电池的放电容量随着放电电流的增大、放电倍率的升高而减小。原因是随着充放电电流的增大，电池内部极化作用增强，活性材料结构发生了一定程度的破坏，使得电池容量发生衰减。有些电池体系的放电容量因放电电流增加下降严重。如铅酸电池在不同放电电流下的电压平台变化较大，2*C* 电流下的放电容量仅有额定容量的 80%。磷酸铁锂电池在不同倍率下的充放电曲线如图 4-4 所示，磷酸铁锂电池在高倍率放电时具有较好的放电性能，也可以使用较高的倍率对其进行充电。电池的功率性能与其倍率性能存在密切的联系，高功率型电池必须具备大电流放电的能力，这就要求电池具有高倍率性能。表 4-3 是国标 GB/T 36276—2023 中对电池单体和电池模块的功率特性及倍率充放电性能的要求规范。

表 4-3 电池单体和电池模块的功率特性及倍率充放电性能规定

电池单体	功率特性	不同充放电功率下充电能量不小于额定充电能量
		不同充放电功率下放电能量不小于额定放电能量
		不同充放电功率下能量效率不小于 93.0%
	倍率充放电性能	$2P_{rc}$ 充电能量相对于 P_{rc} 充电能量的能量保持率不小于 95.0%
		$2P_{rd}$ 放电能量相对于 P_{rd} 放电能量的能量保持率不小于 95.0%
		$2P_{rc}$、$2P_{rd}$ 恒功率充放电能量效率不小于 90.0%
电池模块	功率特性	不同充放电功率下充电能量不小于额定充电能量
		不同充放电功率下放电能量不小于额定放电能量
		不同充放电功率下能量效率不小于 94.0%
	倍率充放电性能	$2P_{rc}$ 充电能量相对于 P_{rc} 充电能量的能量保持率不小于 98.5%
		$2P_{rd}$ 放电能量相对于 P_{rd} 放电能量的能量保持率不小于 97.5%
		$2P_{rc}$、$2P_{rd}$ 恒功率充放电能量效率不小于 90.0%

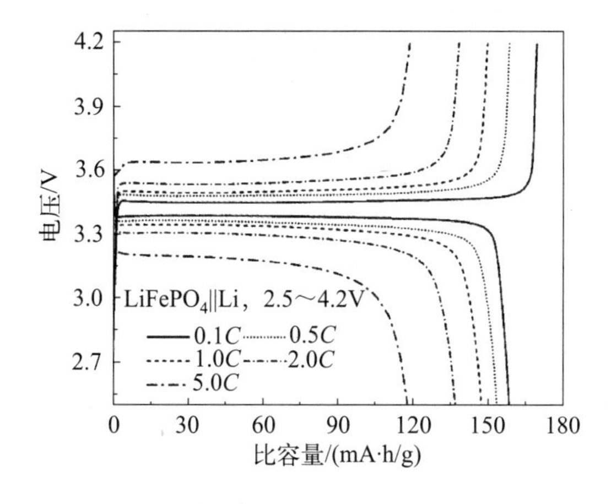

图 4-4 磷酸铁锂电池在不同倍率下的充放电曲线

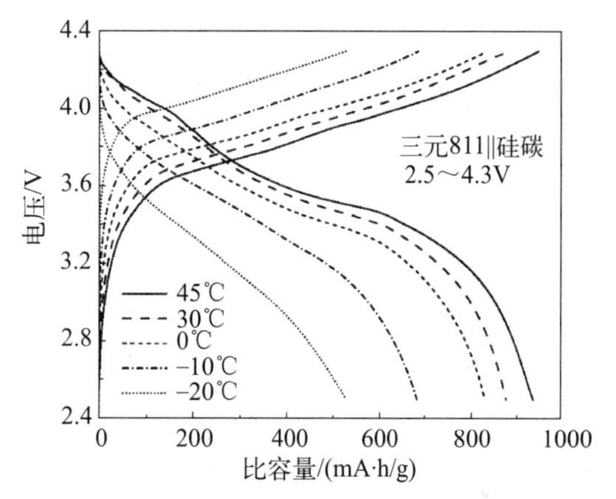

图 4-5 宽温域下三元‖硅碳金电池的充放电曲线

4.2.1.3 高低温充放电测试

高低温充放电试验是测试电池在高低温（−20～50℃）环境下的适应能力的一种标准化实验方法。为了满足电池在实际应用中的需求，试验项目一般包括电池在高低温下的放电容量和放电持续时间。图 4-5 是三元 811‖硅碳全电池在 2.5～4.3V 下的宽温域充放电曲线。一般来说，在高温环境中，电池通常内部化学反应加快，副反应加剧，循环稳定性降低；在低温环境中，电池内部化学反应速率缓慢，内部活性物质反应不充分，放电深度降低。其中，磷酸铁锂电池受高温的影响较小，但其在低温下的放电容量、放电持续时间明显小于常温同条件。三元锂离子电池则在低温环境中的放电相对稳定，具有更高的放电容量和能量保持率。然而磷酸铁锂电池在高温环境中更安全可靠，且在实际应用中通常是多个组合后使用，整体温度会在工作时发生一定程度的上升，因此对于磷酸铁锂电池组而言，低温放电问题并不严重。

以储能锂离子电池单体为例，国标规定电池单体先在初始化放电后，再在高低温下以恒功率充电至充电截止电压，最后以恒功率放电至放电终止电压进行测试。其中，高低温分别指（45±2）℃和（5±2）℃。表 4-4 是旧国标《电力储能用锂离子电池》（GB/T

36276）中对电池单体和电池模块的高低温充放电性能要求。

表 4-4　旧国标 GB/T 36276 对电池单体和电池模块的高低温充放电性能要求

<table>
<tr><td rowspan="9">电池单体</td><td rowspan="3">高温</td><td rowspan="3">—</td><td>充电能量不小于初始充电能量的 98%</td></tr>
<tr><td>放电能量不小于初始放电能量的 98%</td></tr>
<tr><td>能量效率不小于 90%</td></tr>
<tr><td rowspan="6">低温</td><td rowspan="3">能量型</td><td>充电能量不小于初始充电能量的 80%</td></tr>
<tr><td>放电能量不小于初始放电能量的 75%</td></tr>
<tr><td>能量效率不小于 75%</td></tr>
<tr><td rowspan="3">功率型</td><td>充电能量不小于初始充电能量的 65%</td></tr>
<tr><td>放电能量不小于初始放电能量的 60%</td></tr>
<tr><td>能量效率不小于 75%</td></tr>
<tr><td rowspan="9">电池模块</td><td rowspan="3">高温</td><td rowspan="3">—</td><td>充电能量不小于初始充电能量的 98%</td></tr>
<tr><td>放电能量不小于初始放电能量的 98%</td></tr>
<tr><td>能量效率不小于 90%</td></tr>
<tr><td rowspan="6">低温</td><td rowspan="3">能量型</td><td>充电能量不小于初始充电能量的 80%</td></tr>
<tr><td>放电能量不小于初始放电能量的 75%</td></tr>
<tr><td>能量效率不小于 75%</td></tr>
<tr><td rowspan="3">功率型</td><td>充电能量不小于初始充电能量的 65%</td></tr>
<tr><td>放电能量不小于初始放电能量的 60%</td></tr>
<tr><td>能量效率不小于 75%</td></tr>
</table>

为更好满足电池在实际应用中的需求，考察从高温/低温环境恢复至室温对其充放电性能的影响，国标《电子储能用锂离子电池》（GB/T 36276—2023）中增加了高低温适应性的试验方法及需要满足的要求。

以锂离子电池单体为例，其具体测试方法为：电池初始化放电后在高低温下以恒功率充电至电池充电截止电压，最后以恒功率放电至电池放电截止电压，统计该过程中的充放电能量。其中，高低温分别指（50±2）℃和（−30±2）℃，室温为（25±2）℃。表 4-5 是国标 GB/T 36276—2023 对锂离子电池单体和电池模块的高低温适应性要求。

表 4-5　新国标 GB/T 36276—2023 中对电池单体和电池模块的高低温适应性要求

<table>
<tr><td rowspan="6">电池单体</td><td rowspan="3">高温</td><td>充电能量不小于额定充电能量</td></tr>
<tr><td>放电能量不小于额定放电能量</td></tr>
<tr><td>能量效率不小于 93.0%</td></tr>
<tr><td rowspan="3">低温</td><td>充电能量不小于额定充电能量</td></tr>
<tr><td>放电能量不小于额定放电能量</td></tr>
<tr><td>能量效率不小于 93.0%</td></tr>
<tr><td rowspan="6">电池模块</td><td rowspan="3">高温</td><td>充电能量不小于额定充电能量</td></tr>
<tr><td>放电能量不小于额定放电能量</td></tr>
<tr><td>能量效率不小于 94.0%</td></tr>
<tr><td rowspan="3">低温</td><td>充电能量不小于额定充电能量</td></tr>
<tr><td>放电能量不小于额定放电能量</td></tr>
<tr><td>能量效率不小于 94.0%</td></tr>
</table>

4.2.1.4 过充/放电测试

电池过充是指超过规定的电池充电截止电压而继续充电的过程。由于电池模块内各单体电池在参数和性能方面的差异性，电池管理系统对单体电池的状态产生误判，导致某些单体电池在达到充电截止电压后仍然处于充电状态，从而发生过充现象。过充会对电池造成损害，缩短其使用寿命，甚至引发安全事故。以锂离子电池为例，发生过充时，负极表面部分锂离子被还原成锂金属析出形成枝晶。锂枝晶不断生长，刺破分隔正负电极之间的隔膜，电池正负极连通造成内部短路。锂离子电池发生短路后，短路电流使得内部温度急剧升高，催生出一系列的副反应，主要包括固体电解质界面膜的分解、正负电极与电解液的反应、电解液的分解等。副反应产生大量的热，使得电池温升加剧。此外高电压会造成电解液分解汽化，大量的蒸汽使得电池逐渐膨胀，外部空气通过被胀破的外壳进入电池内部与锂金属发生激烈氧化反应，导致燃烧甚至爆炸。长安大学郑勇等分别测试了钴酸锂电池在不同过充循环下电池表面的最高温度，其结果如图 4-6 所示。测试发现，随着过充循环次数的增多，电池的表面最高温度呈整体上升趋势，当经过 18 次过充循环后，电池表面最高温度接近 110℃。

电池过放是指在低于规定的电池放电截止电压时继续放电的过程。在电池模块的放电过程中，单体电池的不一致性同样会造成某些单体在达到放电截止电压后继续对外放电，导致电池过放。与过充电行为具有危害性一样，过放电也会造成锂离子电池的性能严重受损。当电池发生深度过放时，负极及其表面 SEI 膜中的锂离子可能全部脱出，使得负极结构部分坍塌，SEI 膜也遭到破坏。再次对电池进行充电时，锂离子嵌入负极的过程中所受到的阻力增大；同时在负极表面会形成新的 SEI 膜，大量的锂离子被消耗，最终到达负极材料中的锂离子数量受到限制，负极活性物质的不可逆损失使得电池容量大幅度衰减。此外，在过放电情况下，负极电位持续上升。而负极集流体铜箔在高电位下会发生氧化腐蚀，且生成的铜离子在负极表面沉积，造成负极活性物质与集流体之间的结合力被破坏，负极集流体传输电子的能力受到影响从而导致电池失效。

钴酸锂电池在过放电前后的放电曲线如图 4-7 所示，经过 2 次过放电过程后，电池的

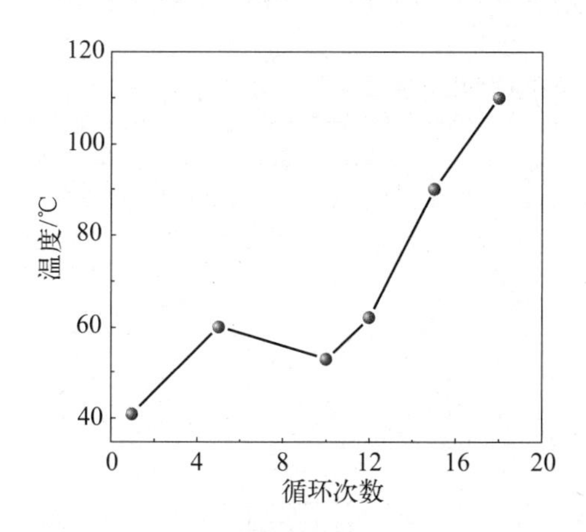

图 4-6 钴酸锂电池在不同过充循环下电池表面的最高温度

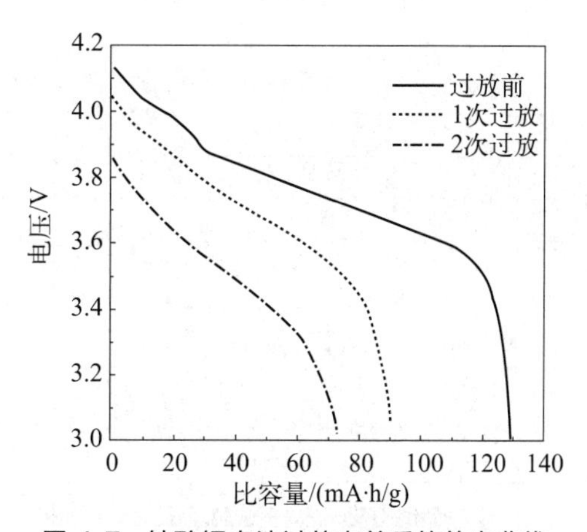

图 4-7 钴酸锂电池过放电前后的放电曲线

放电比容量从之前的130mA·h/g减少到73mA·h/g。随着过放电次数的增多，不仅电池容量衰减越来越严重，放电电压平台也逐渐降低。这是因为在过放电过程中，电池的负极电位正向移动，正极电位负向移动，使得工作电压减小的缘故。

在锂离子电池的使用过程中由于电池的不一致性或滥用的原因，很容易发生过充电和过放电现象。过充电轻则使得锂离子电池的自放电加剧，重则造成热失控从而引发严重的安全事故。过放电会给电池带来不可逆的损伤，致使电池寿命缩短而提前报废。但不同标准和法规的测试参数差异很大，测试结果可能取决于所遵循的标准或法规。因此，有必要统一测试参数以进行比较测试。国标GB/T 36276—2023规定储能锂离子电池单体过充/放电测试方法为：

① 初始化充电后让电池以 P_{rc}/U_{nom} 的条件下的恒流充电至电压达到其充电截止电压的1.5倍或时间达到1h则停止充电；

② 初始化放电后让电池以 P_{rd}/U_{nom} 的条件下的恒流放电至电压达到0V或时间达到1h则停止放电，电池单体不起火、不爆炸、不在防爆阀或泄压点之外的位置发生破裂。

4.2.1.5 储存测试

二次电池在储存期间存在自放电现象，导致性能衰退进而影响其正常工作，因此无论是便携式电子产品电源还是电站储能电源，在实际使用过程中均面临电池储存的问题，电池储存测试十分重要。

电池的储存性能是指电池在开路状态下，在一定温度和湿度等条件下储存过程中，其电压和容量等性能参数随时间的变化特性。电池储存性能与其荷电状态、储存时间以及储存温度等因素有关，一般用容量保持率来表示。表4-6是钴酸锂电池在不同储存温度及荷电状态下的可恢复容量要求，由表可知，电池的荷电状态无论是50%还是80%，电池的可恢复容量都随着储存时间的延长而降低；并且在同一温度下，第2个储存期与第1个储存期电池可恢复容量的差值要小于第1个储存期电池可恢复容量与储存前电池容量的差值；第3个储存期与第2个储存期电池可恢复容量的差值要小于第2个储存期与第1个储存期电池可恢复容量的差值。这说明电池不可逆容量损失在初期较大，后期逐渐变小。

表4-6 钴酸锂电池在不同储存条件下的可恢复容量要求

荷电状态/%	50			80		
储存温度/℃	10	0	−10	10	0	−10
储存前容量/(A·h)	15.16	14.96	15.21	15.29	15.05	15.25
第1个6个月储存期容量/(A·h)	15.04	14.84	15.10	14.92	14.70	14.95
第2个6个月储存期容量/(A·h)	14.95	14.79	15.04	14.85	14.63	14.88
第3个6个月储存期容量/(A·h)	14.92	14.76	15.02	14.80	14.59	14.84
第1个储存期与储存前的容量差/(A·h)	0.12	0.12	0.11	0.37	0.35	0.30
第2个储存期与第1个储存期的可恢复容量差/(A·h)	0.09	0.05	0.06	0.07	0.07	0.07
第3个储存期与第2个储存期的可恢复容量差/(A·h)	0.03	0.03	0.02	0.05	0.04	0.04

以储能锂离子电池单体为例，国标 GB/T 36276—2023 中规定的储存试验的具体测试方法为：

① 电池初始化充电后，以恒功率 P_{rd} 放电至放电能量达到该电池单体初始放电能量的 50%，记录其功率、时间、电压、温度及放电能量；

② 设置环境模拟装置温度为 50℃，在 (50±2)℃下储存 30 天；

③ 设置环境模拟装置温度为 25℃，在 (25±2)℃下静置 5h；

④ 在 (25±2)℃下，以恒功率先放电后充电至电池单体工作电压截止条件，静置 10min 后记录其功率、时间、电压、温度及充电和放电能量；

⑤ 在 (25±2)℃下，以恒功率放电至电池单体放电截止条件，静置 10min 后记录其功率、时间、电压、温度及放电能量；

⑥ 断开试验样品和充放电装置的连接，拆除数据采样线，取出试验样品；

⑦ 重复步骤①～⑥至所有试验样品完成试验；

⑧ 以 25℃初始充电能量和步骤⑤的充电能量计算每个试验样品充电能量恢复率，以 25℃初始放电能量和步骤⑥的放电能量计算每个试验样品放电能量恢复率。

4.2.1.6 循环性能测试

循环性能是指电池在反复充放电循环过程中，能够保持其电池性能及容量保持率稳定的能力。循环性能是评价锂离子电池寿命和可靠性的重要指标之一，循环性能越好，锂离子电池的工作寿命越长。天津力神电池股份有限公司王勇武等分别对磷酸铁锂电池和 NCM111 三元锂离子电池进行了常温下长循环性能的测试，其结果如图 4-8 所示。测试发现，三元锂离子电池循环 3900 次后仅剩余容量的 66%，而磷酸铁锂电池循环 5000 次后仍具有高达 84%的剩余容量，这表明磷酸铁锂电池具有比三元锂离子电池更有优势的长循环性能。

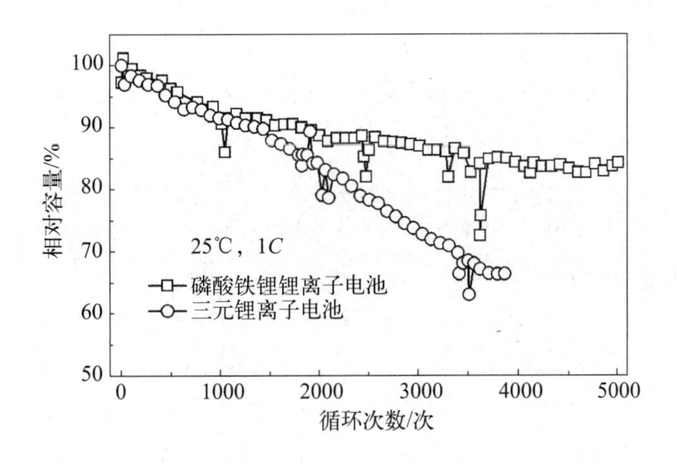

图 4-8 磷酸铁锂电池及三元锂离子电池在 1C 下的循环曲线

锂离子电池的循环性能通常通过以下指标来衡量：①循环次数：电池能够完成完整充放电循环的次数；②容量保持率：经过一定次数的充放电循环后，电池的放电容量与初始容量的比值；③效率：电池在放电过程中所释放的能量与充电过程中所吸收的能量的比值。表 4-7 是国标 GB/T 36276—2023 对电池单体及电池模块在额定功率条件下的循环性能要求。

表 4-7 电池单体及电池模块在额定功率条件下的循环性能要求

电池单体	单次循环充电能量损失平均值不大于基于额定充电能量的单次循环充电能量损失平均值
	单次循环放电能量损失平均值不大于基于额定放电能量的单次循环放电能量损失平均值
	所有充放电循环能量效率之间的极差不大于 2%
电池模块	单次循环充电能量损失平均值不大于基于额定充电能量的单次循环充电能量损失平均值
	单次循环放电能量损失平均值不大于基于额定放电能量的单次循环放电能量损失平均值
	所有充放电循环能量效率之间的极差不大于 2%
	循环充放电过程中，充电结束时电池单体电压极差平均值不大于 250mV
	循环充放电过程中，放电结束时电池单体电压极差平均值不大于 350mV

以储能锂离子电池单体为例，国标 GB/T 36276—2023 中储存试验的具体测试方法为：

① 电池单体初始化放电并在 (45±2)℃静置 5h。

② 在 (45±2)℃下以恒功率充电至电池单体充电截止电压，静置 10min 后记录其功率、时间、电压、温度及充电能量。

③ 在 (45±2)℃下以恒功率放电至电池单体放电截止电压，静置 10min 后记录其功率、时间、电压、温度及充电能量。

④ 重复步骤②和③至充放电次数达到 1000 次。

⑤ 断开试验样品和充放电装置的连接，拆除数据采样线，取出试验样品。

⑥ 重复步骤①～⑤至所有试验样品完成试验。

⑦ 以步骤②的充电能量和步骤③的放电能量计算每个试验样品每 50 次循环充放电结束时的能量效率，计算 1000 次循环充放电的能量效率极差。

⑧ 按照式(4-2)、式(4-3) 分别计算每个试验样品单次循环充电能量损失平均值、基于额定充电能量的单次循环充电能量损失平均值。

$$\Delta E_c=(E_{c500}-E_{c1000})/1000 \tag{4-2}$$

式中，ΔE_c 为单次循环充电能量损失平均值；E_{c500} 为循环第 500 次的充电能量；E_{c1000} 为循环第 1000 次的充电能量。

$$\Delta E_{rc}=(E_{c500}-E_{rc})/(c_r-1000) \tag{4-3}$$

式中，ΔE_{rc} 为基于额定充电能量的单次循环充电能量损失平均值；E_{c500} 为循环第 500 次的充电能量；E_{rc} 为额定充电能量；c_r 为额定功率充放电循环次数。

⑨ 按照式(4-4)、式(4-5) 分别计算每个试验样品单次循环放电能量损失平均值、基于额定放电能量的单次循环放电能量损失平均值。

$$\Delta E_d=(E_{d500}-E_{d1000})/1000 \tag{4-4}$$

式中，ΔE_d 为单次循环放电能量损失平均值；E_{d500} 为循环第 500 次的放电能量；E_{d1000} 为循环第 1000 次的放电能量。

$$\Delta E_{rd}=(E_{d500}-E_{rd})/(c_r-1000) \tag{4-5}$$

式中，ΔE_{rd} 为基于额定放电能量的单次循环放电能量损失平均值；E_{d500} 为循环第500次的放电能量；E_{rd} 为额定放电容量；c_r 为额定功率充放电循环次数。

⑩ 以额定充放电能量为起始值，以额定充放电能量的5%为步长，递增至所有试验样品循环第500次充放电能量，以5℃初始充放电能量的最小值作为充放电能量系列保证值，按照公式(4-6) 计算电池单体充放电能量系列保证值对应的额定功率充放电循环次数系列保证值。

$$c_{rx}=(E_{d500}-E_{dx})/\Delta E_{rd}+1000 \tag{4-6}$$

式中，c_{rx} 为额定功率充放电循环次数系列保证值；E_{d500} 为循环第500次放电能量；E_{dx} 为放电能量系列保证值；ΔE_{rd} 为基于额定放电能量的单次循环放电能量损失平均值。

⑪ 作图表。作电池单体充放电能量系列保证值与额定功率充放电循环次数系列保证值数据表，即为电池单体循环性能系列保证值特征关系表；以额定充放电能量的百分数为横坐标，以额定功率充放电循环次数系列保证值为纵坐标，绘制电池单体循环性能系列保证值曲线，即为电池单体循环性能系列保证值特征曲线。

4.2.2 全钒液流电池性能评测

储能用全钒液流电池由单电池、电堆和模块组成。其基本单元为单电池；多个单电池通过叠加紧固并设置多个管道后统一电流输出组合成电堆；一个或多个电堆和附属件组成独立集合体模块，模块内所有电堆可共享电解液循环系统。模块是构成大规模电池系统的标准单元，主要由一个或多个电堆、输送电解液的管路系统、电路连接、监测和/或控制手段等部分组成。接下来介绍全钒液流电池的主要电化学性能测评技术。

4.2.2.1 额定功率试验

额定功率试验是全钒液流电池研发、生产及应用过程中不可或缺的一环，对于确保产品质量、优化系统设计、保障安全运行及促进技术进步都发挥着重要作用。其主要作用为：

① 验证设计与性能。额定功率试验是用来验证电池设计是否达到预期性能指标的关键步骤。通过试验，可以确保电池在规定的功率水平下能够稳定工作，评估其能量转换效率、输出稳定性和响应速度等关键参数。

② 系统匹配与优化。全钒液流电池的功率和容量是可以独立设计和调整的，额定功率试验有助于确定电池堆的最佳配置，以满足特定应用的需求。这对于系统集成至关重要，确保电池与电网、可再生能源发电系统等其他组件之间的有效匹配。

③ 安全性和可靠性验证。高功率运行条件下，电池的热管理、压力管理和电气安全尤为重要。额定功率试验可以帮助检测电池在极限条件下的安全边界，验证电池管理系统的有效性，确保电池在长期运行中的安全可靠。

④ 寿命评估。通过模拟实际工作条件下的高功率充放电循环，可以评估电池的耐久性和性能衰退情况，为预测电池的使用寿命提供数据支持。

《全钒液流电池通用技术条件》（GB/T 32509—2016）中规定的液流电池额定功率试

验的具体测试方法为：

① 电池系统放电至荷电状态为0%；

② 电池系统以恒功率进行充电直至充电截止条件；

③ 电池系统以恒功率进行放电直至放电截止条件；

④ 充放电时记录电解液的荷电状态；

⑤ 重复②～④步骤3次，记录电池系统充放电过程中的最大连续功率。

4.2.2.2 额定瓦时容量试验

额定瓦时容量试验对于确保全钒液流电池的实际应用效能、评估其经济价值和长期可靠性均具有重要意义。其主要作用为：

① 验证储能能力。额定瓦时容量试验用来验证和量化电池系统的储能能力，即在规定的充放电条件下，电池能够存储和释放多少能量。这是评估电池满足特定应用场景需求（如电网调峰、可再生能源平滑输出等）的重要指标。

② 容量独立性验证。全钒液流电池的一个特点是电池的容量与输出功率可以独立调节。容量主要取决于电解液的体积和浓度，因此，通过容量试验可以验证设计时对电解液量和浓度的选择是否恰当，以达到预期的储能目标。

③ 性能衰减评估。长期循环充放电过程中，电池容量可能会逐渐衰减。额定瓦时容量试验有助于监测和评估电池随时间的容量保持能力，为预测电池的使用寿命和制订维护计划提供依据。

④ 系统匹配评估。在储能系统设计中，准确知道每个电池单元或电池模块的容量对于合理配置整个储能系统至关重要。这涉及如何高效地将电池单元组合起来，以满足特定的储能需求和功率输出要求。

国标GB/T 33339—2016中规定的液流电池额定瓦时容量试验的具体测试方法为：

① 电池系统首先充电至荷电状态为100%；

② 电池系统以额定功率进行放电至荷电状态为30%；

③ 继续以额定功率的30%进行放电直至放电截止条件；

④ 放电过程中记录电池系统的荷电状态；

⑤ 重复①～④步骤3次，记录电池系统最后一次充放电循环的放电瓦时容量和辅助能耗；

⑥ 按式(4-7)计算电池系统的额定瓦时容量。其中，对于大规模电池系统，考虑到测试的可操作性，可以选用单元电池系统代替电池系统整体进行测试。

$$E_r = E_{sd} - W_{sd} \tag{4-7}$$

式中，E_r 代表电池系统的额定瓦时容量，W·h；E_{sd} 代表由测量仪器记录的电池系统最后一次循环的放电瓦时容量，W·h；W_{sd} 代表测量仪器记录的电池系统最后一次循环放电过程辅助设备所消耗的能量，W·h。其中，对于辅助能耗由液流电池自身供应的电池系统，测量仪器记录的放电瓦时容量即为额定瓦时容量，即 $E_r = E_{sd}$。

4.2.2.3 电池系统额定能量效率试验

进行额定能量效率试验可以准确测量电池系统在标准工作条件下的能量转化效率，识别电池系统中的能量损失来源，比如电化学反应的不完全性、电阻损耗、泵和控制器的能耗等。这是评价一个储能系统经济性和环保性能的关键指标。

国标 GB/T 36276—2023 中规定的液流电池额定能量效率试验的具体测试方法为：

① 电池系统充电至荷电状态为 100%；

② 电池系统以额定功率进行放电直至放电截止条件；

③ 电池系统以额定功率进行充电直至充电截止条件；

④ 电池系统以额定功率进行放电直至放电截止条件；

⑤ 充放电时记录电池系统的荷电状态；

⑥ 重复③～⑤步骤 3 次，记录 3 次充放电循环的充放电瓦时容量和辅助能耗；

⑦ 按式(4-8) 分别计算 3 次充放电循环的电池系统额定能量效率。其中，对于大规模电池系统，考虑到测试的可操作性，可以选用单元电池系统代替电池系统整体进行测试。

$$\eta=\frac{E_{sd}-W_{sd}}{E_{sc}+W_{sc}}\times 100\% \tag{4-8}$$

式中，η 代表电池系统额定能量效率，%；E_{sd} 代表测量仪器记录的电池系统的放电瓦时容量，W·h；W_{sd} 代表由测量仪器记录的电池系统放电过程的辅助能耗，W·h；E_{sc} 代表由测量仪器记录的电池系统的充电瓦时容量，W·h；W_{sc} 代表中测量仪器记录的电池系统充电过程的辅助能耗，W·h。其中，对于辅助能耗由全钒液流电池自身供应的系统，测量仪器记录的放电瓦时容量即为电池系统的放电瓦时容量，即 $\eta=E_{sd}/E_{sc}\times 100\%$。

4.2.2.4 容量保持能力试验

容量保持能力是指电池在经历多次充放电循环后保持其初始容量的能力。对于大规模储能项目而言，电池的容量保持能力直接关系到项目的经济性。这项试验可以帮助评估电池的长期性能和耐用性，是衡量电池老化程度和预测其使用寿命的重要指标。

国标 GB/T 36276—2023 中规定的液流电池容量保持能力试验的具体测试方法为：

① 电池系统充电至荷电状态为 100%；

② 电池系统以额定功率进行放电直至放电截止条件；

③ 电池系统以额定功率进行充电直至充电截止条件；

④ 电池系统以额定功率进行放电直至放电截止条件；

⑤ 充放电时记录电池系统的荷电状态；

⑥ 连续重复③～⑤步骤 99 次，电池系统按额定瓦时容量试验的方法进行放电瓦时容量试验并记录相关数据；

⑦ 按式(4-9) 计算电池系统的容量衰减率。其中，对于大规模电池系统，考虑到测试的可操作性，可以选用单元电池系统代替电池系统整体进行测试。

$$R=\left(1-\frac{E_d}{E_r}\right)\times 100\% \tag{4-9}$$

式中，R 代表电池系统容量衰减率，%；E_d 代表电池系统净放电瓦时容量，W·h；

E_r 代表电池系统额定瓦时容量，W·h。

4.2.2.5 高/低温储存性能试验

高/低温储存性能试验可以验证电池在非工作状态下，尤其是在极端温度环境下，其内部化学成分和结构是否稳定，能否保持良好的性能而不受损害。因此，高/低温储存性能试验对于确保全钒液流电池在各种环境条件下都能安全、稳定地保存和运行是必不可少的。

国标 NB/T 42040—2014 中规定的液流电池高/低温储存性能试验的具体测试方法为：

① 电池系统充电至荷电状态为 100%；

② 电池系统停机，将电解液温度升高到不低于 40℃/降低到不高于 5℃的温度范围内并保持 12h；

③ 电解液无沉淀或结晶现象，将电解液温度恢复至常温；

④ 重复②～③步骤 3 次，记录最后一次循环的放电瓦时容量数据；

⑤ 最后一次循环的放电瓦时容量与额定瓦时容量数据的比应符合放电瓦时容量不小于额定瓦时容量的 95%。

其中，对于大规模电池系统，考虑到测试的可操作性，可以选用单元电池系统代替电池系统整体进行测试。

4.3 电池储能系统

电池储能系统（BESS）的主要内部设备包含电池、电池管理系统（BMS）、储能变流器（PCS）、本地控制器、配电单元、预制舱及其他温度、消防等辅助设备，并在本地控制器的统一管理下，独立或接受外部能量管理系统（EMS）指令以完成能量调度与功率控制，实现安全、高效运行。电池储能系统的架构如图 4-9 所示。

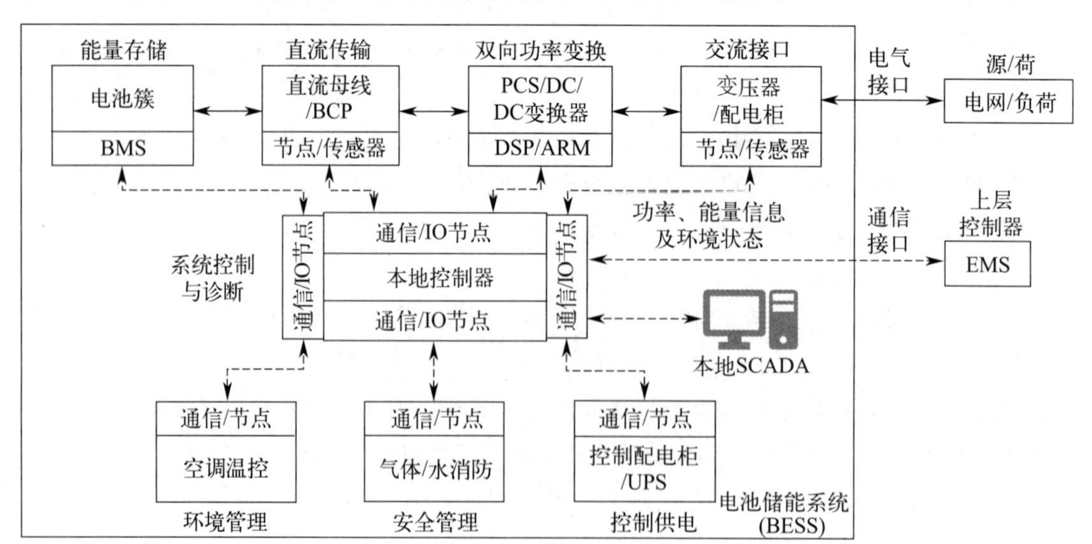

图 4-9 电池储能系统的架构

4.3.1 电池储能系统的基本特点

电池储能系统是将储能电池、储能电池管理系统、功率变换装置、本地控制器、配电系统、温度与消防安全系统等相关设备按照一定的应用需求而集成构建的较复杂综合电力单元。其基本特点包括：

① 内部设备间各自分工明确又相互关联，在安全、高效、长寿命的前提下，共同实现并网点或输出端口的能量、功率以及电压控制。

② 储能电池的安全性与寿命很大程度上决定了整个系统的安全性和寿命，且其对工作环境有着严苛的技术要求，是进行系统内部设计时所必须关注的重点环节。

③ 功率变换装置是整个储能系统对外进行电力交换的关键节点，其性能直接体现了电池储能系统工作模式、控制精度、响应速度、并网友好性等，也影响着客户在短时间内对储能系统最直观的使用感受。

④ 储能电池、功率变换装置以及空调、消防等设备均各自配置有独立的控制器，以实现自我运行、告警或保护，而系统功能的实现、设备间的联动与协同、启停与故障保护操作、对外通信与有效信息传递等，则由本地控制器完成，以使得储能系统能够作为一个整体参与电网调度或实现项目应用目标。

⑤ 储能系统，作为对外统一、对内自治的电力执行单元，接受上层能量管理系统调度执行功率或模式控制指令，因此应具备丰富的对外通信接口和灵活、多样化的工作模式，通过能量按需搬移、功率快速爬升、电压稳定控制等功能改善发电、电网、负荷等应用场景的整体运行效果，并以此体现自身价值。

⑥ 控制与管理是储能系统发挥价值的关键，而这在很大程度上取决于系统集成商对应用领域原有系统、控制或发展方向的理解。

4.3.2 电池储能系统的关键设备

电池储能系统的关键设备包括电芯、电池管理系统和储能变流器。

4.3.2.1 电芯

电池储能系统的电池包含若干并联或串联的电池单元，每个电池单元即为电芯。其中储能锂离子电池电芯从外观上主要可以分为方形硬壳、圆柱形硬壳及软包三种形式。但是，每只电芯的容量有限，为了应用于储能系统，采用多个电芯相组合的方式来满足应用上的高容量要求。以方形硬壳锂离子电池为例，数只电芯首先通过串联、并联组成电池模块（也称电池组），之后多个电池模块再经过串联组成电池簇来进行使用。图 4-10 分别是储能锂离子电池的不同电芯外观及电池簇模型。

一般而言，电池的规格信息采用易识别、易读取的编码或文本形式标示于产品外观或者铭牌。图 4-11 以电力储能用锂离子电池为例，规格的标识信息。

示例 1：电力储能用锂离子电池，即为以磷酸铁锂为正极材料，石墨为负极材料，液态电解质的硬壳方形电池单体，标称电压为 3.2V，额定充电功率为 80W，额定放电功率为 160W，额定充电能量为 320W·h，额定放电能量为 300W·h，型号为 A1B2C3，编码

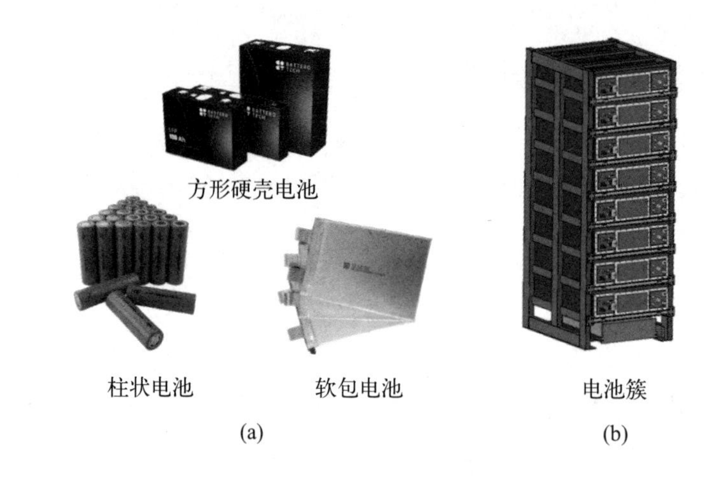

图 4-10 储能锂离子电池电芯外观（a）及电池簇模型（b）

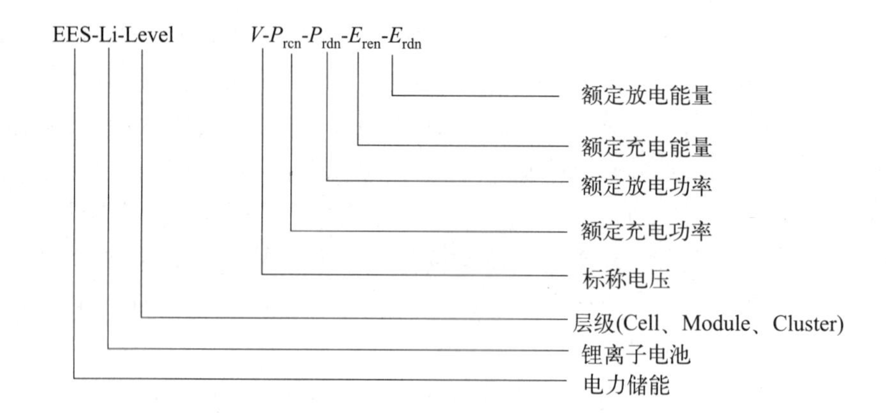

图 4-11 电力储能用锂离子电池规格信息

为：EES-LIB-LFP/C-L-HS-Cell 3.2V-80W-160W-320W·h-300W·h-A1B2C3。

示例 2：电力储能用锂离子电池，即为以磷酸铁锂为正极材料，石墨为负极材料，固态电解质的硬壳圆柱形电池单体组成的风冷电池模块，标称电压为 48V，额定充电功率为 1.5kW，额定放电功率为 3kW，额定充电能量为 6kW·h，额定放电能量为 5.8kW·h，型号为 D1E2F3，编码为：EES-LIB-LFP/C-S-Module 48V-1.5kW-3kW-6kW·h-5.8kW·h-AC-D1E2F3。

示例 3：电力储能用锂离子电池，即为以磷酸铁锂为正极材料，钛酸锂为负极材料，固液混合电解质的软包电池单体组成的液冷电池簇，标称电压为 650V，额定充电功率为 250kW，额定放电功率为 500kW，额定充电能量为 1000kW·h，额定放电能量为 950kW·h，型号为 G1H2I3，编码为：EES-LIB-LFP/LTO-SL-Cluster 650V-250kW-500kW-1000kW·h-950kW·h-LC-G1H2I3。

4.3.2.2 电池管理系统

为满足规模化储能的应用需求，实际应用中需要将多个电堆/电芯通过并联、串联提高电压和输出功率。除了电池模块的参数特性，储能用电池的使用性能与其应用的电池管理系统的功能有着密切的关系。电池管理系统对保护电池安全、提高电池利用率、延长电池寿命等意义重大。图 4-12 是储能系统，储能电站电池的电池管理系统是储能系统的重要中枢系统，主要用于对储能电池进行实时监控、故障诊断、荷电状态估算、短路保护、漏电检测及显示报警，保障电池系统安全可靠运行，是整个储能系统的重要构成部分。

电池管理系统能够实时监控、采集电池模组的状态参数，并对相关状态参数进行必要的计算、处理，得到更多的系统参数，并根据特定控制策略对电池系统进行有效控制。同时电池管理系统可以通过自身的通信接口、模拟/数字输入输出接口与外部其他设备（变流器、能量管理单元、消防等）进行信息交互，形成整个储能系统的联动，利用所有的系统组件，通过可靠的物理及逻辑连接，高效、可靠地完成整个储能系统的监控。

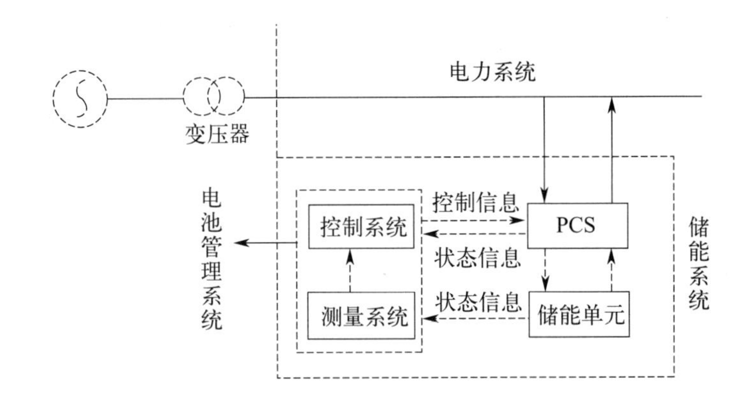

图 4-12　储能系统

（1）电池管理系统功能介绍

储能电池管理系统的主要功能包括状态监测与评估、电芯均衡、控制保护、通信及日志记录等，其结构及主要功能如图 4-13 所示。

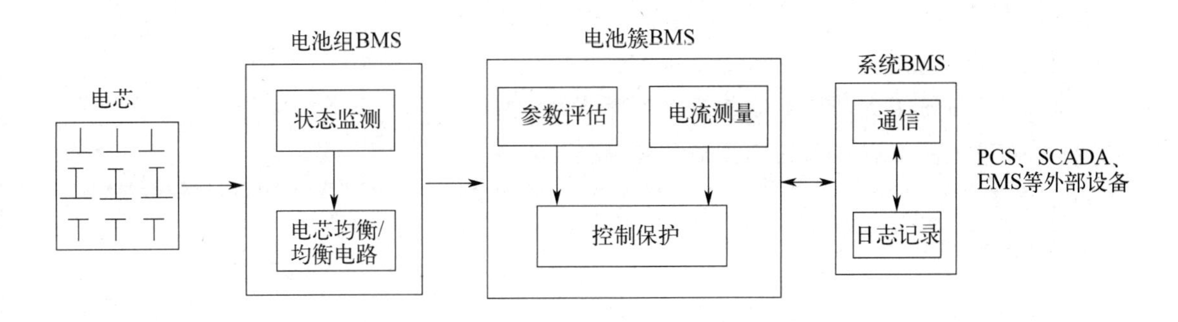

图 4-13　电池管理系统的主要功能

状态监测与评估是指通过分析测试各电池簇的电压与电流、电芯电压、系统总电流、电池组或电芯温度、环境温度等数据，进行电池水平相关参数评估的方式，主要包括荷电状态、健康状态、电池内阻及容量等。其中，状态监测是电池管理系统的最基本功能，也是后续进行均衡、保护和对外信息通信的基础。而参数评估则是电池簇电池管理系统所具有的较复杂功能，表 4-8 是电池簇管理系统及系统管理系统的保护功能介绍。

表 4-8　电池管理系统保护功能

电池管理系统	告警信息
电池簇管理系统	充电过电保护
	放电欠电保护
	过温保护
	低温保护
	电池管理系统通信故障
系统管理系统	过电压保护
	欠电压保护
	过电流保护
	电压不均衡
	电芯温度不均衡
	系统直流接触器故障保护
	系统直流电流传感器故障
	系统管理系统通信故障

电芯均衡是指在保证电芯不会过充的前提下保留更多的可充电空间的能力，其具体的均衡算法可以基于电压、末时电压或荷电状态等历史信息来设计。均衡电路如图 4-14 所示，电池管理系统不仅可以通过电阻热量消耗的形式实现被动均衡，也可以通过电芯间能量传递形式再分配能力来实现主动均衡。

控制保护是指电池簇管理系统与系统管理系统的控制功能，主要表现为通过对开关盒中接触器的操作，完成电池组的正常投入与切除。保护功能主要是通过主动停止减少电池电流或反馈停止减少电池电流来防止电芯电压、电流、温度越过安全界限。

电池系统通过系统管理系统实现对外通信，其对外传输的信息除了前述的状态监测或估算信息外，还可以包括相关统计信息或安全信息，如电池系统电压、电流或荷电状态等。

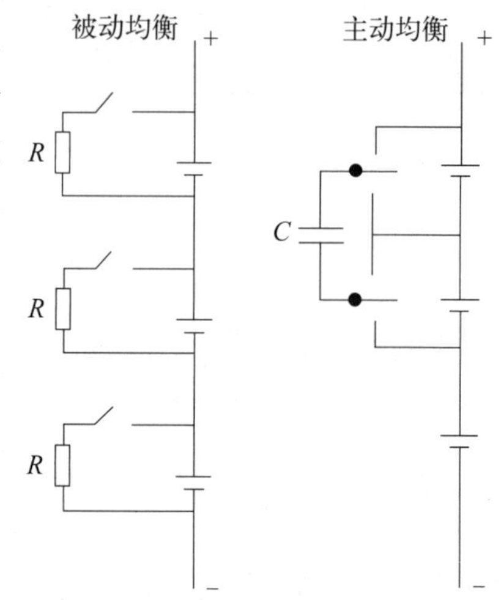

图 4-14　电池管理系统均衡电路示意图

日志记录可以在系统管理系统中内置存储设备，如简单的 SD 卡，进行必要的电池运行关键数据存储，包括电压、电流、荷电状态/健康状态、最大和最小单体电压、最低和最高温度及报警与错误信息等。

(2) 电池管理系统架构

电池管理系统的架构如图 4-15 所示，一个完整的储能系统的电池管理系统由电池管理单元（battery management unit，BMU）、电池簇管理单元（battery cluster management unit，BCU）和电池阵列管理单元（battery array management unit，BAU）三部分组成。电池管理单元负责电池单体及电池模块管理，集各单体电池电压和温度等信息采集、均衡、信息上送、热管理等功能一体。电池簇管理单元负责管理一个电池簇中的全部电池管理单元，同时具备电池簇的电流采集、总电压采集、绝缘电阻检测、荷电状态估算等功能，并在电池组状态发生异常时驱动断开高压直流接触器，使电池簇退出运行，保障电池使用安全。电池阵列管理单元对电池管理单元、电池簇管理单元上传的数据进行数值计算、性能分析、存储，并与储能变流器、监控后台进行信息交互。

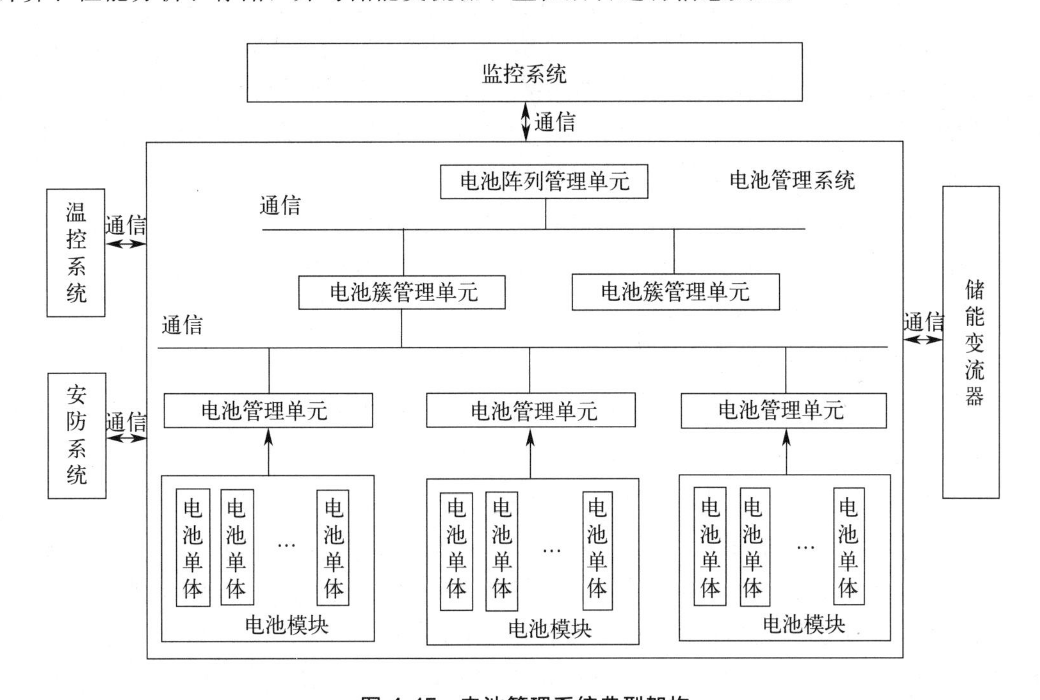

图 4-15 电池管理系统典型架构

电池管理单元是作为储能电池管理系统的底层单元，对电池模块安全使用和延长寿命具有决定性作用。电池管理单元能实现对所管辖的电池的电压、均衡电流、温度进行实时监测并上报，保证电池的健康、安全、稳定运行。当监测到故障时，电池管理单元可对单体电压过高、单体电压过低、单体电压差压过大、温度过高、温度过低、温度差值过大、充电电流异常、放电电流异常等现象报警，且报警层级均开放设置。

电池簇管理单元是储能电池管理系统的中间部件，一方面汇集全部电池管理单元上传的各单体电池电压、温度、均衡状态等信息，另一方面采集整个电池簇的充放电电流、端电压、绝缘电阻等信息，完成荷电状态、健康状态估算，并综合电池管理单元信息上传到电池阵列管理单元，在此基础上实现对电池组的充放电管理、热管理、单体均衡管理和故障报警。

电池簇管理单元的主要功能包括：①电池簇端电压采集；②电池簇充放电流检测；③绝缘电阻检测；④电池簇充放电管理；⑤系统充放电过程中监视单体的温度，对单体温度过高、单体温度过低、单体温差过大报警，当出现二级报警时主动上报报警信息，当出现一级报警时系统自动切断接触器；⑥荷电状态与健康状态实时动态估算；⑦电池簇故障诊断报警；⑧各种异常及故障情况的安全保护；⑨强大的系统自检功能，保证系统自身的正常工作。

电池阵列管理单元是储能电池管理系统的顶层控制单元，作为核心部件，电池阵列管理单元接收整个电池阵列的全部电池状态信息并上送到监控后台。电池阵列管理单元连接电池簇管理单元，与储能变流器和能量管理系统通信，根据系统的控制指令，完成与储能变流器的通信，实现各个电池簇的充放电流程。电池阵列管理单元具备时钟及数据存储功能，根据需求存储关键的电池信息数据及故障信息，同时配备触摸屏，一方面本地显示详细的电池数据，另一方面能够本地实现充放电接触器控制程序升级等功能。

电池阵列管理单元是电池管理系统的总成控制模块，其主要功能包括：①电池组充放电管理；②电池管理系统自检与故障诊断报警；③电池组故障诊断报警；④各种异常及故障情况的安全保护；⑤与储能变流器、能量管理系统等的其他设备进行通信；⑥数据存储、传输与处理，系统最近的报警信息、复位信息、采样异常信息的存储，可以根据需要导出存储的信息；⑦大数据存储与处理，系统的所有采集信息、报警信息、复位信息以及各种异常信息的存储（存储容量大小也是选配），强大的系统自检功能，保证系统自身的正常工作；⑧无线数据传输功能。

（3）电池管理系统工作原理

储能电池管理系统的工作原理如图 4-16 所示。电池管理系统控制层以电池阵列管理单元为单位，一个电池阵列管理单元控制若干个电池簇并联（电池簇管理单元），每个电池簇管理单元通过电池管理单元获取电池电压、温度等信息。电池管理单元负责采集电池电压及温度信息、均衡控制等。电池簇管理单元负责管理电池组中的全部电池管理单元，通过 CAN 总线（controller area network）获取所有电池管理单元的单体电压与温度信息，同时具备电池簇的电流采集、总电压采集及漏电方面的检测及报警判断。电池簇管理单元在电池组状态发生异常时会断开高压功率接触器，使电池簇退出运行，保障电池安全使用。电池阵列管理单元负责管理所有电池簇，若电池簇发生了严重故障，电池阵列管理单元主动控制电池簇管理单元切断继电器。

电池管理系统分为自动运行模式和维护模式两种。自动运行模式下，电池阵列管理单元根据下属电池簇管理单元电池簇状态，进行自动控制吸合与断开。

自动运行模式控制策略：①上电电池簇管理单元数量检测。电池阵列管理单元上电检测电池簇管理单元就位数量，当全部 N 组电池簇管理单元都就位时，电池阵列管理单元允许满功率充放电；当电池簇管理单元就位数少于 N 时，电池阵列管理单元根据具体就位数进行限功率运行（电池管理系统给储能变流器/能量管理系统发最大充放电电流）。少于最少支持组数（上位机可设置）时，电池阵列管理单元不就位，不能进行充放电。②上电总压差检测。当电池阵列管理单元检测就位通过后，进行总压差判断。当电池组最大总压与最小总压之间的差小于“电池组允许吸合最大总压差”时，电池管理系统判断，所有就位电池组压差较小，符合继电器吸合条件，则闭合所有电池簇管理单元主负继电器，进入预充均衡流程。当电池阵列管理单元检测当前就位总压差超过允许值时，电池阵列管理单元报总压差大故障，需人工干预，关闭故障电池组，或启用维护模式，人工对电池组进行均衡。③上电预充控制。在继电器每次闭合之前，都必须对与电池簇相连的高压系统中

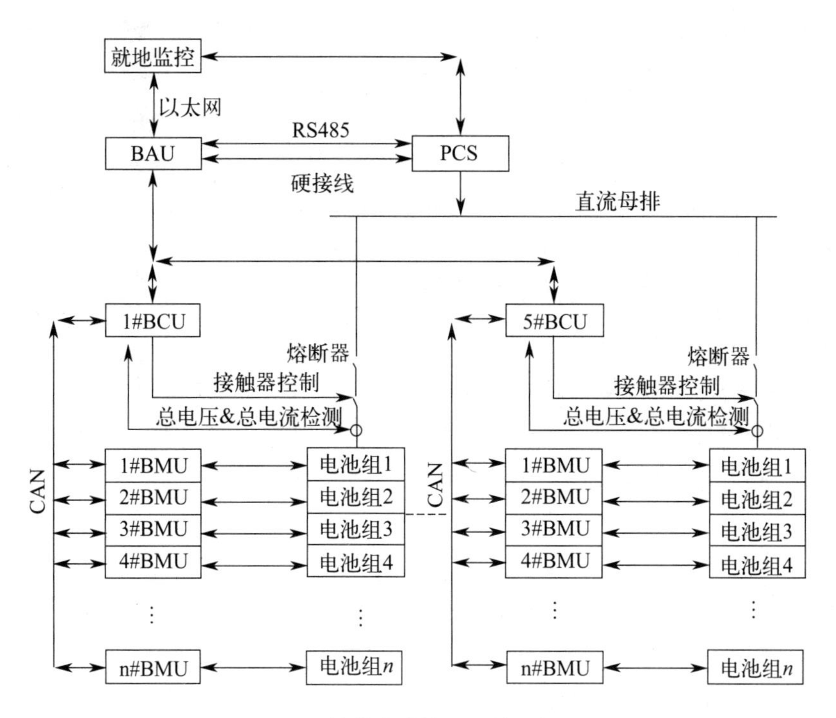

图 4-16 储能电池管理系统工作原理

的电容进行预充电，在判定预充电过程完成后，才能闭合继电器，否则，继电器易因过电流产热而发生触点粘连损坏现象。电池阵列管理单元在进行预充电控制时，先控制所有电池簇管理单元，闭合预充继电器。当电池簇管理单元检测到预充电流、预充电前后电压差小于一定值，预充时间大于一定值时，则电池簇管理单元报预充电完成，此时电池阵列管理单元检测所有预充电完成后，控制吸合主正继电器，断开预充电路进入正常并网运行状态。④均衡控制。系统运行时，均衡控制根据电池电压进行电池间的均衡充电，能够提高成组电池的一致性，缓解电池“短板效应”引起的电池系统性能劣化问题。⑤充放电管理。系统运行时，实时监测每个单体电压以及电池组温度。根据电池系统状态评估充电上限电压值、放电下限电压值、可充电最大电流、可放电最大电流，通过报文发给储能变流器。储能变流器进行充放电操作，控制充放电电流不能超过电池管理系统请求的最大值。

在充电模式中，当单体电压升高到“充电降流单体电压”时，电池管理系统根据当前储能变流器的充电电流发出降流请求。当多次达到“充电降流单体电压”后，电流会达到“最小限制充电电流”，电池管理系统不再控制降流，维持储能变流器充电，直至达到“充电停止单体电压”，电池管理系统将充满标志置位，充电电流限制为 0，储能变流器停止进行充电。只有当“充电一级报警”消失时，电池管理系统才允许进行再次充电。放电模式中，当单体电压降低到“放电降流单体电压”时，电池管理系统根据当前 PCS 放电电流，发出降流请求。当多次达到“放电降流单体电压”后，电流会达到“最小限制放电电流”，电池管理系统不再控制降流，维持储能变流器放电，直至达到“放电停止单体电压”，电池管理系统将放空标志置位，放电电流限制为 0，储能变流器停止放电。只有当“放电一级报警”消失时，电池管理系统才允许进行再次放电。

当电池系统出现三级严重故障时，电池管理系统延时强制切断继电器，对电池进行保护；当单体电压低于或高于极限电压时，电池管理系统强制切断继电器，对电池进行保护。

维护模式控制策略：当电池簇出现单体压差大、总压大或发生三级报警需要维护时，可通过电池阵列管理单元上位机，人工控制故障电池簇进行单独充放电，人工小电流进行充放电维护，当电池簇平台基本一致时，可停止维护模式，重新给电池管理系统上低压电后，电池管理系统自动识别进入自动运行模式。

（4）电池管理系统保护策略

电池的安全保护是电池管理系统最重要的功能。电池管理系统通过对电池进行状态监测及分析，实现对电池运行过程中各种异常状态的保护，并能发出告警信号或跳闸指令，实施就地故障隔离。电池管理系统中包含电流保护、电压保护、温度保护及荷电状态保护等功能。

① 电流保护：电流保护也称过电流保护，指的是在充放电过程中，如果工作电流超过了安全值，则应该采取措施限制电流增长。电流保护包括电池簇充电过电流保护和电池簇放电过电流保护。

② 电压保护：电压保护指的是在充放电过程中，电压超过设定值时，应采取措施限制电压越限。电压保护包括电池簇电压过高/低保护、单体电压过高/低保护、单体电压差大保护。

③ 温度保护：电池的充放电对环境温度范围有特定的要求，温度保护是当温度超过一定限制值的时候对电池采取保护性的措施。温度保护包括单体过温保护、单体欠温保护、单体温差大保护、极柱过温保护。

④ 荷电状态保护：为了防止电池过放，当荷电状态低于设定值时，采取保护性措施限制放电。

电池管理系统保护策略动作流程如图 4-17 所示，其电流保护、电压保护、温度保护均采用三级保护机制。一级报警发生时，电池管理系统通知储能变流器降功率运行；二级报警发生时，电池管理系统通知储能变流器停止进行充电或放电；三级报警发生时，电池管理系统通知储能变流器停机，延时后，电池管理系统主动断开继电器。

4.3.2.3 储能变流器

储能变流器（PCS）是储能系统与电网或交流负荷连接的功率接口设备，具有控制电网与储能单元间能量双向流动的功能，从而满足功率控制准确度和充放电快速转换的响应速度要求。它不仅决定了电池储能系统对外输出的电能质量和动态特性，也在很大程度上影响了电池的安全与使用寿命。

（1）储能变流器的工作原理及构成

储能变流器的工作原理是交流（alternating current，AC）/直流（direct current，DC）侧可控的四象限运行的变流装置，实现对电能的交直流双向转换。该原理就是通过微网监控指令进行恒功率或恒流控制，给电池充电或放电，同时平滑风电、太阳能等波动性电源的输出。储能变流器应有多种控制模式，可以根据需要选择对应控制模式，其中，

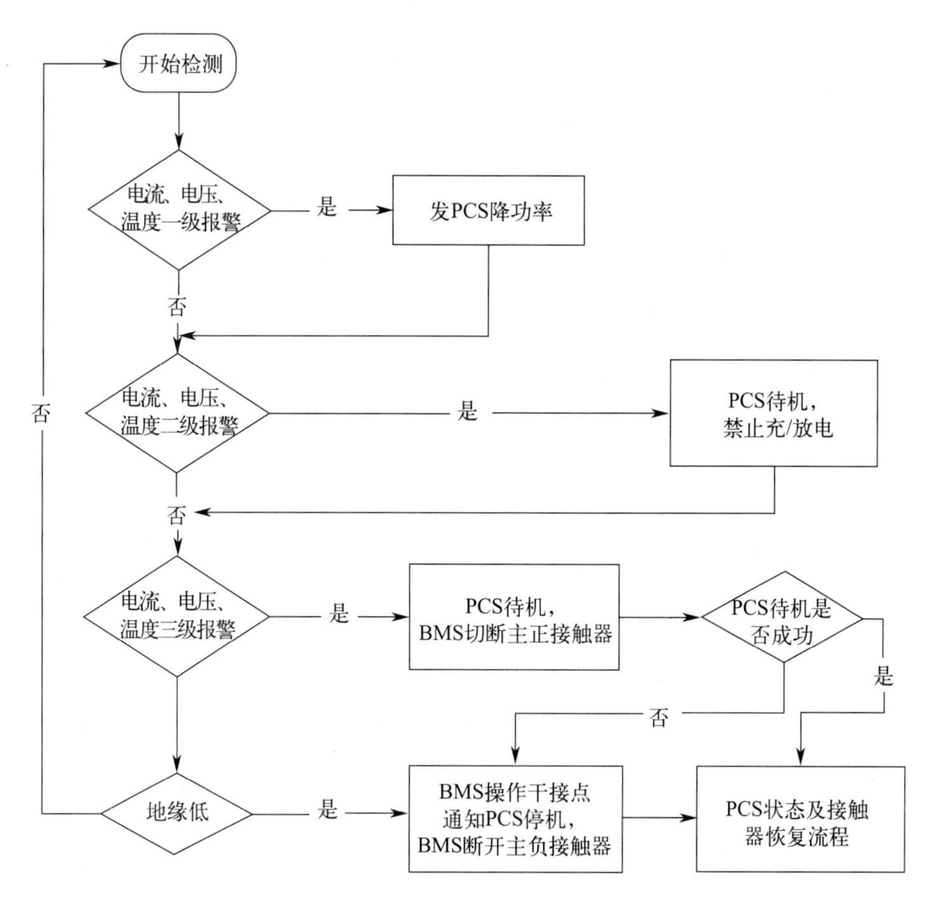

图 4-17 保护策略动作流程

"虚拟发电机控制"模式能使储能变流器像一个传统发电机一样工作。当储能系统从电网吸收电能时，储能变流器运行在整流状态；当储能系统向电网输送电能时，储能变流器运行在逆变状态。

100kW 双向储能变流器由主功率部分、信号检测部分、控制部分、驱动部分、上位机监控部分及辅助电源部分等组成，其结构如图 4-18 所示。

① 主功率部分：主功率部分主要由预充电电路、母线电容、绝缘栅双极晶体管功率开关模块（IGBT）、LCL 滤波器和交流接触器等组成。主功率部分是双向储能变流器的主体部分，也是能量流动的通路。通过绝缘栅双极晶体管功率的导通与关断实现能量形式的变换和能量的双向流动。

② 信号检测部分：信号检测部分主要实现了电压、电流信号的高精度采样及信号处理功能和故障信号的检测功能。

③ 控制部分：控制部分是双向储能变流器的核心部分。采用不同的高速芯片作为核心处理器（DSP）和辅助控制器（FPGA）。控制部分实现的功能主要有信号的采样和计算、变流器控制、变流器的故障判断与保护以及与上位机监控界面的通信等。

④ 驱动部分：本变流器系统驱动选用绝缘栅双极晶体管专用驱动，使绝缘栅双极晶体管工作于最优开关状态，有效提高其工作可靠性。同时驱动本身还对绝缘栅双极晶体管

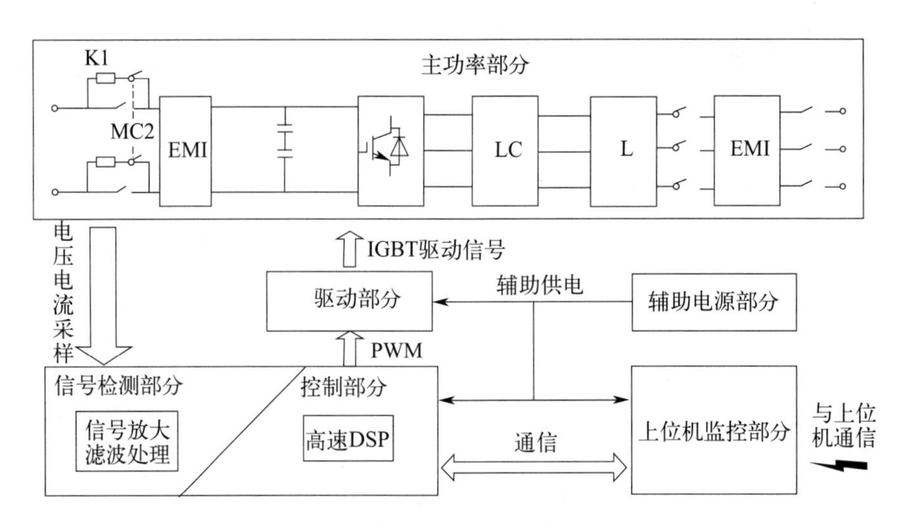

图 4-18 100kW 双向储能变流器系统结构

功率器件进行过电流、过温度等异常状态的检测，当有异常状态出现时，关断功率器件，实现保护器件的功能。

⑤ 上位机监控部分：上位机监控界面采用高清液晶触摸屏作为输入输出接口，基于微软操作系统提供了友好的人机交互界面，同时提供了多种通信接口，实现变流器就地控制功能。

⑥ 辅助电源部分：辅助电源部分为驱动部分、控制部分和上位机监控部分提供电源，保障设备持续正常运行。

（2）储能变流器主电路拓扑结构

电池组的成组方式及其连接拓扑应与储能变流器的拓扑结构相匹配，储能变流器常见的拓扑结构分为一级变换拓扑型、两级变换拓扑型和 H 桥链式拓扑型。

① 一级变换拓扑型 图 4-19 是典型的一级变换拓扑型结构，其仅含 DC/AC 环节的单级式储能变流器，电池经过串并联后直接连接 DC/AC 的直流侧。此种储能变流器拓扑结构简单，能耗相对较低，但储能单元容量选择缺乏灵活性，适用于独立分布式储能并网。

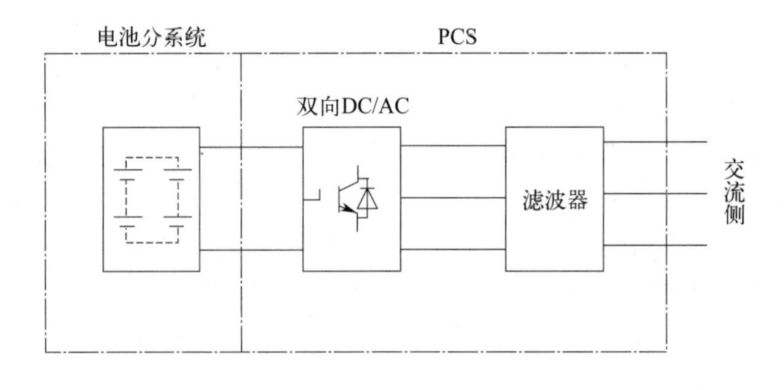

图 4-19 仅含 DC/AC 环节的储能变流器拓扑结构

为了扩容方便，仅含 DC/AC 环节的储能变流器拓扑结构可扩展为仅含 DC/AC 环节共交流侧的储能变流器拓扑结构，其结构如图 4-20 所示。DC/AC 环节共交流侧的拓扑结构采用模块化连接，具有更加灵活的组成配置。当个别电池组或 DC/AC 环节出现故障时，储能系统仍可工作，但导致电力电子器件增多，控制系统设计复杂。

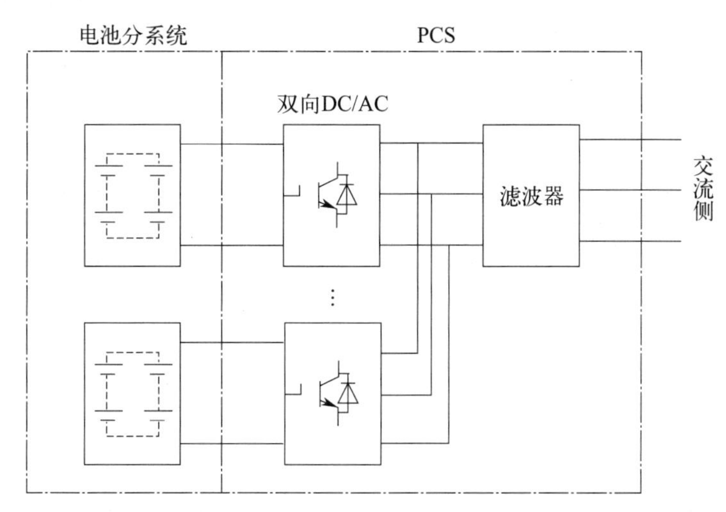

图 4-20 仅含 DC/AC 环节共交流侧的储能变流器拓扑结构

② 两级变换拓扑型 两级变换拓扑型含 DC/AC 和 DC/DC 环节的双极式储能变流器，其结构如图 4-21 所示。双向 DC/DC 环节主要进行升、降变换，提供稳定的直流电压。此种拓扑结构的储能变流器适应性强，由于 DC/DC 环节实现直流电压的升降，容量配量更加灵活，适用于配合间歇性、波动性较强的分布式电源，抑制其直接并网可能带来的电压波动。由于 DC/DC 环节的存在，储能变流器效率降低。

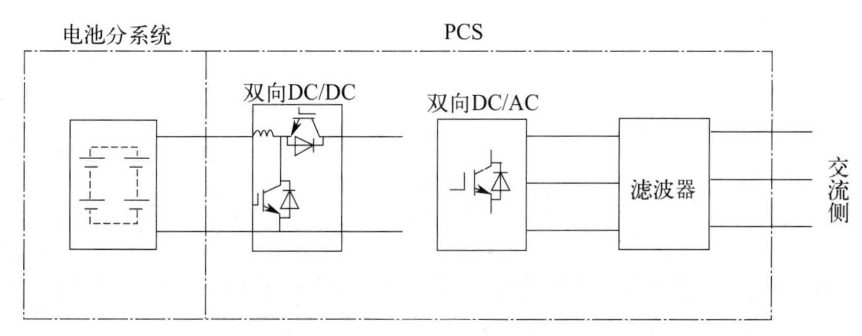

图 4-21 含 DC/AC 和 DC/DC 环节的双极式储能变流器拓扑结构

为了扩容方便，双极式储能变流器可扩展为含 DC/AC 和 DC/DC 环节的共直流侧或共交流侧的拓扑结构，其结构分别如图 4-22 和图 4-23 所示。

③ H 桥链式拓扑型 H 桥链式储能变流器采用多个功率模块串联的方法来实现高压输出，需要实现高压时，只需简单增加功率模块数即可，避免电池的过多串联；每个功率模块的结构相同，容易进行模块化设计和封装。每个功率模块都是分离的直流电源，彼此独立，对一个单元的控制不会影响其他单元。

一级变换拓扑、两级变换拓扑结构的储能变流器一般适用于储能单元能量不大于

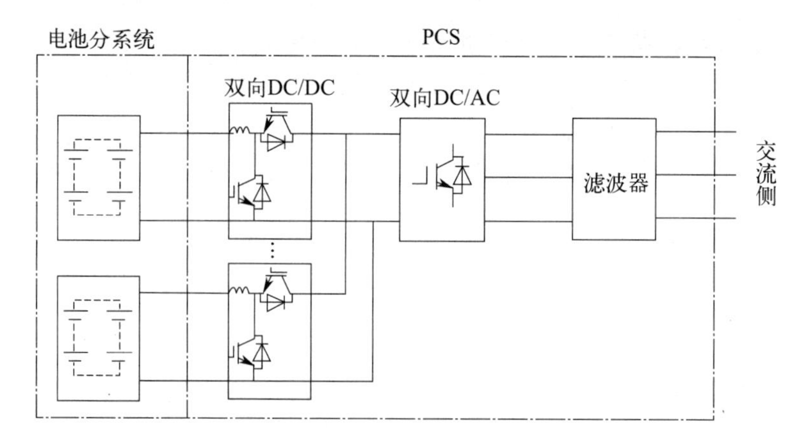

图 4-22 含 DC/AC 和 DC/DC 环节共直流侧的双极式储能变流器拓扑结构

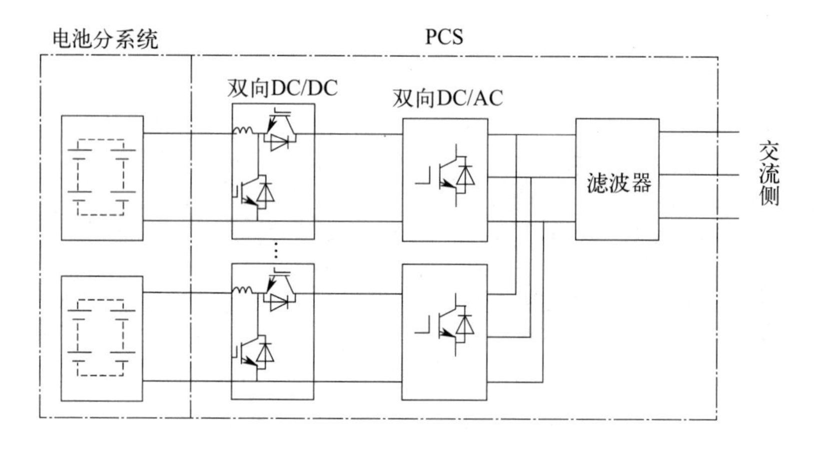

图 4-23 含 DC/AC 和 DC/DC 环节共交流侧的双极式储能变流器拓扑结构

1MW 的场合；当储能单元能量较高时，为避免多电池组的并联，可采用两级变换拓扑结构。

H 桥链式拓扑结构的储能变流器一般适用于储能单元能量大于 1MW 的场合。对于 35kV 及以下电压等级且不考虑三相不平衡的调节，H 桥链式拓扑结构可采用 Y 形接法；对于更高电压等级或低电压等级且需考虑三相不平衡的调节，H 桥链式拓扑结构可采用角形接法。

具体工程设计可根据工程实际情况、储能单元的容量及能量、电池类型和生产制造水平，对储能变流器的性能要求综合考虑储能变流器的拓扑结构。

图 4-24 为 100kW 双向储能变流器系统主电路拓扑结构，拓扑结构中采用两个电力电子组件单元模块作为储能变流器功率器件，其中交流侧 AC/DC 模块为三相电压源整流器，实现双向有源整流功能，直流侧 DC/DC 模块为直流-直流变换器，实现升压和降压功能。当电网负荷较小且储能电池电量小时，电网通过储能变流器向电池充电，AC/DC 模块在整流模式工作直流输出电压 700V，DC/DC 模块在降压模式工作，输出电压为储能电池所需的充电电压；当电网负荷较大且储能电池电量充足时，储能电池通过储能变流器向电网进行放电，DC/DC 模块在升压模式工作，将储能电池的电压升至 700V，AC/DC 模

块在逆变模式工作，输出线电压 380V 的交流电能。系统中 DC/DC 模块的引入是为了适应储能变流器对不同类型电池的充放电要求，但是 DC/DC 模块的引入一方面在一定程度上增加了系统控制的复杂度，另一方面也会减小系统的整体转换效率，因此对于充放电电压在系统 AC/DC 输出电压范围内的储能电池，可以省略 DC/DC 模块。

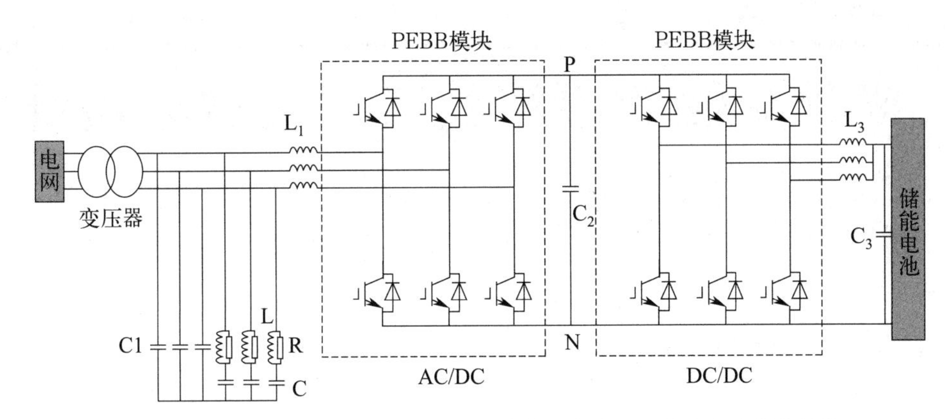

图 4-24 基于电力电子组件单元的双向储能变流器系统主电路拓扑结构

参考文献

[1] 郑勇．锂离子电池过充及过放电故障诊断研究［D］．西安：长安大学，2017.

[2] 雷迪．电池手册［M］．汪继强，刘兴江，等译．北京：化学工业出版社，2013.

[3] 梁霍秀．锂离子电池储存性能的研究［J］．电源技术，2013，37（10）：1755-1756.

[4] Kebede A A，Kalogiannis T，Van Mierlo J，et al. A comprehensive review of stationary energy storage devices for large scale renewable energy sources grid integration［J］. Renewable and Sustainable Energy Reviews，2022，159：112213.

[5] 游峰，钱艳婷，梁嘉．MW 级集装箱式电池储能系统研究［J］．电源技术，2017（11）：1657-1659.

[6] 熊瑞．动力电池管理系统核心算法［M］．北京：机械工业出版社，2018.

[7] Goodenough J B，Park K S. The Li-ion rechargeable battery：a perspective［J］. Journal of the American Chemical Society，2013，135（4）：1167-1176.

[8] 安德里亚．大规模锂离子电池管理系统［M］．李建林，李倩，房凯，等译．北京：机械工业出版社，2018.

[9] 瑞恩．电池建模与电池管理系统设计［M］．惠东，李建林，官亦标，等译．北京：机械工业出版社，2018.

[10] 科特豪尔．锂离子电池手册［M］．陈晨，廖帆，闫小峰，等译．北京：机械工业出版社，2018.

[11] 王晓丽，张宇，张华民．全钒液流电池储能技术开发与应用进展［J］．电化学，2015，5：433-440.

[12] 张华民，张宇，李先锋．全钒液流电池储能技术的研发及产业化［J］．高科技与产业化，2018，4：59-63.

[13] 袁晓冬．客户侧储能技术［M］．北京：机械工业出版社，2023.

电化学储能系统的应用场景与设计

在能源领域，有效的电能存储一直是一个持久且关键的挑战。电化学储能系统作为新型的化学储电技术，相比抽水、压缩空气、飞轮等物理储能技术，具有响应速度快、控制精度高、安装灵活和建设周期短的优势，应用场景更广泛。电化学储能系统在电力系统的全场景应用如图 5-1 所示，电化学储能系统当前已在电力系统发电侧、电网侧和用户侧全场景实现了应用，起到调节和优化电力电量平衡的作用。

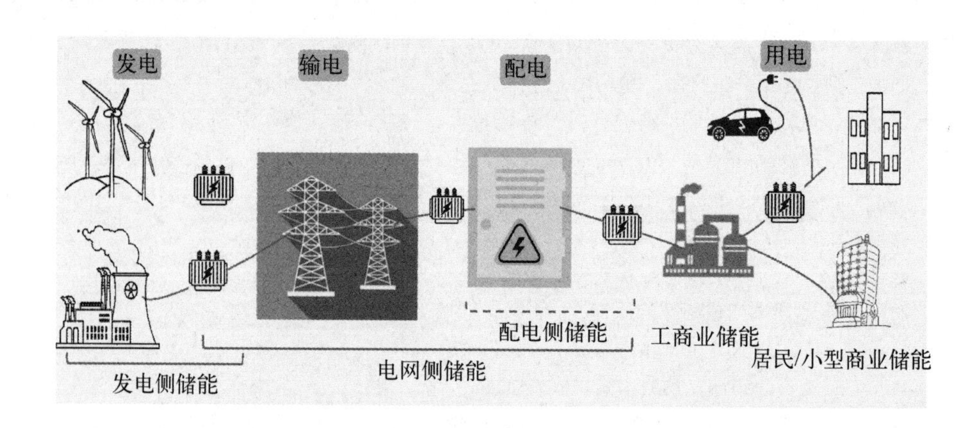

图 5-1　电化学储能系统在电力系统的全场景应用

5.1　电源侧储能

电化学储能系统应用于电源侧（也称发电侧），可调节发电机组的输出，实现电力系统的平衡和优化。电化学储能系统在电源侧的典型应用主要有新能源配储并网和火电-储能联合调频。

5.1.1　新能源配储并网场景与应用实例

目前，以风电和光伏为代表的新能源系统在电力系统电源侧结构中的占比越来越大，然而此类能源多为间歇式能源，具有随机性、波动性和不确定性特点。大规模开发利用间歇式能源并入电网时，需使用储能装置来减少对电网的稳定性冲击，提高其在电网的接纳能力。当前已实现辅助新能源并网应用的电化学储能系统有铅酸电池系统、全钒液流电池系统及锂离子电池系统。

图 5-2 是典型的光伏能源-电化学储能系统并网系统的结构。其中，电化学储能系统和光伏发电系统分别通过功率转换系统连接到公共耦合点，然后经过变压装置连接到电网。电化学储能系统通过充放电补充或者吸收光伏发电以处理光伏发电的波动性和不确定性问题，使整个系统向电网输送稳定可控的电能。

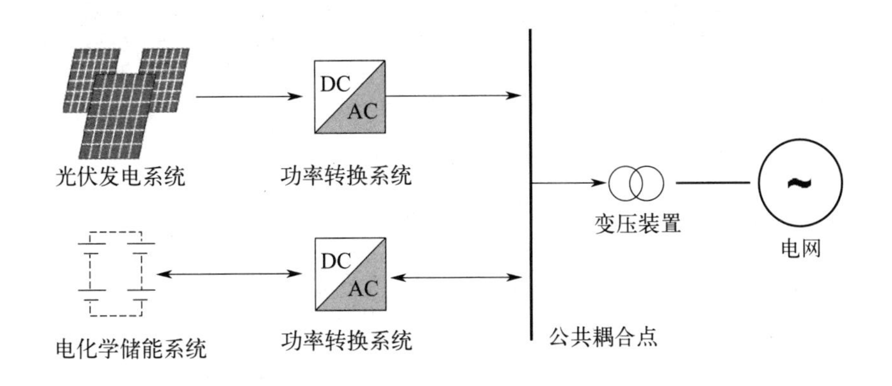

图 5-2 光伏能源-电化学储能系统并网系统的典型装置

电化学储能系统与新能源发电相结合，需满足削峰填谷、平滑短时波动、提高发电预算精度和计划的基本实际需求，配置与之匹配的功率和能量。其中电化学储能系统的能量可根据电站有功功率变化范围和持续时间进行计算。电化学储能系统功率 P_{BESS} 与新能源发电功率 P_{NE}、负荷功率 P_L 的关系如图 5-3 所示，其中 P_{gmax}、P_{gmin} 分别为并网机组的最大、最小有效功率。

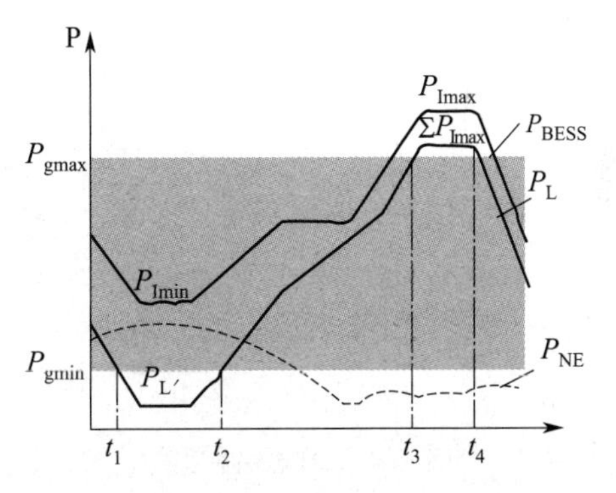

图 5-3 电化学储能系统功率与新能源发电功率、负荷功率的关系

电化学储能系统起削峰填谷作用时，在负荷低谷 $t_1 \sim t_2$ 段充电，在负荷峰值 $t_3 \sim t_4$ 段放电，将有效负荷功率 $P_{L'}$ （$P_{L'} = P_L - P_{NE}$） 控制在 $P_{gmin} \sim P_{gmax}$ 范围内。因此，电化学储能系统功率 P_{BESS} 和能量 E_{BESS} 的计算方式如式(5-1) 及式(5-2) 所示。

$$P_{BESS} = \max(P_{gmin} - P_{L'min}, P_{L'max} - P_{gmax}) \tag{5-1}$$

$$E_{BESS} = \max\left[\mu_c \int_{t_1}^{t_2} (P_{gmin} - P_{L'})\,dt, \frac{1}{\mu_d} \int_{t_3}^{t_4} (P_{L'} - P_{gmax})\,dt\right] \tag{5-2}$$

式中，μ_c 和 μ_d 分别为储能系统的充电效率和放电效率。

电化学储能系统抑制新能源并网系统的功率波动时，其功率选择需满足电力系统的稳定性要求。表 5-1 是正常运行的陆上风电场有功功率变化最大限制要求，以陆上风电并网为例，电化学储能系统功率 P_{BESS} 与新能源发电功率 P_{NE} 的合成功率 $\sum P$ 波动变化量必须满足有功功率变化限值的国家标准。因此，P_{BESS} 的额定功率设计依据为陆上风电发电出力的 1 分钟级/10 分钟级的有功功率变化量。

表 5-1 正常运行的陆上风电场有功功率变化最大限制

风电场装机容量 S_N/MW	10 分钟有功功率变化最大限值/MW	1 分钟有功功率变化最大限值/MW
$S_N<30$	10	3
$30<S_N<150$	$S_N/3$	$S_N/10$
$S_N>150$	50	15

为满足对发电站预报的管理规定，提高发电预算精度，某时刻电化学储能系统功率 $P_{BESS}(j)$ 与新能源发电功率 $P_{NE}(j)$ 合成功率 $\sum P(j)$ 和新能源预测功率 $P_{NE}^*(j)$ 间的误差需控制在规定允许的最大误差带宽 ΔP 内。即：

$$\left|\sum P(j)-P_{NE}^*(j)\right|\leqslant \Delta P \tag{5-3}$$

$$|P_{NE}(j)-P_{BESS}(j)-P_{NE}^*(j)|\leqslant \Delta P \tag{5-4}$$

图 5-4 为湖南沅江某储能电站工程配置的 280A•h 磷酸铁锂单体电芯和1P52S 储能电池模组示意图，表 5-2 是其具体设计参数。该项目配置 200MW/400MW•h 磷酸铁锂电池 1500V 高压液冷储能系统，设置 96 套 2.5MW/4.47MW•h 储能电池舱。每套储能电池舱由 12 套电池簇和 1 个电池主管理单元构成，每个电池簇由 8 个磷酸铁锂电池模组串联和 1 个电池簇管理单元构成，每个电池模组由 52 个 280A•h 电池串联而成，由 1 个电池监控系统管理。

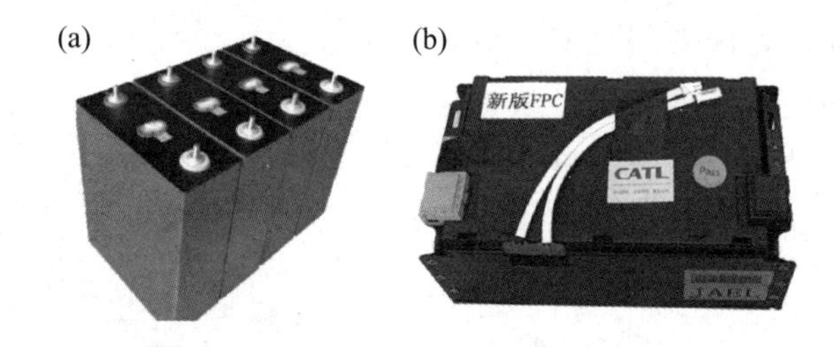

图 5-4 磷酸铁锂 280A · h/3. 2V 电芯（a）及磷酸铁锂 1P52S 电池模组（b）

表 5-2 280A · h 磷酸铁锂电芯及 1P52S 电池模组参数列表

项目	280A•h 磷酸铁锂电芯	1P52S 电池模组
标称电压	3.2V	166.4V
充放电截止限制电压	2.8～3.6V	—
工作电压范围	—	145.6～187.2V
工作温度	—30～60	—20～55℃
循环寿命	3400 次	—
标称容量（能量）	280A•h	46.592kW•h(0.5C，25℃)
电芯尺寸（长×宽×高）	173.9mm×71.6mm×204.6mm	1152mm×810mm×243.4mm

5.1.2 火电-储能联合调频场景与应用实例

火电-储能联合调频可有效保障电网频率稳定，保障电力系统的安全稳定运行。当电力系统频率偏离目标频率时，并网主体需要调整有功出力减少频率偏差。传统电网调频的主要方式是火电机组通过自动发电控制（automation generator control，AGC）方式参与二次调频，但存在以下缺点：

① 响应时间长，一般在数十秒量级；

② 调节速率慢，标准调节速率（MW/min）的数值不超过额定功率的3%；

③ 调节精度差，允许偏差为额定功率的1%。

采用电化学储能系统配合火电机组联合调频，可充分发挥储能电池响应时间短（<100ms）、调节速率快（空载至满载调节时间<20ms）和调节精度高的优势，可大幅提高调频性能指标，同时可减少火电厂的煤耗，降低机组损耗和能耗。储能调频系统可以选择接入火电机组发电机出口侧或者厂用电侧。图5-5和图5-6分别是储能调频系统接入发电机出口侧和厂用电侧的结构示意图。

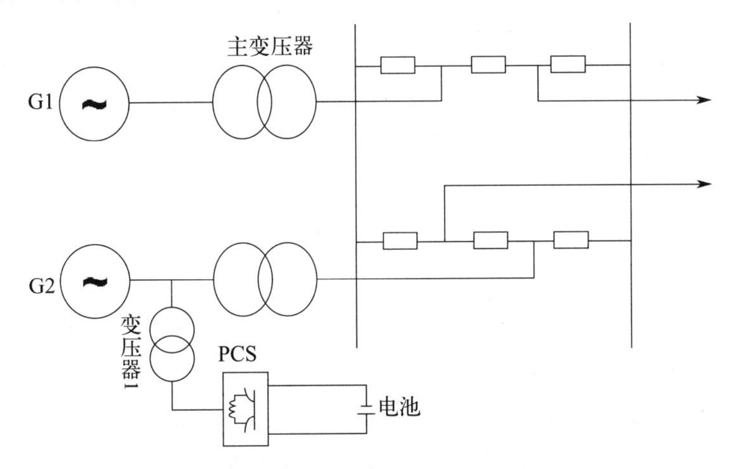

图5-5 储能调频系统接入发电机出口侧

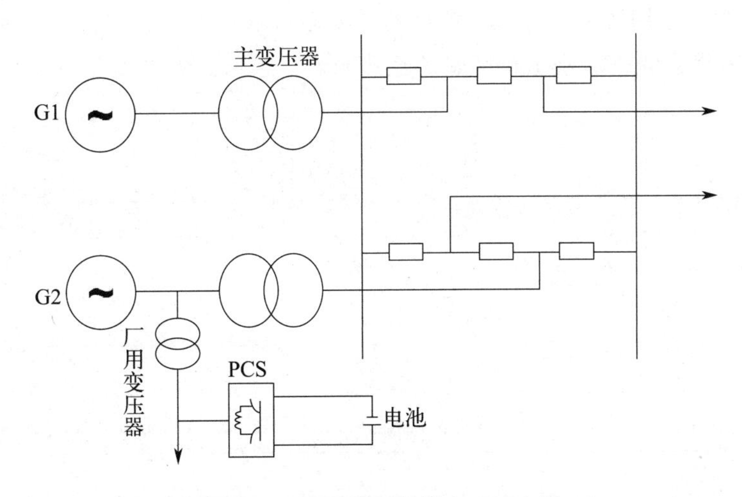

图5-6 储能调频系统接入厂用电侧

火电-储能通过自动发电控制联合调频的基本原理如图 5-7 所示。火电机组与电化学储能系统在并网段并列运行，共同出力响应自动发电控制的调频指令。电网传递的自动发电控制指令由机组分布式控制系统转发给储能调频系统。作为单独控制的分立系统，储能调频系统不影响机组对自动发电控制的响应控制流程，而是根据机组出力和自动发电控制指令要求之间的差距自动计算储能系统出力并执行。在电网侧的总出力是火电机组出力和储能调频系统出力之和。由以上原理可知，电化学储能系统的最大输出功率 P_{BESS} 为自动发电控制指令和火电机组出力的最大差值。基于火电机组每分钟功率变化率最高为 3%的技术要求，所以一般按照火电机组额定功率的 3%配置 2～4C 的电化学储能系统。

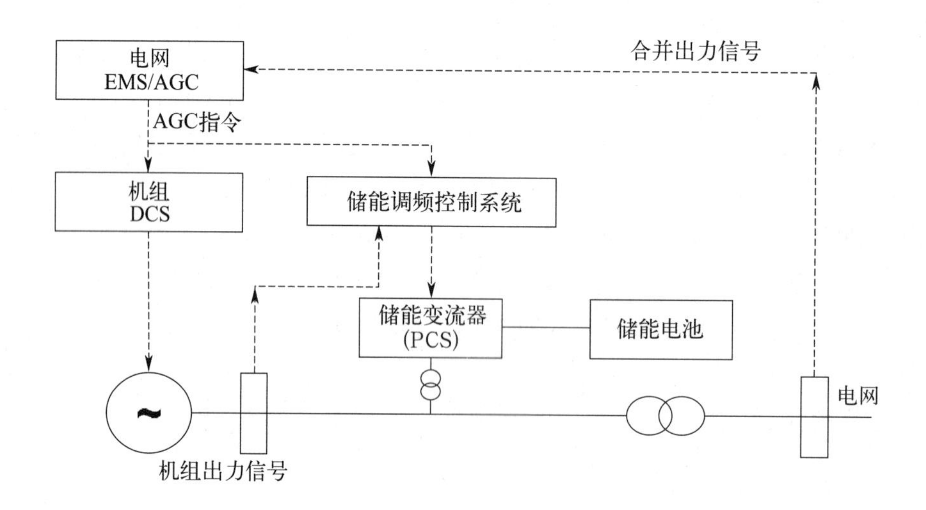

图 5-7 火电-储能通过自动发电控制方式联合调频的基本原理

当前已实现辅助火电机组调频应用的电化学储能系统有锂离子电池系统、锂离子电容储能系统等。2008 年开始，电池储能系统辅助火电系统联合调频在国内外展开示范验证，A123 公司开发的 2MW×0.25h 锂离子电池储能系统应用于美国和智利，也应用于我国第一个储能电力调频示范项目——石景山热电厂 500kW·h/2MW 锂离子电池储能电力调频系统，2013 年 9 月并网运行。国内外项目的成功运行已证实，电化学储能系统与火电机组联合调频具有优异的技术性能和良好的经济效益。表 5-3 为国内外主要火电-储能联合调频示范项目。

表 5-3 国内外主要储能调频示范项目

项目国别	示范项目	储能规模
中国	广东粤电大埔电厂火储联合调频项目	18MW/9MW·h
	山西河坡电厂储能联合调频项目	9MW/4.5MW·h
	平朔煤研石电厂储能电站	9MW/4.478MW·h
	山西同达电厂储能项目	9MW/4.478MW·h
德国	Lunen 热电联产燃煤电厂储能项目	15MW/22.3MW·h
英国	Kilroot 燃煤电厂储能项目	10MW/5MW·h

广东粤电大埔电厂火储联合调频项目在厂内2×600MW 燃煤发电机组侧安装建设一

套 18MW/9MW·h 储能调频系统，并采用先进的锂电池和能量管理系统，联合响应电网自动发电控制（二次调频）调度指令。此外，山西河坡电厂储能联合调频项目由 3 个 13.3 米储能电池集装箱、3 个 13.3 米储能逆变器集装箱和 1 个 13.3 米成套开关柜集装箱组成，通过辅助河坡电厂 2×350MW 火电机组参与山西电网的调频服务。2020 年 6 月 13 日通过了电网连续 72h 试验，正式投入商业运行。该项目也是国内首个采用分仓方式对电池进行集成管理的项目，该方式可适度解决锂电池消防安全难题。

5.2 电网侧储能

电网侧储能广义上是指电力系统中能接受电力调度机构统一调度，响应电网灵活性需求，能发挥全局性、系统性作用的储能资源，这一定义下，储能项目建设位置不受限制，投资建设主体具有多样性。电网侧储能狭义上是在已建变电站内、废弃变电站内或专用站址等地区建设，直接接入公用电网的储能系统，这一定义主要根据储能接入电力系统位置的不同来界定。

5.2.1 电网侧储能的基本原理和优势

图 5-8 为电网侧储能系统的基本原理。储能电池安装在变电站内，发挥调频调峰、缓解线路阻塞和独立储能等重要作用。电网侧储能的优势包括：

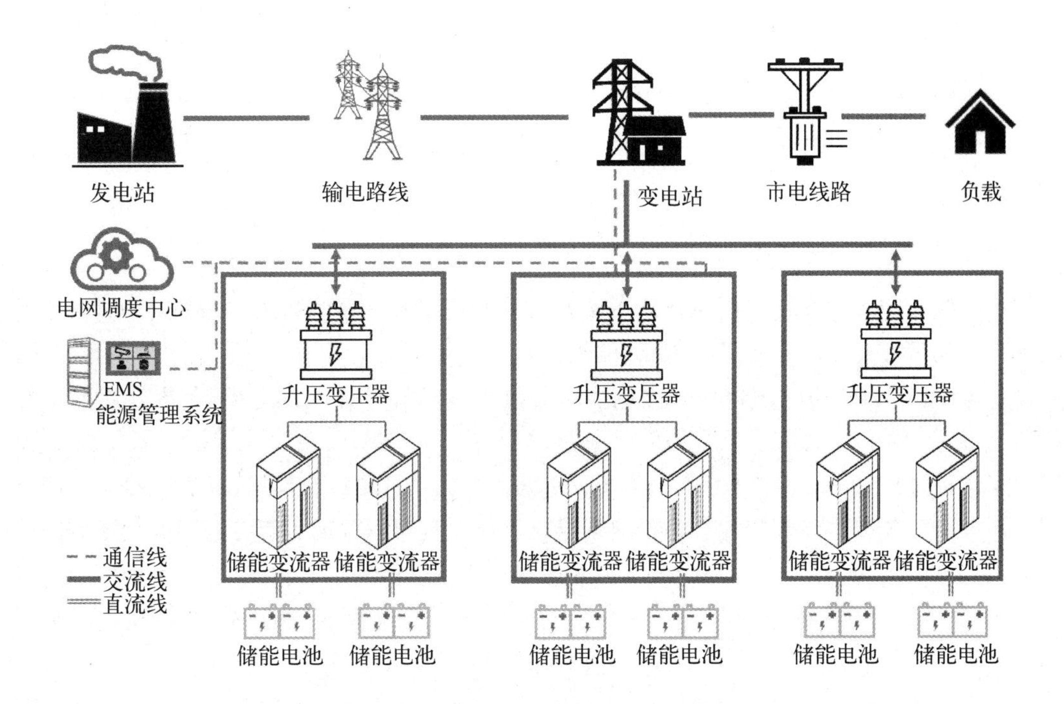

图 5-8 电网侧储能系统的基本原理

① 可参与调频、调峰、电压稳定、黑启动等电力市场辅助服务，获得相应的效益；

② 促进新能源消纳，提升新能源容量可信度，平衡电源侧和负荷侧的功率波动，并提高电网稳定性；

③ 提升电网利用效率，通过调节电网峰谷差，延缓配电扩容；

④ 在电网发生停电故障时，储能系统为用户提供应急用电，避免故障修复时电力中断，保证供电可靠性。

5.2.2 电网侧储能电池的选型原则

电网侧储能应用的电化学储能系统在电能质量和供电安全性上具有更高的要求。迄今为止，铅酸电池、钠硫电池、液流电池、锂离子电池及钠离子电池已实现规模化投运。除液流电池外，电化学储能系统由电池单体组成。综合比较常用储能电池的电化学特性，锂离子电池因能量密度高、寿命长和无污染等性能，成为大规模电力储能的首选储存载体之一。其中，磷酸铁锂电池成本低、安全性高，更适合作为大规模储能电站的基本组成单元。

目前，用于电网侧电化学储能系统的电池选型原则主要基于以下几点：

① 选用技术要求、实验项目符合国家标准的储能电池，如锂离子电池技术要求参考《电力储能用锂离子电池》(GB/T 36276—2023)；

② 用于调峰的电化学储能系统，宜选用能量型储能电池，充放电倍率满足放电时间的要求；

③ 用于独立调频的电化学储能系统，宜选用功率型储能电池，充放电倍率满足调频需求；

④ 用于其他需求的电化学储能系统，应综合考虑系统容量、系统能量、充放电深度、充放电倍率、循环寿命、效率等因素确定电池类型，多种应用需求下可考虑多类型储能电池互补。

5.2.3 电网侧储能应用实例——储能电站

电网侧储能电站项目当前主要采用磷酸铁锂电池体系。福建晋江100MW·h级储能电站试点示范项目是我国首批科技创新(储能）试点示范项目，于2020年1月顺利并网，4月通过验收，5月取得全国首张独立储能电站电力业务许可证（发电类)。该电站位于福建省电力负荷中心晋江市安海镇，占地16.3亩（1亩$=6.67\times10^2m^2$)，建设规模30MW/108.8MW·h,以110kV接入省电网，可为附近3个220kV重负荷变电站提供调峰调频服务。该项目由宁德时代负责电池系统、储能变流器以及能量管理系统等整个储能系统的集成。电芯规格为3.2V/230A·h的磷酸铁锂电池,电池模组为1P14S；每个电柜配置16个电箱及1个主控箱，单柜电压为716.8V/230A·h;储能变流器选择单极型两电平全桥非隔离拓扑结构，额定功率为500kW，单柜直流输入电压范围为500～900V。

钠离子电池由于长期的成本优势，有望在规模储能上部分替代锂离子电池。伏林钠离子电池储能电站是中国首个大容量钠离子电池储能电站，为国家重点研发计划“百兆瓦时级钠离子电池储能技术”项目示范工程的一期工程，于2024年5月在广西南宁投运。该项目首期投产规模为十兆瓦时，采用210A·h的钠离子电池单体电芯。

5.3 用户侧储能

电化学储能系统在用户侧的应用，即用户侧储能，是指将电化学储能技术集成并部署在最终用户（例如家庭、商业场所、工业设施等）的能源管理系统中。这种配置使得用户可以直接在其所在地点存储多余的电能，并在需要时释放出来使用。电化学储能系统通常包括锂离子电池、铅酸电池及钠硫电池等多种类型，其中锂离子电池因性能优越和成本逐渐降低，目前被广泛认为是首选技术。

5.3.1 用户侧储能的应用场景与工作方式

用户侧储能系统的工作原理如图 5-9 所示，在供电电网和用户电网之间，通过数据采集实现对能源的优化管理。在用电高峰时段，通过放电将能量释放到用户侧；而在低谷时段，则通过充电将能量储存起来。同时，利用储能变流器进行控制保证储能系统的稳定运行。通过电池管理系统对储能电池的数据进行采集和分析，更好地管理和维护储能系统。表 5-4 是目前用户侧储能的主要应用场景。

5

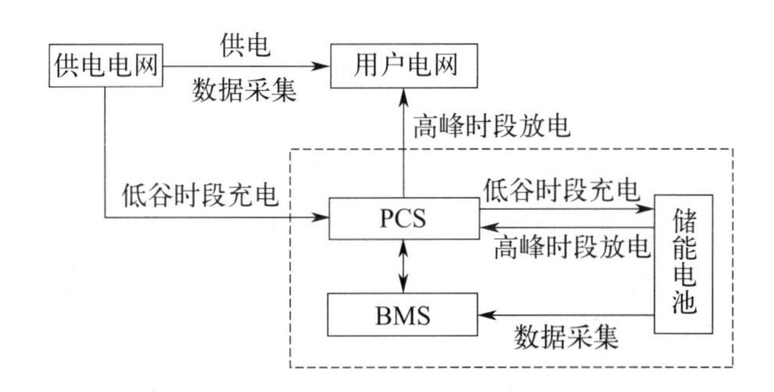

图 5-9 用户侧储能系统的工作原理

表 5-4 用户侧储能的主要应用场景

储能作用	应用场景	储能成效
削峰填谷	一般工商业、户用储能	降低度电成本
	5G 基站、数据中心	
	充换电站	
	空港陆电、港口岸电	
容量管理	两部制电价的大工业企业	降低容量电费
新能源消纳	源网荷储一体化(微电网)	保障用电安全

削峰填谷是调整用户侧用电负荷的典型措施。其核心目的是通过管理和调度手段，使得电力系统的用户侧更加平滑和均衡，同时降低度电成本。具体来说是根据不同用户的用电规律，合理地、有计划地安排和组织各类用户的用电时间，以降低负荷高峰，填补负荷低谷，减小电网负荷峰谷差，使发电、用电趋于平衡。在实施峰谷电价的电力市场中，用户可以通过电化学储能系统在用电低谷时段充电，高峰时段放电，减少用电成本；还可以

通过参与需求响应为电网提供负荷资源并获得响应补贴提高储能的整体收益。目前国家电量供需矛盾逐步增大，电量需求的峰谷差逐步增大为储能装置的大规模使用提供了条件。

储能技术应用于用户侧削峰填谷如图 5-10 所示，用户侧用电情况为双峰形，用电高峰时段为 8：00～11：00 和 15：00～19：00，储能系统放电保证供电充足；低谷时段为 12：00～14：00 和 0：00～6：00，储能系统充电减少电能浪费。

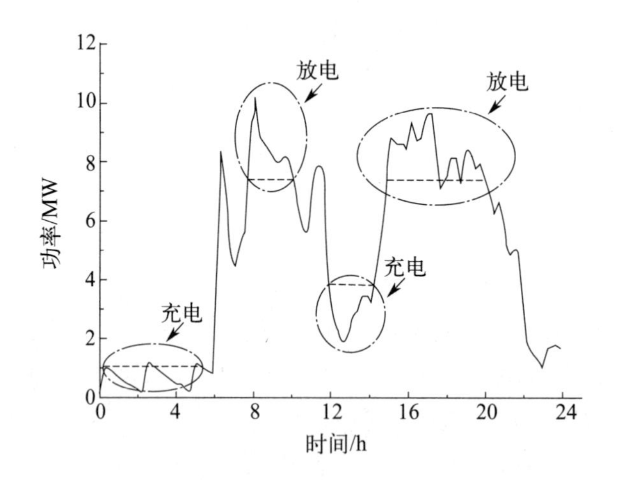

图 5-10 储能在用户侧削峰填谷

完整的用于削峰填谷电化学储能平台系统架构如图 5-11 所示。平台系统架构分为服务器端和用户端两部分，在实际运行中以日为单位进行优化。由于用户电力负荷预测所需的数据量比较大，且预测算法较复杂，所以服务器端主要承担的任务为：

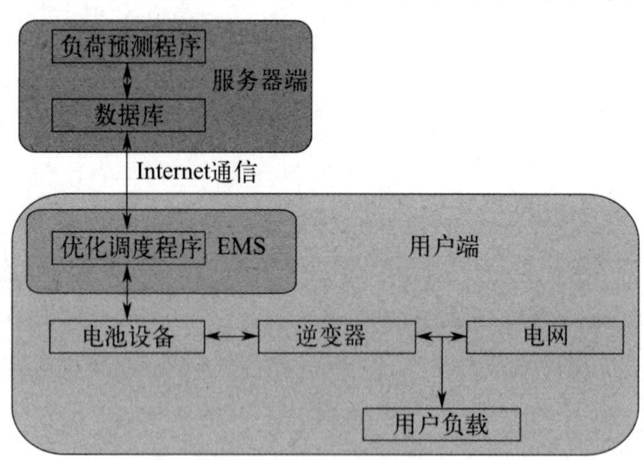

图 5-11 平台系统架构

① 储存用户信息，如用户负荷信息等；

② 根据储存的用户信息，预测次日的用户负荷；

③ 将预测结果通过 Internet 通信发给用户端的能量管理系统进行优化调度，同时接收能量管理系统发来的用户信息并进行存储。

用户端的硬件系统包括锂离子电池设备和逆变器，逆变器的作用为将锂离子电池的直流电转化后接入电网。优化调度算法需要结合当日用户的实时负荷信息，所以考虑在用户端的能量管理系统上进行。用户端能量管理系统的主要功能为：

① 接收服务器端发来的用户负荷预测信息，并根据信息对用户次日的电池储能系统进行优化；

② 优化当日，根据优化结果向电化学储能系统发出指令，通过逆变器控制电化学储能系统的充放电，同时根据用户负荷预测的误差对之前的优化策略进行调整，保证系统的稳定性；

③ 当日优化结束时，将用户负荷及电化学储能系统的调度等信息发回服务器端进行存储。

5.3.2 工商业储能系统应用场景

工商业储能是指在工业和商业用户侧部署的储能系统，主要用于调节和优化这些用户的能源消耗模式，以及增强其能源供应的可靠性和灵活性。这些储能系统通常与电网相连，能够存储电能并在需要时释放，以满足不同的能源管理目标。工商业储能系统应用场景包括光储充检一体化、微电网＋储能、新型高耗能场景应用、工厂与商场、单独配置储能等。下面介绍几种典型的储能场景。

5.3.2.1 光储充检一体化场景

光储充检一体化场景是指将光伏发电和智能化的储能系统相结合，通过电站的电池系统收储电能，不仅可以给电动汽车等用电终端充电，还可以在电动汽车充电的时候对电池进行检测。

图 5-12 是光储充检一体化的工作原理。在光储充检一体化充电站中，储能系统能够按照实际情况对光伏发电和电动汽车的充电需求进行分析，缓解配电网的压力。当充电站的负荷处在高峰期时，可以释放电能对电动汽车进行供电，并且对光伏发电的富余电量进

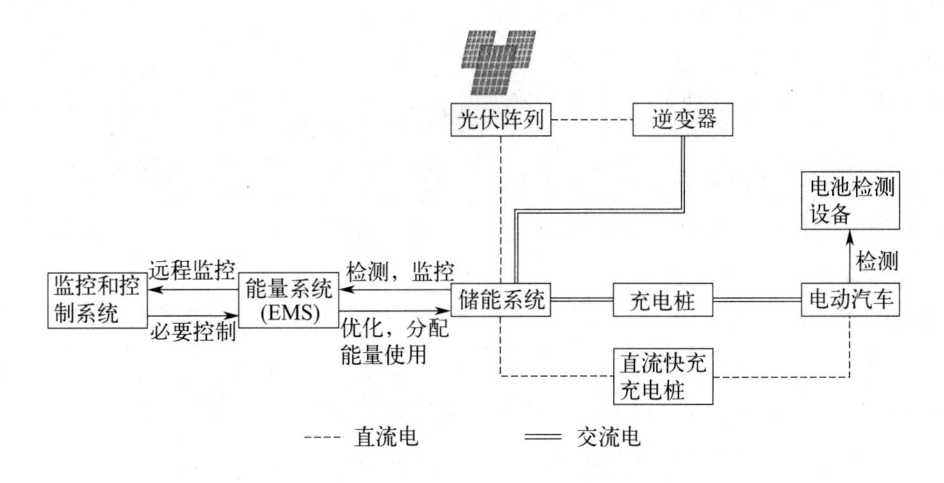

图 5-12 光储充检一体化原理

行存储，实现输出电网功率的峰值和提升整体的供电性能。同时，储能系统还能对光伏发电、供电的特性进行改善，降低电动汽车在充电中配电网内负荷的波动，实现稳定电压、改善相角和有源滤波的效果。除此之外，充电系统主要为电动汽车提供充电的基础条件，借助充电接口为电动汽车提供充电服务，实现对电动汽车进行稳定且快捷的充电功能；检测系统主要是实现快速地检测新能源汽车的电池，为车主提供电池检测的报告和风险预警等，确保电池的安全、可靠，延长电池的寿命。

5.3.2.2 工业光储场景

工业光储场景是指在工业环境下利用光伏设备和储能系统进行能源生产和管理的应用场景。光伏设备可以在太阳光充足的白天产生大量电力，储能系统将富余的电力存起来；当电力需求大的时候，比如晚间、阴天等，储能系统将存储的电力释放出来使用。工业光储场景可以减少工业对电网的依赖、降低电能使用成本、提高能源的可靠性以及达成更加环保的能源消费。在实际应用中，可根据特定工业设施的需求和条件，配备不同类型和规模的光伏发电和储能设备。

水泥行业用电量高，是高耗能行业。葛洲坝石门特种水泥有限公司在园区建设的储能电站是我国首个应用于水泥企业的储能电站，占地面积300m^2，总规模为4MW/8MW•h，于2023年4月合闸并网。该电站的建成可灵活调整石门公司尖高峰用电负荷，为生产经营提供充足的用电保障，改善电能品质，有效降低用电成本。电站配备280A•h的磷酸铁锂电池，采用每日“两充两放”充放电策略，日最大放电量可达1.6万kW•h。项目预计年放电量约400万kW•h，年节约标准煤1200吨，减少二氧化碳排放量3240吨。

5.3.3 家用储能产品应用场景

家用储能产品是指用于家庭用户场景的储能系统，如图5-13所示，家用储能产品通常与户用光伏系统组合安装来为家庭用户提供电能。家用储能与其他场景的锂电池储能系统本质上差别不大，但与兆瓦时级以上的发电侧/电网侧/工商业储能相比，其单机规模通常较小，通常为千瓦时级以上。

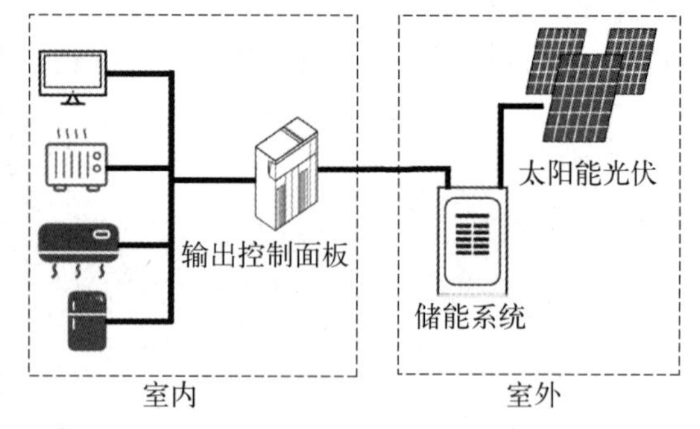

图5-13 家用储能系统

家用配储的重要动力是节省电费，因此，高电价国家德国、美国、日本和澳大利亚的户用储能占比接近75%。一方面，家用储能产品可在白天发电，供用电高峰的夜间使用。另一方面，用户在一天中不同时间用电的电价不同，存在峰谷价的情况，储能系统可以在低谷时段通过电网或自用光伏电池板充电，高峰时段放电供负载使用，有效节省电费。

从产品形态来看，家用储能相当于大容量便携储能的延伸，通过堆叠产品、模块实现扩容。家用储能的定位灵活，既可以满足几度电的应急需求，也可以扩展到全屋备用电源；同时可兼顾户外使用属性，如户外活动、室外花园及房车等场景，通过带轮子移动式的设计或者搬移一个电池模块即可实现。电动汽车厂商特斯拉于 2015 年首次推出家用储能产品“特大号充电宝”的家庭电池能量墙（Powerwall Home Battery），图 5-14 为其工作原理。家庭电池能量墙能增加家庭太阳能使用的容量，同时在电网中断的时候提供电力备份保障。初代 Powerwall 产品实际总电量为 7kW·h，持续输出功率为 2kW，峰值功率为 3.3kW。随后，特斯拉对产品进行了多次升级，于 2023 年 9 月推出 Powerwall 三代。Powerwall 三代的集成度进一步提高，通过将逆变器直接集成到电池系统的外壳内，实现了从部件到系统的一体化设计。不包含太阳能电池板的单 Powerwall 三代的并网容量达到了 13.5kW·h，尺寸约 1099mm×609mm×193mm，质量为 130kg，太阳能并网效率达 97.56%，运行温度范围为−20～50℃，具有 10 年的保质期。2024 年 2 月，特斯拉在社交媒体宣布其旗舰产品 Powerwall 的全球安装量已突破 60 万台。

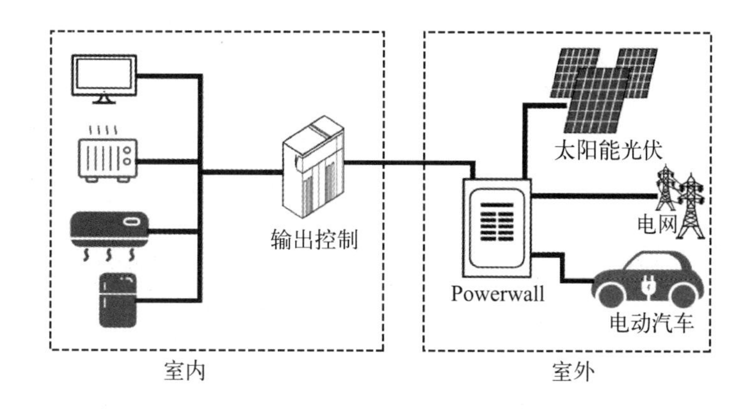

图 5-14 特斯拉家庭电池能量墙工作原理

家用储能场景产品发展迅猛，逐渐从满足功能性需求向智能化产品迭代。2024 年 6 月华为发布新一代全场景智能光储解决方案，升级家庭绿电 1.0 至 2.0 时代。华为家庭绿电 2.0 的解决方案是以智能能源控制器为核心，配套智能组件、智能组串式储能和绿电云，构建智能用电生态。以上方案可实现智能发电、智能储电、智能用电协同，将绿电自发自用比率提升至 95%，以达到最小化依赖市电，降低用电成本。其中智能用电环节，华为提出了全新的数字化特性——AI 光储协同。AI 通过气象和用电习惯进行大数据学习，准确预测未来光伏发电及家庭用电情况；设置晴天/阴雨天/智能家居三种常见模式，AI 全天候最优控制储能充放电及智能家居用电，从而实现每种场景下绿电收益最大化，提升绿电自用比率。

5.3.4 用户侧储能应用实例——新能源汽车

新能源汽车是指采用非常规的车用燃料作为动力来源（或使用常规的车用燃料、采用新型车载动力装置），综合车辆的动力控制和驱动方面的先进技术，形成的技术原理先进、具有新技术、新结构的汽车。新能源汽车包括纯电动汽车、增程式电动汽车、混合动力汽车、燃料电池电动汽车、氢发动机汽车等。

5.3.4.1 纯电动汽车

纯电动汽车（battery electric vehicle，BEV）完全依赖电池存储的电能作为动力源，通过电机驱动车辆行驶。图 5-15 为传统燃油车和纯电动汽车架构对比。纯电动汽车不配备内燃机，需要通过外部电源进行充电，常见的充电方式有家用和公共充电，还有部分车企产品支持换电站换电。

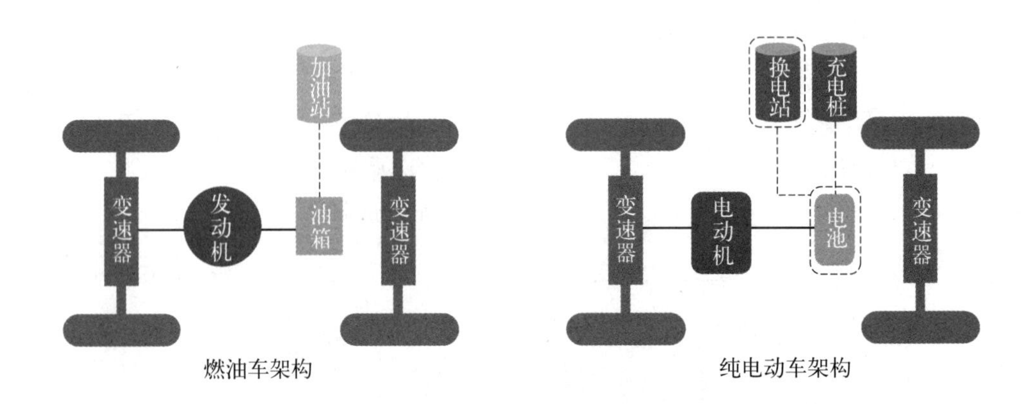

图 5-15 燃油车和纯电动汽车架构对比

现代意义上电动汽车的起源可追溯至法国发明家古斯塔夫·特鲁夫(Gustave Trouvé)在 1881 年制造的第一辆可充电的电动汽车，装配了铅酸电池和直流电机。在全球市场范围内，特斯拉是 21 世纪早期表现最为突出的纯电动汽车品牌之一。自 2003 年成立以来，特斯拉凭借其创新技术和市场策略，迅速成为电动汽车领域的领头羊，多款车型连续多年占据销量榜前列。比亚迪（BYD）是中国纯电动车品牌的佼佼者，在国内外市场均拥有高度认可，连续多年获得新能源汽车全球销量冠军。此外，蔚来（NIO）、小鹏汽车（XPeng）及理想汽车（Li Auto）等新兴品牌也在国内市场取得了不俗的成绩。

蔚来汽车为用户提供便捷的换电体验。蔚来汽车用户可在换电站迅速更换车辆中的低电量电池为满电电池，从而实现比传统充电更快的能源补给。换电过程通常只需要几分钟，相当于 20C 超快充，极大地缩短了电动汽车的“加油”时间，解决了用户对于电动车充电时间长的顾虑。截至 2024 年 5 月，蔚来已在国内外建设了 2420 座换电站，包括 800 座高速换电站，形成了覆盖广泛的服务网络，确保用户在多个城市群都能方便地找到换电站。这种模式减少了用户等待充电的时间，提高了电动汽车的日常实用性。

5.3.4.2 插电式混合动力汽车

插电式混合动力汽车（plug-in hybrid electric vehicle，PHEV）是介于纯电动汽车与燃油汽车两者之间的一种新能源汽车。插电式混合动力汽车配备了较大容量的电池组，在日常短途出行中可以完全依靠电池电力行驶，在纯电动模式下能够行驶 50 公里，实现零排放和零油耗；而当电池电量耗尽或需要更长的行驶距离时，内燃机开始启动为车辆提供动力，与此同时，内燃机还可以在行驶过程中为电池充电，确保车辆拥有更长的行驶里程。

（1）典型插电式混合动力汽车

典型插电式混合动力汽车架构如图 5-16 所示，典型插电式混合动力汽车拥有两套完整的驱动系统，一部分是以内燃机为主的传统动力系统，另一部分是以电动机和电池为核心的电驱动系统。两套系统既可以单独工作，也可以协同工作，为车辆提供动力。比亚迪于 2008 年推出中国第一款插电式混合动力车型，这也是全球第一款能够通过家用电源插座进行充电的混合动力汽车。此后，比亚迪推出了一系列商务车型和公交车型的混合动力汽车。以比亚迪秦 PLUS DM-i 2023 款冠军版为例，其动力系统能够根据不同的行驶工况采取多种发动机与电动机的配合方式，以实现高效、节能和高性能的平衡，主要可分为纯电驱动模式、串联模式、并联模式和直驱模式。纯电驱动模式是在电池电量充足且车辆处于中低速行驶时，系统优先使用电动机驱动车辆，此时发动机不参与工作，实现零排放驾驶。在市区行驶时，大约 99%的工况以电动机驱动为主。当电池电量较低或需要更多动力时，发动机会启动但不直接驱动车轮，而是为电池充电或直接为电动机供电，进入串联模式的工作状态，电动机继续为车辆提供主要驱动力。在高速巡航或急加速等需要更大动力输出的场景下，发动机和电动机将同时并联工作，共同驱动车辆前进。这种模式充分利用了两者的动力输出，实现更强的加速性能。直驱模式是在较为经济的行驶条件（如持续的中高速巡航）下，发动机可以直接通过机械传动路径参与驱动车辆，同时电动机根据需要辅助或回收能量。

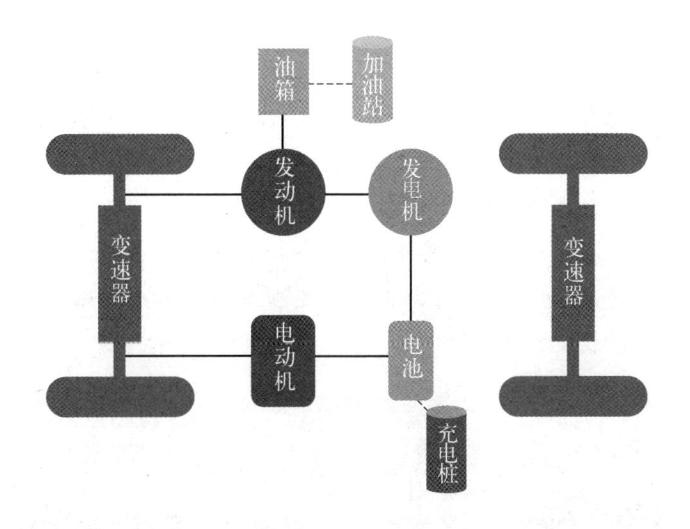

图 5-16 典型插电式混合动力汽车架构

（2）增程式混合动力汽车

增程式混合动力汽车（range extended electric vehicle，REEV）是一种特殊的插电式混合动力汽车，其结构如图 5-17 所示。增程式混合动力汽车不仅可以实现车辆主要由电动机驱动，而且搭载的内燃发动机并不直接参与驱动车轮，而是作为“增程器”使用。即在电池电量不足时，发动机启动产生电能，为电池组充电或直接供给电动机使用，增加车辆的行驶里程。这样的设计使车辆在电池电力耗尽后，依旧能依靠内燃机发电继续行驶，减少了对充电桩的依赖和增强了车辆的实用性，可以有效提高续航能力，减少里程焦虑。赛力斯汽车公司生产的问界 M7 为典型代表，其搭载一台 1.5T 发动机，最大功率为 92kW，最大扭矩为 205m。电动机方面，两驱版的最大功率为 200kW，最大扭矩为 360m，四驱版的最大功率达到 330kW，最大扭矩为 660m。

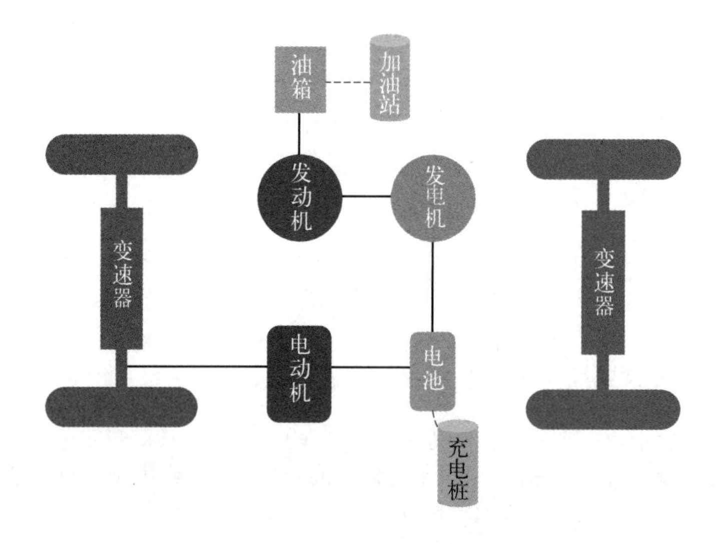

图 5-17 增程式混合动力汽车架构

5.3.4.3 非插电式混合动力汽车

非插电式混合动力汽车，又称为常规混合动力汽车或自充电式混合动力汽车，是一种结合了传统内燃机（通常是汽油或柴油发动机）与电动机两种动力源的汽车。与插电式混合动力汽车不同，非插电式混合动力汽车没有外部充电插口，汽油仍为其唯一能量来源，严格意义上不属于新能源汽车。但该技术较为先进，特在此进行介绍。非插电式混合动力汽车的系统架构如图 5-18 所示，其电力主要来源于车辆运行过程中回收的动能（如制动时的能量回收系统）以及发动机运转时带动发电机产生的电能。

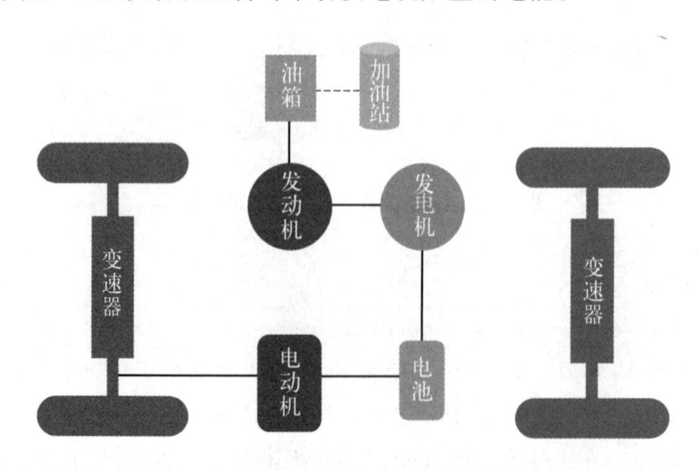

图 5-18 非插电式混合动力汽车系统架构

随着电动汽车技术的进步，插电式混合动力汽车越来越受到市场的欢迎。但自充电式混合动力汽车依然有其独特优势，如经济实惠、维护简单以及适应长途驾驶等，特别适合那些没有固定充电设施或经常长途驾驶的用户，代表车型包括丰田普锐斯、雷克萨斯CT200h和凯美瑞尊瑞等。2023年5月，东风日产推出超混电驱奇骏SUV，该车集成先进混合动力技术，其包含1.5T VC-TURBO增程器（发动机）、一台发电机及一个闪充闪放功率型电池。其中，增程器不直接参与驱动车辆，而是负责为电池充电，电池为两台电动机供电，实现了100%纯电驱动体验。

5.3.4.4 双向充电（V2X）技术

V2X技术是电动汽车双向充电技术总称，是一种新型的能源利用方式。与传统的充电技术不同，V2X技术不仅可以将电动车辆充电，还可以将车辆上储存的电能通过充电桩反馈到电网上，实现能源的双向流动。根据使用场景的不同，V2X技术包括V2G（vehicle-to-grid）、V2H（vehicle-to-home）、V2B（vehicle-to-building/business）、V2V（vehicle-to-vehicle）、V2L（vehicle-to-load）、V2F（vehicle-to-factory）技术等。下面对当前V2X技术中V2G和V2H的典型应用进行解析。

（1）V2G技术

图5-19是V2G技术的设计理念，V2G技术是指电动汽车给电网送电的技术。当电网负荷过高时，电动汽车储能源向电网馈电；当电网负荷低时，电动汽车用来存储电网过剩的发电量。通过这种方式，电动汽车用户可以在电价低时，从电网买电，电网电价高时向电网售电，从而获得一定的收益。当前，插电式混合动力汽车和纯电动汽车正大量进入市场，其电池的总容量是相当巨大的。大多数汽车每天有大约22h是处于停止状态的，在这段时间内它们代表了一种闲置资产，可以考虑让它们在停车时为电网提供能量缓冲。

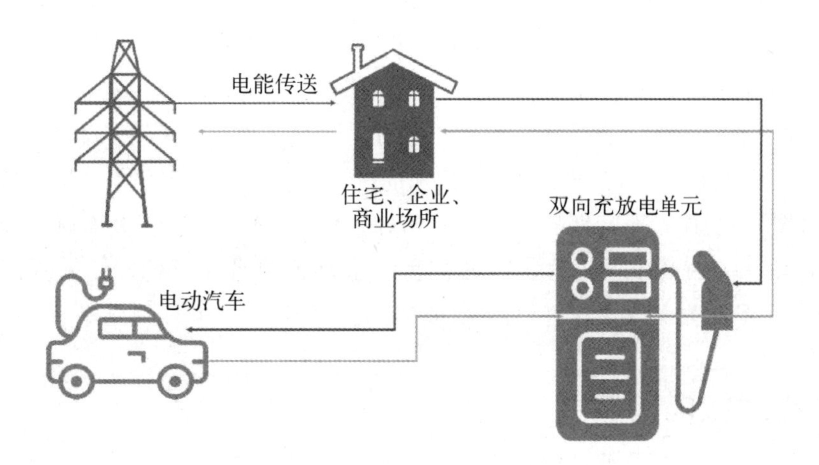

图5-19 V2G技术原理

但如果电网正处于峰值负荷需求时，大量电动汽车的充电要求必然会对电网产生极其严重的影响，因此电动汽车并不能随意、毫无管理地接入到电网中。对于电动汽车而言，其除了为电网提供辅助服务外，还必须能够满足日常的行驶需求。因此在向电网馈电的过程中，还必须兼顾电动汽车自身的能量存储状态，以避免影响电动汽车的正常使用。综合上述两个方面，电动汽车 V2G 技术非常有必要进行深入研究，协调电动汽车与电网间的充电和放电，既不会影响电网的运行，也不会限制电动汽车的正常使用。

(2) V2H 技术

V2H 技术的核心在于电动汽车内置的电池组及其与家庭电网之间的双向能量交换能力。与传统上单向从电网向车辆充电不同，V2H 系统配备了双向充电器，使得电能可以反向流动，即电能从电动汽车的电池传输到家庭电网中。

V2H 技术的应用场景包括：

① 紧急备用电源：在自然灾害导致停电时，V2H 技术可以将电动汽车变成应急电源，为照明、冰箱、通信设备等关键家用电器供电，保障基本生活需求；

② 电费管理：用户可以在电费较低的时段（如夜间）为电动汽车充电，然后在电费较高的白天时段使用车辆电池中的电能为家庭供电，从而节省电费开支；

③ 可再生能源互补：与太阳能光伏板等可再生能源系统结合使用时，V2H 技术可以帮助存储过剩的太阳能发电并在需要时供家庭使用，提高能源的自产自用率。

要实现 V2H 技术，新能源汽车需要满足以下技术要求：

① 双向充电器：是 V2H 系统的关键组件，需要能够智能地控制电能的流向，并保证充电和放电过程的安全与高效；

② 通信接口：车辆与家庭能源管理系统之间需要有可靠的通信连接，以便于监控电池状态、调度电能并确保整个系统的协同工作；

③ 电池管理系统：确保电动汽车电池的健康状态，防止过度放电，延长电池寿命，并在车辆需要时保留足够的电能以供行驶。

目前，多家汽车厂商已经展示了技术或宣布了相关计划，如丰田在较早时候就已开发了 V2H 混合动力系统，表明其车辆能够在一次充电后满足家庭四天的用电需求。通用汽车计划在 2026 年之前使所有车型支持 V2H 双向充电技术，但车主若想实现这一功能，需选购特定的硬件捆绑包。除了上述厂商，随着电动汽车市场的发展和能源转型的需求增加，预计会有更多汽车制造商投入 V2H 技术的研发和应用中。例如，日产也曾展示过其 Leaf 车型的 V2H 功能，而特斯拉虽然没有明确宣传 V2H 技术，但其车辆的双向充电能力（即 vehicle-to-everything 能力，V2X 能力）也被视为潜在可能，尤其是通过特斯拉 Powerwall 等产品实现车辆与家庭储能系统的互动。

5.4 分布式微电网储能

分布式微电网（distributed microgrid）简称微电网，是一种高度集成的本地化电力供应系统，集成了分布式电源（如太阳能光伏、风力发电站、微型水电站、燃料电池等）、储能装置（如电池储能系统）、能量转换装置（如逆变器）、负荷（如用户用电设备）以及监控和保护装置等组件。

储能技术作为微电网的核心技术之一，应用于微电网可以起到改善微电网供电质量的作用、提高微电网经济效益、减少电力系统的负荷峰谷差、抑制电力系统振荡、提高系统稳定性等重要作用，是微电网安全可靠运行的关键。

5.4.1 分布式微电网的概念和基本结构

微电网为可控的独立供电系统，可并网运行也可孤网运行。与传统的集中式电网不同，分布式微电网强调在用户附近或用户端直接进行能源的生产、存储与分配，实现了发电与用电的近距离匹配。同时，微电网能够较好地解决分布式电源与大电网的并网问题，与大电网相结合能够较好地提高供电可靠性，可有效解决传统供电方式的弊端。微电网技术具有比较广阔的应用前景，成为当前研究的热点。

5.4.1.1 微电网的概念

目前，国际上对微电网的定义各不相同，尚未统一。电力可靠性技术解决方案联盟（Consortium for Electric Reliability Technology Solutions，CERTS）合作组织由美国的电力集团、伯克利劳伦斯国家实验室等研究机构组成，在美国能源部和加州能源委员会等资助下，对微电网技术开展了专门的研究。电力可靠性技术解决方案联盟对微电网基本概念进行了定义，认为微电网是一种负荷和微电源的集合。其中，该微电源在一个系统中同时提供电力和热力的方式运行，这些微电源中的大多数必须是电力电子型的，并提供所要求的灵活性以确保能以一个集成系统运行。其可控制的灵活性使微电网能作为大电力系统的一个受控单元，可以更好地适应所在地负荷对可靠性和安全性的要求。欧洲联盟则将微电源分为可控、不可控及部分可控，微电源利用电力电子装置进行能量调控及配备有储能装置，从而实现冷热电三联供的系统。

结合我国电网的实际状况，目前研究人员将微电网定义为一个普遍接受的概念，即微电网（microgrid）是一种高度集成的、智能化的局部电力系统，它由分布式电源（如太阳能光伏、风力发电站、燃料电池、微型水电站等）、储能装置（如电池储能系统）、能量转换装置（如逆变器）、负荷（用户侧的电力需求）以及监控和保护装置等组成。这个系统被设计为能够在并网模式和孤网模式之间灵活切换——既能与传统的大型电网并网运行，也能在脱离主电网的情况下独立运行，确保对所服务区域的持续供电。

5.4.1.2 微电网的基本结构

微电网的基本结构如图 5-20 所示，微电网由微电源、储能装置和电/热负荷构成，并联在低压配电网中。微电源接入负荷附近，很大程度上减少了线路损耗，增强了重要负荷抵御来自主电网故障的影响的能力。微电源具有“即插即用”的特性，通过电力电子接口实现并网运行和孤网运行方式下的控制、测量和保护功能。这些功能有助于实现微电网两种运行方式间的无缝切换。

图中微电网包括 A、B 和 C 三条馈线，整个网络呈辐射状结构，馈线通过微电网主隔离设备与配电网相连，可实现孤网与并网运行方式的平滑切换。其中 A 和 B 为重要负荷，安装了多个分布式电源为其提供电能，馈线 A 上接敏感负荷，安装了光伏电池和微型燃气轮机，其中微型燃气轮机运行于热电联产，向用户提供热能和电能；采用风力发电和燃

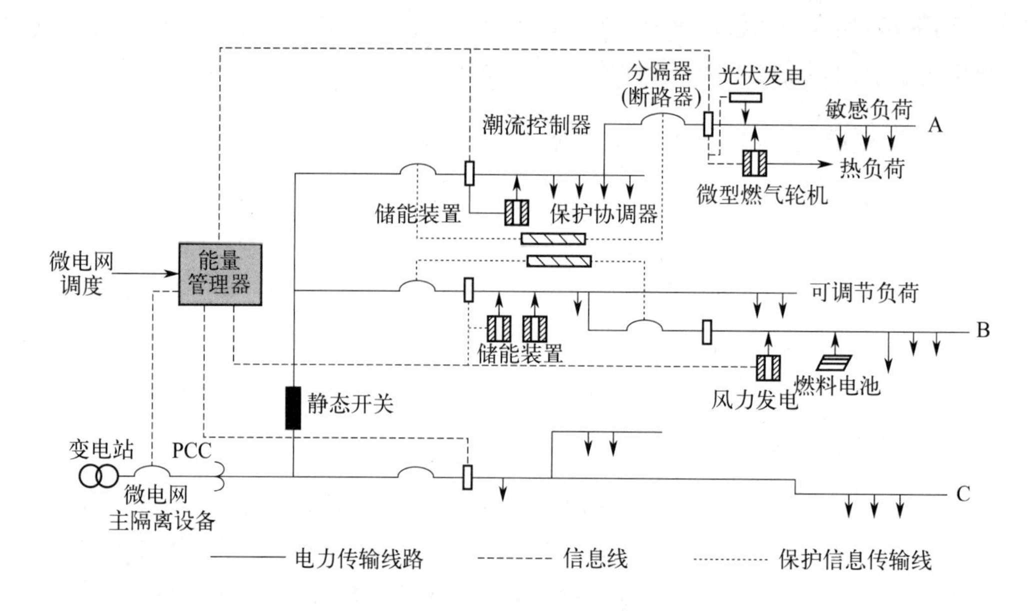

图 5-20 微电网的基本结构

料电池共同为馈线 B 的可调节负荷供电；馈线 C 为非敏感负荷，没有配置专门的微电源为馈线 C 上的负荷供电，直接由配电网供电，孤网运行时，当微电网内部过负荷时，可切断系统对馈线 C 上的负荷的供电。并网运行时，当外界主电网发生故障停电或者出现电能质量问题时，微电网通过静态开关切断与主电网的联系，孤网运行。微电网的负荷由微电源承担，馈线 C 可通过母线得到电能并维持正常运行。如果孤网运行方式下无法保证电能的供需平衡，可切断馈线 C 的负荷，停止对非重要负荷供电。故障消除后，主断路器重新合上，微电网恢复并网运行方式。通过有效的控制方式实现微电网两种运行方式的平滑切换。此外，微电网还配备了潮流控制器和保护协调器，在能量管理系统的统一控制下，通过数据采集，实现调压、控制潮流、馈线保护等多项措施。

在主电网发生故障或其电能质量不符合标准情况时，微电网可以孤网运行，保证微电网自身和主电网的正常运行，从而提高供电安全性和可靠性。因此孤网运行是微电网最重要的能力，而实现这一性能的关键技术是微电网与主电网之间的电力电子接口处的控制环节——静态开关。该静态开关可实现在接口处灵活可控地接收和输送电能。从主电网的角度看，微电网相当于负荷，是一个可控的整体单元。另外，对用户来说，微电网是一个独立自治的电力系统，它可以满足不同用户对电能质量和可靠性的要求。

5.4.2 储能装置对改善电能质量的作用

储能装置可以在微秒级的时间响应，能够对瞬态电力扰动做出快速反应，有效提升微电网的故障保护能力和供电质量，维护电力供应的稳定，确保用户用电的正常和安全。

5.4.2.1 微电网故障保护

由两个微电源和储能装置为系统负荷提供电能，储能装置单独接在一条供电线路上，在无故障时储能装置不接入，当故障发生时，储能装置立即投入运行，以稳定负荷的端电压，直至故障结束。

例如，当系统在无储能装置下线路发生三相短路故障时，母线电压和线路的电压在故障期间都会发生跌落。而当有储能装置时，系统在故障发生和恢复时电压只会有短时间的波动，很快就可以恢复到故障前的电压水平，通过储能装置可以有效补偿电压跌落，起到改善电能质量的作用。在系统没有发生故障之前，储能装置不参与系统的运行，当发生三相短路故障时，储能装置能够快速响应向系统输入大量的有功和无功功率，用来补偿电压跌落，有效改善负荷的功率分布。

5.4.2.2 提高微电网供电质量

无储能装置时，投入负荷的增加会使负载消耗功率上升，在切除负荷后，负载消耗的有功下降；而在有储能装置的情况下，当负载需求有功功率增加时，储能装置可以提供部分有功，在负载所需有功功率降低时，储能装置可吸收多余有功，实现微电网的稳定控制。此外，系统频率在无储能装置时波动较大，而在加入储能装置后频率只发生轻微波动，可以减少谐波和电压闪变。储能装置可以吸收这些谐波，净化电网中的电能。由于微电网通常包含大量可再生能源发电设备，如风能和太阳能，这些设备的输出功率会随环境和天气条件的变化而变化。储能装置可以存储多余的电能，并在需要时释放，从而平滑波动，确保电网的稳定运行。

5.4.3 储能装置在微电网经济优化运行中的作用

储能装置在微电网中的经济效益是多方面的，根据应用场合可以大致分为电网侧、用户侧和新能源电源侧。本文主要考虑引入电力市场机制，把储能装置作为可转移负荷进行削峰填谷，利用电价差实现微电网的经济优化运行。

储能装置在微电网经济优化运行的作用包括：

① 需求侧管理和负荷平抑；

② 可再生能源最大化利用；

③ 提供辅助服务；

④ 增强系统可靠性与韧性；

⑤ 容量优化与投资回报；

⑥ 市场参与套利；

⑦ 延长设备寿命与降低维护成本。

储能装置通过智能调度软件监控微电网的实时负荷变化及电价波动。在电力需求低且价格便宜的时段，储能装置充电；在需求高峰且价格昂贵的时段，则放电满足需求。这一过程有效减少了从外部电网购电的成本，实现了负荷的平滑，提高了系统的经济效率。

储能装置与可再生能源发电单元集成，捕捉那些原本可能因电网无法吸纳而浪费的多余能量。当可再生能源输出超过即时需求时，储能装置储存这部分能量，待需求上升或可再生能源输出减少时释放，从而提高了可再生能源的利用效率和经济回报。

储能装置具有快速响应能力，可以在毫秒级别内对电网频率和电压变化做出反应，提供调频、调压等辅助服务。这些服务对于维持电网稳定至关重要，且通常可从电网运营商处获得经济补偿，成为微电网额外的收入来源。

储能装置作为独立于主电网的备用电源，在主电网故障或断电时自动切换，保障关键负荷或整个微电网的持续供电。这种即时的备用能力减少了因停电带来的经济损失，增强了微电网的独立性和韧性，特别是对于医院、数据中心等重要设施。

通过详细的经济分析和优化算法（如粒子群算法、遗传算法等），确定最经济的储能容量和配置方案。考虑储能成本、预期收益、微电网特性等因素，确保储能装置的投资在较短时间内收回成本，并产生正向的长期经济回报。在允许的情况下，储能装置可以作为灵活资源参与电力市场竞价、执行电量买卖、提供调峰服务等。通过预测市场价格波动，储能装置可在低价时购入、高价时卖出，实现套利，增加微电网的经济收益。

储能装置的加入使发电机和其他设备不必频繁启动和停止以应对负荷波动，减少了设备磨损和维护需求，延长了使用寿命。这不仅直接降低了维护和替换成本，也间接提高了系统的整体经济效益，这是因为稳定的运行环境有助于提高设备效率和降低能耗。

参考文献

[1] 巴黎明，冯沛，赵璐璐，等．电储能与燃煤发电机组联合调频响应［J］．分布式能源，2016，1(02)：44-49.
[2] 张剑锋，钱昊，吕哲，等．储能系统集成技术与工程实践［M］．北京：化学工业出版社，2023.
[3] 王鹏，王冬荣．走进虚拟电厂［M］．北京：机械工业出版社，2016.
[4] 刘振亚．中国电力与能源［M］．北京：中国电力出版社，2012.
[5] 李强．新能源系统储能原理与技术［M］．北京：机械工业出版社，2022.
[6] 李钢，赵静，姚振纪．智能微电网的控制策略研究综述［J］．电工电气，2012.
[7] 张雨檬．可逆固体氧化物燃料电池-储能系统概念设计与应用场景识别［D］．北京：华北电力大学，2022.
[8] 刘杰．电池储能系统商业模式分析及其投资效益评估［D］．厦门：厦门大学，2020.
[9] 朱礼阳．分布式电池储能系统容量配置与优化研究［D］．盐城：盐城工学院，2024.
[10] 余斌．电化学储能电站技术［M］．北京：中国电力出版社，2022.
[11] 李程昊．电化学储能电站群调控关键技术与工程应用［M］．北京：中国电力出版社，2023.
[12] 张林森，方华．新能源材料与器件概论［M］．北京：化学工业出版社，2024.
[13] 黄勇，刘德友，毛兴燕，等．动力电池及能源管理技术［M］．重庆：重庆大学出版社，2021.

6

电化学储能系统的安全性与回收再生

电化学储能系统在现代工业与社会发展中扮演着越来越重要的角色，从最初的便携式通讯电子设备到电动工具、电动汽车，再到目前大规模电网储能系统，电化学储能电池技术的应用无处不在。然而，随着近年来市场投入量的大幅增加，电池的安全性问题、环境污染问题、回收再利用等方面也需要高度重视。本章将重点介绍锂离子电池的安全性问题及防范策略，锂离子电池、铅酸电池生产过程的环境污染问题与防控措施，锂离子电池回收再利用与材料再生方面的内容。

6.1 电化学储能系统的安全与防护

电化学储能系统在新型储能中的市场占比进一步提高，其复杂的安全问题也日益凸显。因此，在系统认识电化学储能系统的安全问题前提下，亟须建立严密的安全防护措施与应对方案，有效防范各类安全事故。

6.1.1 电化学储能系统的安全问题

电化学储能电池系统在运行过程中，安全问题主要来自电芯内部的损伤。这种电池内部损伤在过充、过放、温度变化大的工况条件下尤其显著，损伤的持续积累最终导致电池失效乃至内短路，引发安全问题。通常，电化学储能系统内部包含着成千上万个小电芯，任何一个电芯损坏都可能导致重大的安全问题，造成火灾或爆炸等严重事故。

近年来，国内外已经发生了数十起电化学储能电站安全事故。2021 年 4 月 16 日北京市丰台区某储能电站起火，导致 2 名消防员牺牲。事后根据现场勘验、检测鉴定、实验分析、仿真模拟和专家论证认定，起火直接原因系电站内的梯次利用磷酸铁锂电池发生内短路故障，引发电池热失控起火。经对最先发生故障的电池进行实验分析得知，该电池热失控后会产生喷射物，主要成分为碳酸甲乙酯蒸气和氢气、甲烷、一氧化碳、二氧化碳等。

2023 年 7 月 30 日，位于澳大利亚维多利亚州的特斯拉 Megapack 储能系统发生爆燃。现场电池单元发生剧烈燃烧，经过消防队员连续四天奋战才将火势控制住，再次引发行业内外对电化学储能系统安全的担忧。该项目使用特斯拉提供的 Megapack 储能单元，电池为三元锂离子电池，单个 Megapack 储能容量约为 3MW·h。据报道，着火的 Megapack 储能单元周边缺少消防通道，不合理的布置也影响了消防队员的处理进度。

一般来说，电化学储能系统的安全诱因主要有电池热失控、电池过充/过放、电池短路等几方面，具体如下。

（1）电池热失控

电池在充放电过程中都会产生热量，如果无法有效散热或发生故障，可能导致电池热失控，进而引发火灾或爆炸。这一问题的根源包括电池设计缺陷、充放电不当、外部环境温度过高等因素。

（2）电池过充/过放

电池过充或过放会导致电池正负极材料性能下降甚至破坏材料结构，可能引发火灾或爆炸。这一问题的来源包括充放电管理系统故障、充电设备故障等。

（3）电池短路

电池短路可能导致电池过热、起火或爆炸。短路的来源包括电池内部结构损坏、外部短路等。

（4）环境因素

储能电站受到环境因素的影响，如温度、湿度、沙尘等，可能导致设备老化、故障等而引发安全问题。

（5）电气故障

电池组内部或外部的电气故障，如线路短路、接触不良等，可能引发火灾或其他安全问题。

（6）人为操作失误

人为操作失误也是导致储能电站安全问题的重要来源，如操作不当、维护不到位等。

6.1.2 我国电化学储能系统的相关安全规范

欧美等电化学储能技术应用较早的区域已经明确将储能电站电池热失控风险评估（如北美 UL9540A 认证）作为强制入网标准。国内在这方面起步较晚，近年来政府相关部门密切关注储能电站的安全性问题，陆续颁布了相关的储能电站电池系统的安全规范及技术标准要求，部分团体标准也有提及储能集装箱安全间距、防火要求。

2022 年，国家能源局综合司发布了《关于加强电化学储能电站安全管理的通知》。2023 年底，国家标准化管理委员会发布了《2023 年第 20 号中国国家标准公告》，其中如表 6-1 所示，共有 13 项为储能电池相关新标准，且都于 2024 年 7 月 1 日起正式实施。2025 年，储能新国标中《电化学储能电站调试规程》《电化学储能黑启动技术导则》《电力储能用锂离子电池监造导则》《用户侧电化学储能系统接入配电网技术规定》《电化学储能电池管理通信技术要求》《电力储能用锂离子电池退役技术要求》6 项新标准将填补行业空白，其余 7 项将取代现行标准。在接下来的两年内，储能领域还将有大批标准建立和发布，助力中国储能产业高质量发展。

表 6-1 2024 年新型储能行业实施的国家标准列表

国家标准编号	国家标准名称
GBT 7260.1—2023	不间断电源系统(UPS)第 1 部分:安全要求
GB/T 34120—2023	电化学储能系统储能变流器技术要求
GB/T 34133—2023	储能变流器检测技术规程
GB/T 36276—2023	电力储能用锂离子电池
GB/T 36280—2023	电力储能用铅炭电池
GB/T 36545—2023	移动式电化学储能系统技术规范
GB/T 36558—2023	电力系统电化学储能系统通用技术条件
GB/T 42737—2023	电化学储能电站调试规程
GB/T 43462—2023	电化学储能黑启动技术导则
GB/T 43522—2023	电力储能用锂离子电池监造导则
GB/T 43526—2023	用户侧电化学储能系统接入配电网技术规定
GB/T 43528—2023	电化学储能电池管理通信技术要求
GB/T 43540—2023	电力储能用锂离子电池退役技术要求

下面将对《电化学储能系统现场验收通用要求》和《电化学储能电站安全规程》的主要内容进行简单介绍。

(1)《电化学储能系统现场验收通用要求》(T/CIAPS 0022—2023)

该标准由中国化学与物理电源行业协会发布，规定了电化学储能系统现场验收的通用要求。标准主要适用于主要子系统、辅助子系统、控制子系统电压等部分组成的不超过 1500V 的电化学储能系统，通过对各个子系统的现场验收以及系统安装后的验收质量，防护安全、并网能力验证，保证储能系统在建设前后的安全和质量。要求主要包含三大部分：电化学储能系统的文件资料和通用要求、对子系统的现场验收，以及系统安装之后的质量验收、系统现场验收测试，其中包括安全性测试、容量、能量效率、并网能力等。

(2)《电化学储能电站安全规程》(GB/T 42288—2022)

该规程由国家市场监管总局和国家标准委批准正式发布，文件于 2023 年 7 月 1 日起正式实施。文件适用于锂离子电池、铅酸（炭）电池、液流电池、水电解制氢/燃料电池等储能电站。该标准规定了电化学储能电站设备设施安全技术要求，运行、维护、检修、试验等方面的安全要求，涉及储能电池、电池管理系统、储能变流器、监控、消防等各类设备的检修规定。该文件的发布与严格实施，可保障电化学储能电站的安全稳定运行，进一步提升了我国电化学储能电站全寿命周期的安全性。

6.1.3 锂离子电池的热失控与防护

热失控是电化学储能系统安全性问题的核心，是一种具有重大潜在危害的系统故障。在日常运行中，储能电池可能由于各种诱因而发生一系列链式反应，电池内部热量迅速积聚，导致电池温度不断升高，电解液分解而产生大量气体。这些气体会进一步增加电池内部的压力，进而引发电池的膨胀甚至破裂。

当前无论是动力电池还是储能电池都在大规模使用锂离子电池。锂离子电池热失控具有传播性，可能会导致相邻单体、模组也相继发生热失控，从而引发更大范围的破坏。电池组热失控的发生，不仅会对储能设备本身造成严重损坏，如电池模组烧毁、设备损毁等，还可能引发厂房火灾甚至爆炸等灾难性后果，对周边环境和人员安全构成巨大威胁。本节将着重介绍锂离子电池的热失控机理、热失控原因、热失控监测与散热系统、自动灭火系统四方面内容。

6.1.3.1 热失控机理

锂离子电池的热失控及热失控扩散连锁反应一般具有链式反应机理。以采用PE隔膜的NCM正极/石墨负极电池体系为例，从电池滥用开始，依次发生了负极表面固态电解质膜分解、石墨负极与电解液的反应、PE隔膜的熔化、NCM正极的分解、电解液的分解、短路和电解液燃烧等过程，随着反应时间的推进，温度不断升高最后导致热失控。因此，热-温度-副反应（heat temperature reaction，HTR）循环是链式反应的根本原因。

具体来说，电池热失控的核心在于电池内热的正反馈循环。引发热失控过程的连锁反应，如图6-1所示，短路、过充等滥用问题会导致电池异常发热，电池内温度升高，进而引发副反应的发生。电池中副反应的发生会释放更多的热量，导致热量不断叠加，形成“热-温度-副反应”循环回路。“热-温度-副反应”循环回路使电池温度达到极限，进而引起电池热失控的发生。需要说明的是，这些副反应不会在某一个特定温度下单独发生，各种副反应存在反应温度区间的重叠，如SEI膜分解重构反应温度区间跨度很大，在这个温度范围内电解质、负极及正极等部件之间均会发生一定的副反应。

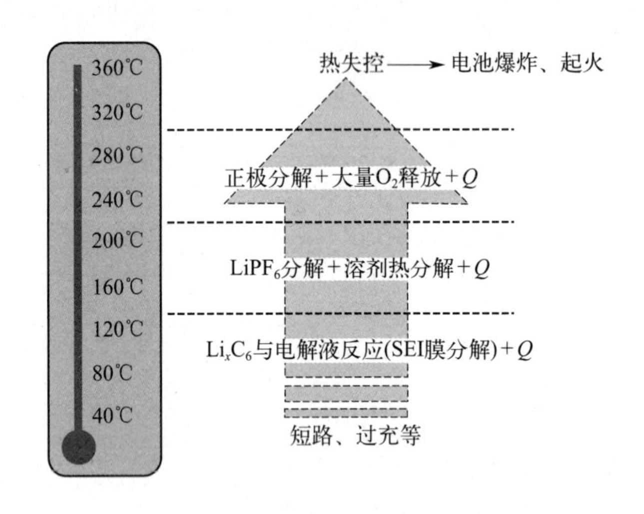

图6-1　引发热失控过程的连锁反应

科研人员测量并模拟的热失控时电池内部温度和表面温度随时间变化的曲线，如图6-2所示，热失控分为自发热阶段（室温～360℃）、热失控阶段（360～800℃）及热失控终止（800℃～室温）三个阶段。

自发热阶段又称为热积累阶段，开始于SEI膜的溶解过程。当电池内部温度达到90℃时，SEI膜开始溶解，导致负极及其内部包含的嵌入锂的碳成分直接暴露在电解液中，嵌锂化碳负极将继续与电解液发生放热反应，使温度进一步升高，继续促进SEI膜的进一步分解。当没有外部降温手段时，该过程会发生持续的正反馈调节，直至SEI膜全部溶解。

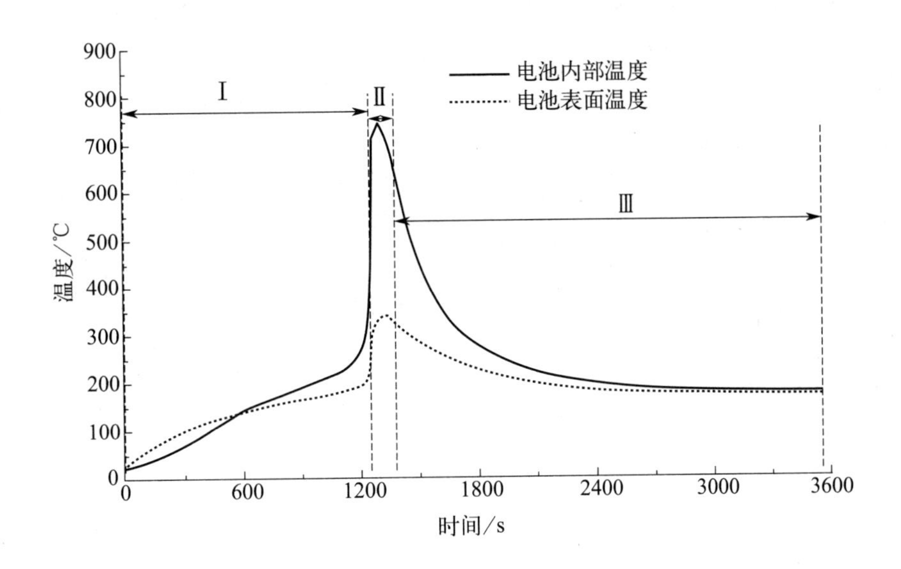

图 6-2 热失控温度时间曲线

当温度超过隔膜大量溶解的临界温度后，正负极材料均发生各种复杂的电化学反应进而产热，进入热失控阶段。由于反应物量的增加，升温速度显著上升并呈现出不可控的趋势，而外部表现为电池电压的急剧下跌。热失控此时已无法通过外部降温手段停止。短时间内的剧烈反应产生了大量气体和热量，使得膨胀的气体冲破电芯壳体，发生物质喷射的现象，四散的物质也带走了部分热量。热失控在此阶段达到了最剧烈的状态，电芯也达到最高温度，此时热量也可能通过连接的导电件传导，还可能通过电芯因胀气膨胀而彼此贴紧，在电芯壳体之间直接传导。

当电芯进入热失控阶段后，热失控终止只能靠电芯内部物质全部反应燃烧殆尽。消防部门报告显示，对于锂离子电池这种封闭壳体内包含高能量的装置，常规的消防手段暂时无法终止正在进行的热失控，这是由于消防员使用的灭火剂无法真正触及正在进行的反应物质，能够采取的措施很有限，一般只能隔离现场，待热失控电芯的反应物彻底耗尽，热失控过程才能自然终止。

6.1.3.2 热失控原因

诱导锂离子电池热失控发生的因素主要可分为电池的内因和外因，如图 6-3 所示，内因是指电池内部短路，而外因包括热滥用、电气滥用和机械滥用。

电池内部短路：当电池正负极直接相触时，由于接触程度的不同，所引发的后续反应存在极大差异。通常情况

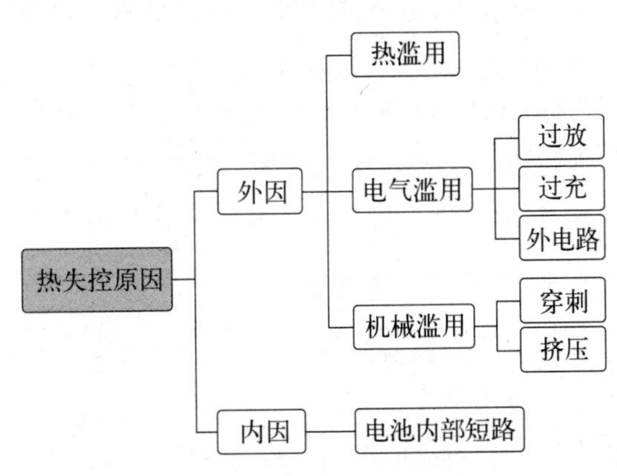

图 6-3 热失控原因分类

下，因机械和热的滥用而形成的大规模内短路会直接促使热失控出现。而与之相反的是，自行出现的内部短路，其程度相对较轻，所产生的热量很少，不会马上导致热失控。内部自行发展的情况常见于制造存在缺陷、电池老化所引发的像内阻增大等各种性能的减退，以及长期轻度不恰当使用所导致的锂金属沉积等，随着时间的推移，这种由内部原因造成内部短路的风险会渐渐升高。

机械滥用：机械滥用即在外部力量的作用下，锂离子电池单体以及电池组出现变形，其自身不同部位产生相对位移。针对电芯而言，主要的形式涵盖碰撞、挤压以及穿刺。例如车辆在高速行驶过程中碰到的异物，直接致使电池内的隔膜破裂崩溃，从而导致了电池内部发生短路，在短时间内就引发了自燃现象。

电气滥用：锂电池的电气滥用，一般包括外短路、过充和过放几种形式，其中过充现象是电气滥用危害程度最高的一种。热量与气体的产生是过充电过程中的两个特性。发热源自欧姆热以及副反应。首先，由于锂的过度嵌入，锂枝晶会在负极表面生长，而锂枝晶开始生长的时间点由负极和正极的化学计量比所决定。其次，锂的过度脱嵌会致使正极结构因发热和氧气释放而崩溃（如 NCA 正极的氧气释放）。氧气的释放会加速电解质的分解，从而产生大量气体。由于内部压力的增加，排气阀开启，电池开始排气。电芯中的活性物质在与空气接触之后，会发生剧烈反应，释放出大量热量。

热滥用：局部过热是在电池组中较为典型的热滥用情形。热滥用极少单独存在，通常是由机械滥用和电气滥用发展形成的，并且属于最终直接引发热失控的关键环节。除了因机械/电气滥用所导致的过热以外，其他过热还可能由连接接触不紧固而引起。热滥用也是当下被模拟最多的情况，即通过设备对电池进行有控制的加热，从而来观察其在受热过程中的反应。

2020 年起，我国动力电池的相关国标增加了电池系统热扩散试验要求，规定在电池单体发生热失控后，电池系统要在 5 分钟内既不起火也不爆炸，以此为乘员预留出安全逃生时间。目前车企采用的动力电池安全措施综合方案主要分为以下几个方面。这些方案也可为储能型电池系统的设计、制造和运维保障提供借鉴。

① 从根源上降低电芯放热副反应所产生的热量，例如采用磷酸铁锂正极；

② 提高电芯内着火点的温度，比如在电解液中添加阻燃材料、选用陶瓷隔膜；

③ 在电芯与电芯之间增添阻燃材料，即便某个电芯发生热失控，也不会对其他电芯造成影响；

④ 全天不间断地监控电芯数据，提升电芯的散热/降温能力、模组的散热/降温能力以及 PACK 的散热/降温能力，以避免热量的积聚；

⑤ 其他方面，例如锁氧技术，让高温下氧气的释放更为缓和。

6.1.3.3　热失控监测与散热系统

电池的热失控监测是确保电池安全使用的重要措施之一。通过实时监测电池的温度、压力、电流等参数，及时发现电池热失控的迹象，并采取相应的措施进行处理，可以有效避免电池安全事故的发生，保障人员和财产的安全。

目前，如图 6-4 所示，主要的热失控监测方法包括温度监测、压力监测、电流监测、气体监测以及利用热成像技术和数据分析进行预测。温度监测通过实时测量电池表面或内部的温度变化，及时发现热失控迹象。压力监测则关注电池内部压力的变化，当压力异常升高时发出警报。电流监测通过检测电池的充放电电流，防止过充、过放或短路导致的热失控。气体监测则通过检测电池释放出的特定气体来评估热失控风险。此外，利用红外热成像技术可以获取电池表面的温度分布图像，进一步分析热失控的可能性。最后，结合多种监测数据，利用大数据分析和机器学习技术，可以预测和评估电池的热失控风险，实现实时监控和预警，有效预防电池安全事故的发生。

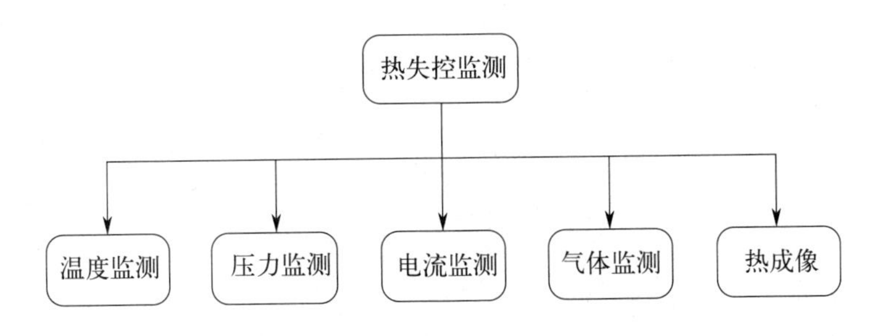

图 6-4 热失控的主要监测方法

电池的散热系统是保障电池性能、安全性和寿命的关键组成部分。一个高效的散热系统能够有效控制电池在工作过程中产生的热量，确保电池的温度始终保持在适宜的范围内。散热系统主要由散热器、热导体、风冷或液冷系统以及温度监控和控制单元构成。图6-5是风冷系统和液冷系统的电池散热系统的结构示意图，如图所示，风冷系统通过强制对流的方式，增加散热器周围的空气流动速度，从而加快热量的散失，而液冷系统则利用冷却液循环，将电池产生的热量通过热交换器转移到外部环境中。

风冷系统具有成本低、易于维护、重量轻、寿命长且无泄漏问题等特点，但风冷系统难以实现空气均匀分布，因而面临热容低及其他热性能差的挑战。近年来，风冷系统的改进主要集中在电池组设计、进出口设计、气流通道设计等方面。相较于风冷系统，液冷系统具有更高的导热性，是更有竞争力的冷却介质选择。此外，在高热负荷条件下，液体型热管理系统具有更低的能源消耗及更好的冷却效果。目前，电池的液冷系统根据冷却剂与电池之间的接触可分为直接液冷系统和间接液冷系统。其中，间接液冷系统通常采用冷板、翅片和微通道在电池组和冷却液之间交换热量，以防止液体泄漏和短路。相较于间接液冷系统，直接液冷系统具有优异的冷却性能、更高的温度一致性和更大的紧凑性。直接液冷系统中电池模块浸没在液体冷却剂中，液体冷却剂应具有电绝缘、无毒和化学稳定性等一定的性能，以防止冷却液与电池界面发生短路。

除了常见的散热技术外，还有其他一些技术值得关注。例如，热电冷却技术作为一种先进的电池散热技术，利用半导体材料的珀耳帖效应实现制冷或加热的能量转换。该技术具有无噪声、体积小、无运动部件、操作维护方便以及制冷能力可调等优点，适用于对散热要求较高的场合。在电池散热领域，热电冷却技术可与其他散热技术相结合，如复合相变材料，以实现更高效的降温冷却效果。随着技术的不断进步，热电冷却技术有望在电池热管理系统中发挥更大的作用。

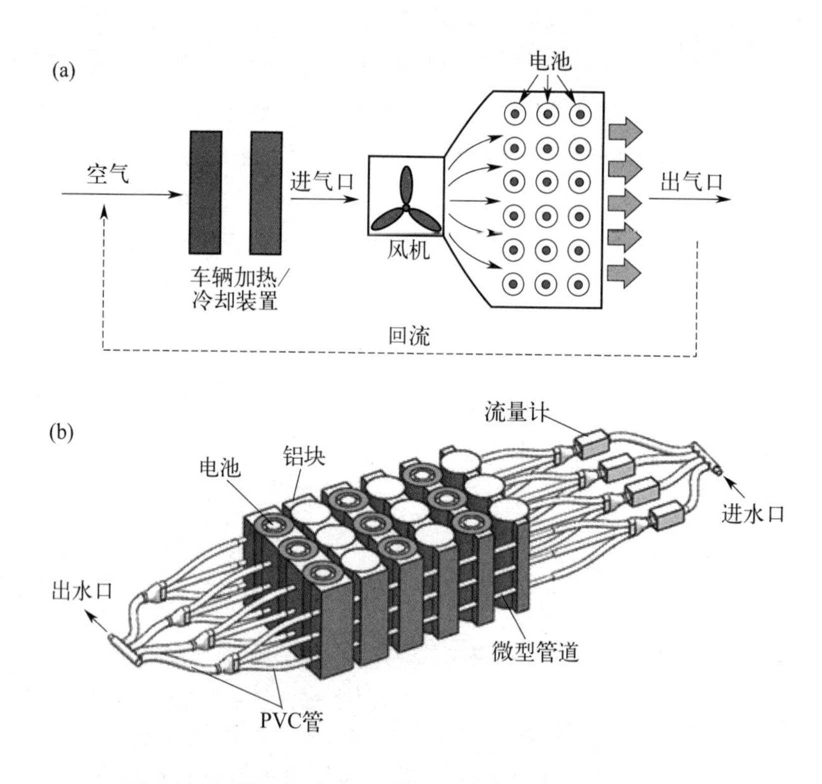

图 6-5 风冷系统（a）和液冷系统（b）的电池散热系统

热失控监测与散热系统相互结合，可以形成一个智能的电池安全管理系统。在实际应用中，当热失控监测系统检测到电池温度异常升高或存在热失控风险时，会立即启动散热系统。散热系统通过冷却液循环、风冷散热等方式，迅速降低电池温度，防止热失控的发生。同时，热失控监测系统还会根据电池的温度变化自动调整散热系统的运行状态，如增加风扇转速、提高冷却液流量等，以确保散热效果最佳。这种结合应用的优点在于能够及时发现和处理电池的安全隐患，有效避免热失控等安全事故的发生。同时，通过智能化的管理系统，可以实现对电池状态的实时监控和预测，提高电池的安全性和稳定性。

6.1.3.4 自动灭火系统

锂离子电池储能系统的安全问题主要可划分为电池主系统的火灾危险性以及辅助电气系统的火灾危险性两类。其中，辅助电气系统火灾的诱发因素急需得到高度重视。电气设备的高度集成化以及数量较多的通信线路，是致使电气系统出现高电压、大电流（雷电、浪涌）侵入的主要缘由，这会损害乃至烧坏储能元件，进而引发电气系统火灾。所以，电气消防灭火技术对于提升锂离子电池储能系统的安全性能有着至关重要的意义。

锂离子电池储能系统的自动灭火系统是保障其安全运行的重要设施。该系统通常具备智能化监测与响应机制，能够实时感知电池系统内的温度、烟雾等异常情况。一旦监测到潜在危险信号，自动灭火系统会迅速启动，通过释放特定的灭火剂，如干粉、七氟丙烷等，来快速扑灭可能发生的火灾，防止火势蔓延，减少损失和危害。它还会与其他安全系统联动，形成全面的安全防护网络，确保电池储能系统在各种情况下的安全性和稳定性。

其中，全氟己酮自动灭火装置是一种新型的灭火技术，其工作原理是通过自动探测装置发现火源后，迅速启动灭火装置，释放全氟己酮灭火剂。全氟己酮灭火剂在接触到火源后，能够迅速降低火源周围的温度，并抑制火焰的燃烧，从而达到快速灭火的效果。

近年来，火探管灭火系统的出现为第一时间扑灭锂离子电池火灾提供了巨大帮助。图6-6分别是直接式和间接式火探管自动探火灭火装置的工作原理示意图，这种灭火装置的工作原理是通过火探管来探测电池箱内的火灾，在火灾发生时自动释放灭火剂将火灾扑灭。在锂离子电池储能系统中，当锂离子电池发生火灾时，火探管会感受到火灾产生的高温和烟雾，并将信号传输给灭火系统的控制单元。之后，控制单元会立即启动灭火程序，释放灭火剂，通过火探管将灭火剂喷向火灾区域，迅速扑灭火灾。

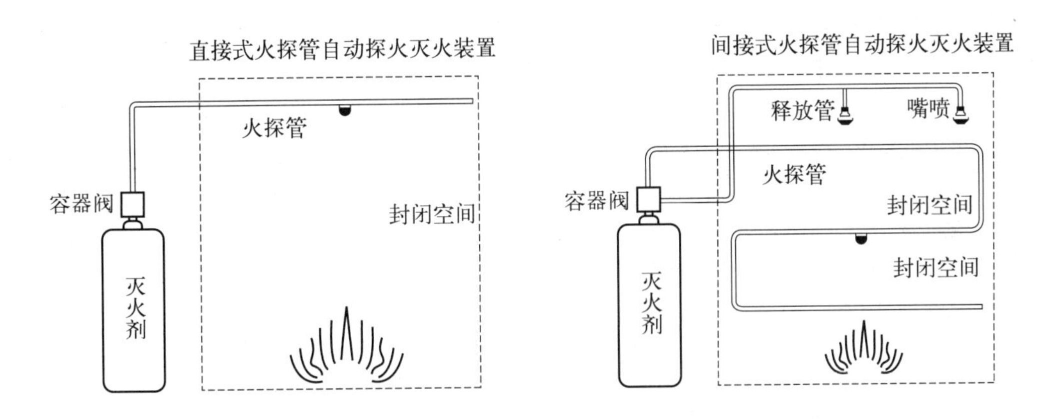

图 6-6 直接式和间接式火探管自动探火灭火装置的工作原理

与传统的灭火系统相比，火探管响应速度快，能够在火灾发生的早期迅速探测到火灾，并在几秒钟内释放灭火剂将火扑灭。火探管灭火具有高针对性，能够有效地扑灭锂离子电池火灾，而不会对其他设备造成损害。此外，火探管可以安装在储能电池集装箱内，不需要对电池箱进行大量的改造工作。不过，火探管灭火系统只是一种辅助的灭火手段，在使用过程中还需要综合配合其他的常规消防措施，如火灾报警系统及疏散通道等，以确保安全。

6.2 电化学储能电池生产过程的环保问题

储能电池的生产过程涉及的环保问题主要包括废水、废气、固体废弃物等污染物的产生，以及材料资源有限和废弃处理。因此，工厂的建设、运行以及排污过程都要严格按照国家法律法规以及相关的规章制度执行。

6.2.1 铅酸蓄电池生产工厂的环保问题

铅酸蓄电池的生产过程涉及一些环保问题，包括酸性污水排放、重金属污染、无机废弃物污染及空气污染四方面。其中，铅污染是铅酸蓄电池生产工厂对环境所造成的最严重威胁。铅是铅酸蓄电池的主要原料之一，铅酸蓄电池是铅的主要消耗途径。铅酸蓄电池的生产工序很多，在生产过程中，大量铅尘、铅渣、铅烟以及含铅酸性废水会不断产生。排放的铅尘、铅烟能够长时间存在于空气中，并随着风扩散到周围环境中，同时如果含铅酸性废水直接排放会对自然水体造成严重的破坏。

铅酸蓄电池生产使用硫酸等酸性化学品进行电解液的制备和电池板的处理，这些工序都会产生大量含有酸性物质的废水。如果这种含酸性物质的废水未经适当处理直接排放到自然水体中，会导致水体酸化、水质恶化，危害水生生物的生存，并可能污染地下水源。

铅酸蓄电池的正、负极板通常都含有铅、锡等重金属，生产过程中会涉及重金属的溶解和处理。如果这些重金属未经妥善处理而排放到环境中，可能会导致土壤和水体的重金属污染，对生态系统和人类健康造成潜在威胁。

此外，铅酸蓄电池生产过程还会产生一些废弃物，如废液、废料等。这些废弃物中可能含有有害物质，如铅、硫酸等，需要进行妥善处理。如果废弃物未经适当处理而被排放或丢弃，可能会导致土壤和水体污染，影响生态系统的健康。而且，铅酸蓄电池生产过程会排放气体污染物，对空气质量造成影响，导致大气污染问题，对周边居民的健康造成危害。

6.2.2 锂离子电池生产工厂的环保问题

目前，锂离子电池的生产工序可以分为电极的制造、电芯的装配以及电池组的组装等。在这些生产过程，不可避免地会产生废气、废水、噪声以及固体废弃物。在制备电极材料浆料过程中，容易出现炭黑、镍、锰等粉尘物质，这类粉尘对光具有强烈的散射作用，容易导致附近区域出现雾霾天气，不仅如此，这类粉尘物质会被人体吸收，人体吸收的量积累到一定程度，很容易引发呼吸道疾病。锂离子电池生产过程中，除了会产生粉尘物质，还有产生一定量的挥发性物质，比如 NMP、氟化氢、氢氟酸等废气，会对环境造成污染。

锂离子电池生产过程产生的废水带有刺激性气味，会对人体的嗅觉器官带来直接的危害。废水会含有较高含量的镍、钴、锰等金属元素，若未经合理处理后直接排放到自然水体中，会对周边环境造成巨大破坏，在生物链的影响下，重金属元素会不断富集，最终直接威胁到人们的身体健康。

锂离子电池生产过程中产生的固体废弃物可以分为两类：一类是以隔膜、铜箔和铝箔为主的一般固体废弃物；另一类是以废电解液以及电解液包装桶为主的有害固体废弃物。一般固体废弃物需要进行二次资源回收利用，防止浪费资源，而有害固体废弃物需要妥善储存并及时交给具有相关处理资质的企业进行妥善处理，防止有害废弃物泄漏对环境造成破坏。

噪声污染也是锂离子电池生产对环境的一种破坏。在锂离子电池生产过程中，会使用到冷却塔、球磨机、风机等设备，这些设备在工作时会产生较大的噪声污染。噪声污染会对人体健康造成极大的影响。噪声会对听觉系统造成直接伤害，长期处于高噪声环境，会降低人们的听力。此外，噪声也会对人们的心血管和神经系统产生明显影响，容易造成人们头晕、头痛、记忆力下降。

6.2.3 生产工厂的建设排污及场地使用标准

目前，为了进一步规范电化学储能电池的规范化生产，电池工厂的建设和排污要严格按照《中华人民共和国水污染防治法》、《中华人民共和国大气污染防治法》及《中华人民共和国固体废物污染环境防治法》等法律法规进行，工厂运行过程需严格遵守《电池工业污染物排放标准》、《工业企业厂界环境噪声排放标准》、《一般工业固体废物贮存和填埋污染控制标准》及《危险废物贮存污染控制标准》等相关国家及行业标准。

其中，《一般工业固体废物贮存和填埋污染控制标准》（GB 18599—2020）针对贮存场和填埋场选址要求、技术要求、入场要求、运行要求、充填及回填利用污染控制要求、封场及土地复垦要求、污染物监测要求进行了规范。而《危险废物贮存污染控制标准》（GB 18597—2023）则针对贮存设施选址要求、贮存设施污染控制要求、容器和包装物污染控制要求、贮存过程污染控制要求、污染物排放控制要求、环境监测要求及环境应急要求等方面作出了具体规范。

6.3 电化学储能电池的回收与再生

电化学储能电池在使用后会成为潜在的污染源，需要进行适当的回收和处理。尤其是电池中的部分金属元素为稀缺资源，而部分重金属和其他有害物质会对环境和人类健康造成威胁。因此，电池的回收与再生不仅关乎环境保护，也涉及资源的有效利用和经济的可持续发展。

6.3.1 储能电池的回收

我国新能源汽车和新型储能产业迅猛发展，一方面，使得动力电池装配量再创新高，进一步带动锂、钴、镍等金属资源需求大幅上涨，加大我国资源对外依存度；另一方面，清洁能源发电侧对配套储能电池的需求剧增，这将进一步增大了新能源电池生产过程的碳排放量与碳足迹。因此，我国高度重视电池回收利用与梯次电池储能体系的建设，各级政府践行绿色低碳循环发展理念，也开始将工作重心向新能源汽车产业链后端转移。

图 6-7 是 2021 年～2030 年我国年度动力电池退役总量及年度增长率示意图，如图所示，我国早期生产的新能源汽车也逐步进入报废阶段，动力电池退役量快速攀升，由此带来严峻的环境、安全挑战。2022 年底动力电池累计退役量已达 20.7GW·h，2030 年预计超过 380.3GW·h。基于此，2025 年后动力电池回收利用行业将进入快速增长期，研究人员预测动力电池的回收利用市场规模将在 2028 年达到千亿级，2033 年突破 3 千亿元。从全球视角看，欧盟的《新电池法》方案要求欧洲车企以及其他电池厂家必须进一步提高退役电池的回收率，最高年回收率预计到 2030 年要达到 73％，而废电池中关键金属材料的最低回收率至 2031 年需提高至 95％。因此，未来的电动汽车废旧电池回收必须要达到上述标准才可以继续在欧洲市场销售，这对我国电池生产企业和电动车主机厂的产业布局都具有重要影响。

目前，循环利用电池材料将成为未来动力电池及储能电池材料的重要组成，废旧锂离子电池的回收现已成为电池行业中的重要一环，图 6-8 是储能电池的回收与再生循环过程示意图。电池的回收与再生是一条涉及诸多方面的长产业链，涉及电池系统回收、电池系统拆解、梯级利用、电池破碎、原料再制造、材料再制造及电池再制造等关键环节与生产过程。

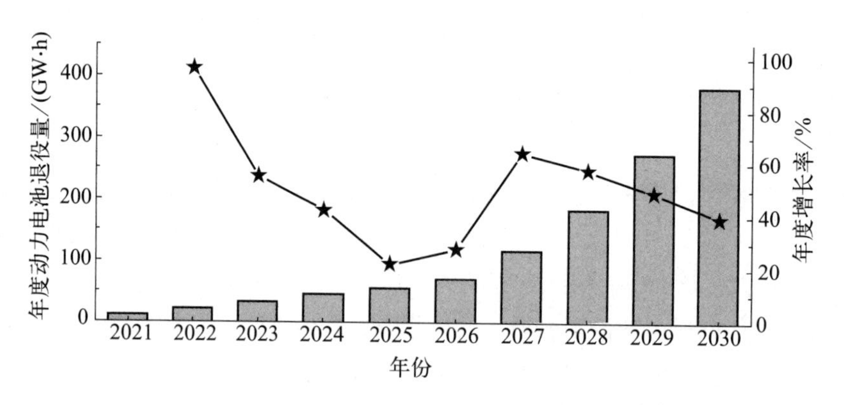

图 6-7 我国年度动力电池退役总量及年度增长率

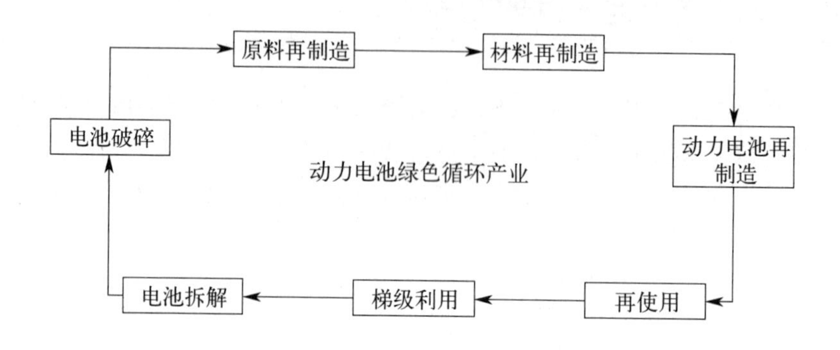

图 6-8 储能电池的回收与再生循环过程

随着储能电池系统的制造量不断增加，退役的储能锂离子电池的数量也在不断增加，其回收问题迫在眉睫，目前传统的回收方法包括机械法、火法回收和湿法回收等。这些回收方法虽然已经有较大规模的产业化，但通过这些方法所回收的产物纯度较低，回收成本较大。储能锂离子电池回收产业仍然有较大的优化空间，构建合理有效、低成本的回收工艺体系愈发重要。

6.3.1.1 回收方法

电化学储能电池的回收流程主要包括预处理和有价金属回收两个过程，其中，有价金属回收主要分为机械回收法、火法回收法和湿法回收法。

（1）预处理

预处理是回收效率性和安全性的重要保障。储能电池中含有不同种类的回收材料，如液态的电解液、高价值的活性材料和金属纯度高的外壳和集流体等，因此针对不同特性的材料需要不同的回收方案。废旧储能电池回收前通过预处理将不同特性的材料分离，有利于回收效率的提升。部分废旧的储能电池内部仍然存在较高的能量，甚至会有活泼金属，如锂金属等。如果没有适当的预处理，废旧电池也会是一个巨大的安全隐患。

图 6-9 是退役电池预处理的工艺流程，包括放电、拆卸、粉碎和分离。一般来说，退役电池内通常还会残留着0%～40%的剩余电量。这种状态的储能电池在保存和回收阶段均存在触电、腐蚀和爆炸等风险。因此，为了保障安全性的同时提高回收效率，大部分回收方法都要求废旧储能电池在回收操作前进行放电预处理，以耗尽电池内的残余能量，避免在回收的后续步骤中发生短路或自燃等危险事故。

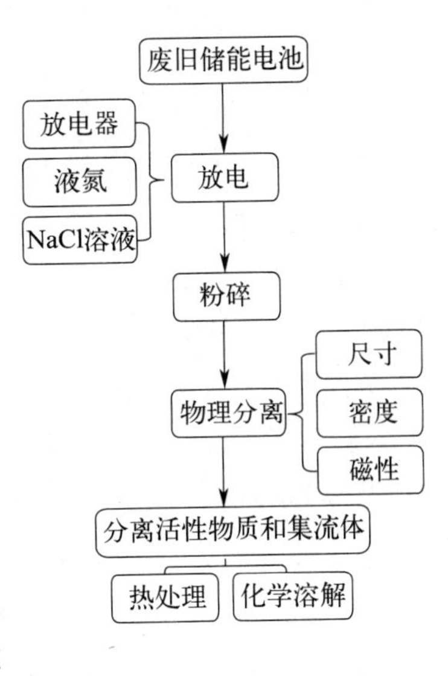

图 6-9 预处理工艺流程

常见的废旧储能电池放电方法有物理短路法、低温法和盐水浸泡法。其中，相对于物理短路法的危险性和低温法高昂的成本，盐水浸泡法具有安全经济及快速简单的优点，是目前工业中最常使用的废旧电池放电方法。拆卸是将放电后的储能电池拆解为外壳、正极、负极、隔膜和电解质等。粉碎是将电极或外壳等硬质部分压碎，便于后续回收处理。最后，根据碎片中各物质后续的回收方法不同，采用物理、化学或结合的分离方法将这些物质相互分离。

（2）有价金属回收

① 机械回收法 包括破碎、筛分、磁选、精细破碎和分选等步骤。在工业实际应用中，机械回收法因为简单高效被广泛应用，一般作为火法冶金的预处理。其主要目的是将储能电池的外壳与内部的高价值电极材料分离。图 6-10 是机械回收法的常用工艺流程。

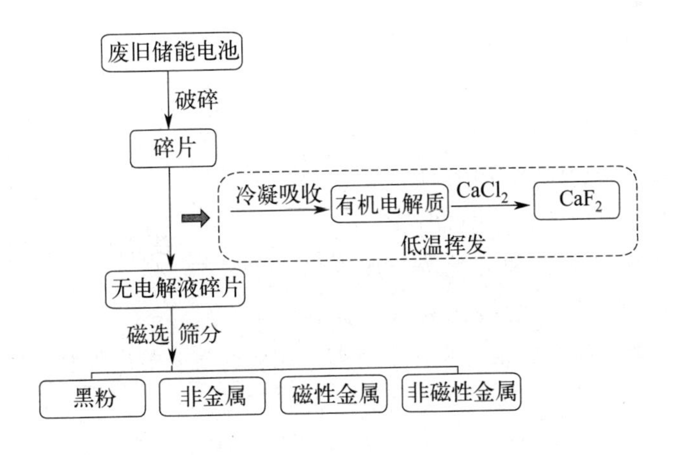

图 6-10 机械回收法工艺流程

机械回收法能有效分离外壳和正负极片，但由于活性材料和集流体结合较为紧密，机械回收法只能简单粗暴地将活性材料和集流体全都一起破碎成粉。因此，分离活性材料和集流体只能采用后续的分离方法，包括酸/碱腐蚀法、有机溶剂法和高温热解法。

酸性或碱性溶液都能溶解集流体的外表，从而达到活性物质和集流体分离的效果。但这种方式会导致在酸/碱性溶液中有大量的铝离子，甚至会造成部分活性物质的溶解。这种方法分离速度快，但集流体和活性材料的回收率并不高。

有机溶剂法是通过有机溶剂来溶解同样是有机成分的黏结剂，通过利用有机溶剂互溶的性质来分离活性物质和极片可以保护二者的完整性。但有机溶剂存在价格较高、挥发性强和毒性大等缺点，阻碍了有机溶剂法的大规模工业应用。

高温热解法则是利用黏结剂高温易分解的特性来达到分离活性物质和集流体的效果。在400℃以上的高温环境下，黏结剂发生熔化或分解，使得活性材料和集流体可以在机械外力下轻易分离。这种高温热解法虽然简单，分离效果也很好，但高温所带来的能源消耗很大。

② 火法回收法　通过高温熔炼从废旧储能电池中纯化和提取金属，包括煅烧、熔炼和精炼等多个步骤，原理与矿石的火法冶金相似。图 6-11 是火法回收的工艺流程，其中，煅烧过程是火法回收法中的重要步骤。

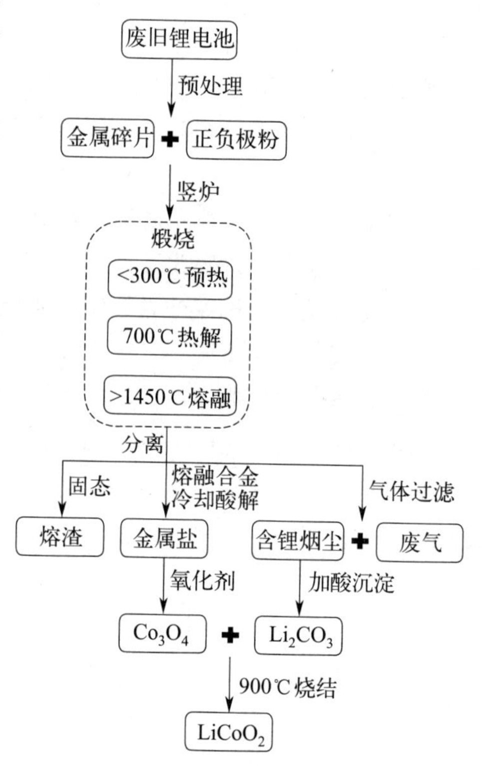

图 6-11　火法回收流程

预处理后所得到的电极材料将在高温下消除挥发性成分和其他杂质。火法冶金工业中经常使用碳热还原法来回收正极材料。这种方法是将正极材料和焦炭等还原剂共同煅烧。煅烧时，过渡金属氧化物中的高价态金属元素被碳材料还原为低价态，金属氧化物的晶体结构也会发生一定变化，这种变化有利于金属元素的后续精炼。碳材料作为优秀的微波吸收材料也能更好地吸收热量来加热，降低热量损失。但是碳热还原法无法处理含锂的储能电池，这是因为碳源会导致碳酸盐的产生，碳酸锂的溶解度很低，会降低后续精炼时锂的回收率。

盐助煅烧同样是一种有效的煅烧方式，利用非碳酸盐类的低熔点、高溶解度和高挥发性。盐助煅烧可分为氯化、硫化和硝化等。加入的盐类将难溶的过渡金属氧化物转化为可溶解的金属盐，使二者都能在后续的精炼步骤中溶解。相对而言，盐助煅烧所需要的煅烧温度更低，更加节能环保。

火法回收法可以同时快速处理大量的废旧储能电池，生产得到的金属产品质量较高。但火法回收法无法回收电解质，能耗高，部分金属容易流失于炉渣，煅烧时易产生二氧化碳、二氧化硫等废气，具有严重的环境保护隐患。

③ 湿法回收法　在废旧储能电池的回收领域同样适用，其回收流程如图 6-12 所示。湿法回收工艺流程包括浸出、萃取、沉淀和电解等多个过程。湿法回收工艺的核心在于通过溶剂萃取或沉淀从浸出液中分离金属，然后通过电解从纯化溶液中得到金属。

湿法回收法在室温条件下即可进行，能耗低，温室气体排放少，具有较高的金属选择性，且金属纯度较高。目前工业上使用最广泛的浸出方法是酸浸出，它也被认为是最有效的方法。酸浸出又分为无机酸浸出和有机酸浸出。后续的萃取和沉淀步骤都是从浸出液中分离不同金属，再对分离溶液进行电解，得到纯化金属。

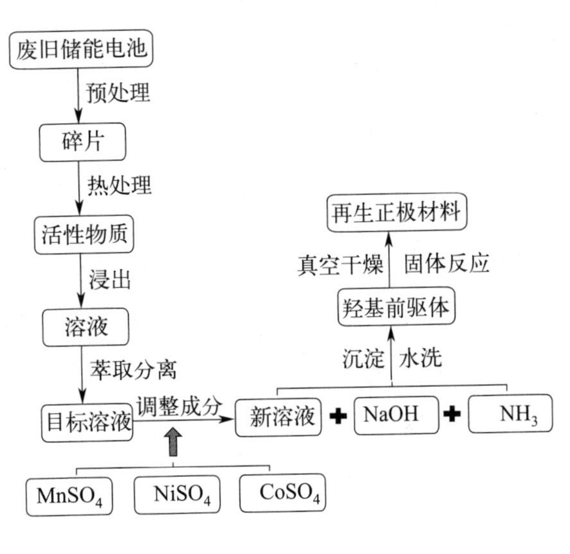

图 6-12 湿法回收流程

无机酸能浸出废旧储能电池中几乎所有的金属。浸出工艺常用的无机酸为盐酸、硫酸、硝酸和磷酸等。但是无机酸浸出的选择性较低，浸出液中往往存在多种金属元素，导致后续过程元素分离困难。此外，在浸出的过程中，酸性较强的无机酸不仅会对设备进行腐蚀，造成设备损耗，也会产生有害气体和酸性废液，对环境造成污染。

有机酸对环境的影响较小，是一种有效的浸出剂，有机酸的各基团会与金属离子形成稳定的螯合物或络合物。此外，部分有机酸具有还原性，比如抗坏血酸，使其在浸出时无需额外的还原剂。但是有机酸的酸性一般较低，使其对金属元素的种类选择和选择效率较差。

除酸浸出外，氨浸出也是一种有效分离回收退役电池的方法。氨浸出具有分离镍钴和锰金属的高选择性，这是因为锰在氨溶液中的溶解度很低，而镍钴易与氨试剂螯合而易溶于氨试剂，因此氨浸出可以有效分离镍钴和锰元素。氨浸出的优势在于对环境和人体的低毒害性，缺点是能用氨浸出的元素种类和废旧储能电池的种类都有限，适用性不高。

6.3.1.2 锂离子电池回收标准

回收标准参照现行的《车用动力电池回收利用　再生利用　第 2 部分：材料回收要求》(GB/T 33598.2—2020) 和《电力储能用锂离子电池退役技术要求》(GB/T 43540—2023)，这两项标准对回收效率的计算方法、电池退役要求、总体处理要求及污染控制要求进行了详细规定。其中，规定从动力蓄电池单体到制得金属纯化液阶段，锂离子动力蓄电池材料中镍、钴、锰的综合回收率应不低于 98%，锂的回收率应不低于 85%；镍氢动力蓄电池材料中镍的回收率应不低于 98%，稀土等其他元素的回收率宜不低于 95%。铜、铁、铝的综合回收率与镍、钴、锰的综合回收率计算和锂、稀土元素的元素回收率计算如式(6-1) 所示：

铜、铁、铝的综合回收率与镍、钴、锰的综合回收率计算：

$$R_{\mathrm{j}}=\frac{\sum_{t=1}^{3} m_{\mathrm{j}t}}{\sum_{t=1}^{3} M_{\mathrm{j}t}}\times 100\% \tag{6-1}$$

式中，m_{jt} 代表单位质量目标动力蓄电池经回收后获得有价金属的质量，kg；M_{jt} 代表回收前单位质量目标动力蓄电池中有价金属的质量，kg；j 为 a 时，a_1、a_2、a_3 分别为铜、铁、铝元素；j 为 b 时，b_1、b_2、b_3 分别为镍、钴、锰元素。

锂、稀土元素的元素回收率计算：

$$R_k=\frac{\rho_k V_k}{M_k}\times 100\% \tag{6-2}$$

式中，ρ_k 为单位质量目标动力蓄电池经回收处理，得到纯溶液中金属元素 k 的质量浓度，kg/m^3；V_k 为单位质量目标动力蓄电池经回收处理，得到纯溶液的体积，m^3；M_k 代表单位质量目标动力蓄电池中金属元素 k 的质量，kg；k 代表锂、稀土元素。

6.3.1.3 回收技术现状

不同回收方法的成本、效率、速度及各金属元素的回收率有较大差别。其中，机械回收法的回收率最高，壳体、隔膜、集流体和活性材料等的综合回收率可达 98%以上；火法回收法只能对废旧储能电池中各金属元素回收，不同种类的金属回收率在 90%～98%之间；湿法回收法在工业上是比较成熟的技术，对废旧储能电池中镍、钴和锰三种元素的回收率可达 99.5%以上，对铁和锂等金属以较为先进的工艺回收，回收率可以达到 92%以上。

现行的《车用动力电池回收利用　再生利用　第 2 部分：材料回收要求》（GB/T 33598.2—2020）中要求，镍、钴、锰的综合回收率应不低于 98%，锂的回收率应不低于 85%，稀土等其他元素的回收率宜不低于 95%。这一要求下，大部分回收企业偏向于联用机械回收法与湿法回收法，表 6-2 是目前不同回收企业采取的回收方法介绍。

表 6-2 不同回收企业所采取的回收方法

<table>
<tr><th colspan="2">处理方法</th><th>操作</th><th>特点</th><th>采用企业</th></tr>
<tr><td rowspan="3">预处理</td><td>不放电</td><td>氮气中由智能设备破碎</td><td>安全性难保证</td><td>巴特瑞、长沙矿冶院等</td></tr>
<tr><td>物理放电</td><td>电池接充放电设备放电</td><td>效率低但无污染</td><td>小规模示范</td></tr>
<tr><td>化学放电</td><td>电池泡入盐水中放电</td><td>可批量处理</td><td>普遍做法</td></tr>
<tr><td rowspan="4">回收</td><td>机械回收法</td><td>高低温热解后多级破碎分选，得到黑粉、铜、铝、隔膜等组分</td><td>回收率高</td><td rowspan="2">邦普、华友、格林美、豪鹏</td></tr>
<tr><td>湿法回收法</td><td>酸或碱溶液浸出金属离子，通过离子交换、沉淀或吸附提取金属盐及氧化物</td><td>效率高、回收率高、流程长，废水量大</td></tr>
<tr><td>火法回收法</td><td>千摄氏度以上高温煅烧去除有机物，使金属及其氧化物发生氧化还原反应，冷凝回收低沸点金属及其化合物</td><td>高效；设备投入大，高能耗、处理成本高，且主要处理三元电池</td><td>国外主流</td></tr>
<tr><td>生物回收法</td><td>微生物浸出金属及组分</td><td>尚未成熟</td><td>研究阶段</td></tr>
<tr><td colspan="2">材料修复</td><td>正负极材料物理修复后用于小能量密度储能场景</td><td>环保、工艺流程短</td><td>赛德美等</td></tr>
</table>

此外，2022 年 11 月工信部发布的《关于做好锂离子电池产业链供应链协同稳定发展工作的通知》中指出，上游锂、镍和钴等金属资源企业、中游储能电池生产企业、下游储

能电池回收企业和储能电池终端应用企业需要携手共进，加强交流并形成系统，与渠道分销和物流管理等企业深化合作，形成健康完善的储能电池产业链。

6.3.2　储能电池的梯次利用

储能电池的各应用领域对储能电池的各项性能参数有严格的要求。车用储能电池方面，当其容量在初始容量的70%至80%时就要进行退役，禁止继续车用。因此，首轮退役的储能电池仍然有不错的电池性能，将这些首轮退役的储能电池进行收集、诊断、分类，甚至重新组合成电池组，它们就又能在对电池性能要求较低的相关领域继续应用。这种退役后的储能电池的重新利用被称为梯次利用。

梯次利用可以实现储能电池经济价值和环保性的最大化，以降档利用的方式延长了储能电池的应用时间，极大地降低了储能电池相关行业的成本，促进储能电池产业的可持续应用和健康发展。梯次利用也可以缓解储能电池大规模退役的回收压力，降低原料消耗。梯次利用可以减少对锂、钴和其他金属矿产资源的开采，从而减少对环境的破坏。废旧储能电池的梯次利用也可以减少大量废旧储能电池的直接处置，避免对储能电池的非法掩埋，降低废弃电池对土壤和水体污染。

在当前储能电池产业蓬勃发展的时期，梯次利用是一个极为重要的研究方向，主要集中在梯次利用的可行性、经济效益和环境效益分析及规模化、系统化管理。当前，梯次利用的应用规模较小，所应用的场景也局限在示范项目或小规模的能源储存和供电。但不可否认的是，大部分报废的储能电池具备梯次利用的潜力，梯次利用的具有相当大的经济和环境价值。所以需要从技术、经济、环保和产业化等多个角度对梯次利用进行全面分析，完善梯次利用以获取储能电池更大的效益。

6.3.3　储能电池材料的再生与修复

目前储能电池材料的再生与修复主要集中在对正极活性材料的处理。再生和修复是指将废旧的正极材料提取进行直接处理，从而恢复其本来的综合性能。相较于传统的通过回收得到的原材料进行二次加工制备前驱体，再生和修复可以有效降低能耗及生产成本，对退役电池实现高效率再利用的最大化。目前，正极材料的再生和修复主要停留在实验室阶段，已报道的方法主要有高温固相法、水热法、熔融盐法、化学法和电化学法。

6.3.3.1　高温固相法

高温固相法是修复储能电池正极材料应用最广泛的方法。高温条件下，偏离晶体学点阵的元素在热驱动的作用下扩散到原始位置，从而恢复正极材料的完整结构。不规则的正极材料颗粒也会在高温下重新熔合，形成完整的新整体。高温固相法也能将高价态的金属元素还原修复为低价态。当废旧正极材料的某种元素含量不足时，需要添加精准数量的额外对应元素的原材料才能将其修复为新的正极材料。

高温固相法常与水热法和熔融盐法结合来修复废旧正极材料。与其他的修复方法相比，高温固相法能在改善废旧正极材料的晶粒度的同时通过熔合作用减少材料缺陷，但高温所带来的高能耗是其工业化需面对的挑战。

6.3.3.2 水热法

水热法是修复正极材料的有效方法，利用富锂溶液作为传质传热的反应溶剂，在密闭加热的反应容器内创造出高压的反应环境，促使溶液中高浓度的锂离子进入废旧正极材料中的锂空位，进而修复材料结构。由于富锂溶液中锂过量，锂源无需精准定量，常见的富锂溶液体系有 LiOH、Li_2SO_4、LiCl 等。水热法通常加热到 250℃以下，在水热处理后，通常需要进行高温的短时间退火以提高材料的结晶性。水热法修复通常应用于 $LiFePO_4$、NCM111、NCM523 等低湿敏正极材料，高镍层状三元正极材料由于结构易受水溶液中质子破坏，故不适宜水热法修复。

6.3.3.3 熔融盐法

熔融盐是一种均相体系，有利于元素的溶解与均匀扩散，特别适合废旧正极材料的元素补充。熔盐的共晶点温度比任一组分熔点都要低，在常压下就能提供高效率的传质传热环境，相较于高温固相法具备更优的能效。熔融盐法对大部分正极材料的修复都适用，通过调控熔盐比例和烧结工艺，还能得到单晶正极。熔融盐法缺点在于提供熔融环境的过量锂盐需要水洗去除，难以回收利用，强碱性的熔融盐对承载器具的腐蚀严重，因此成本相对较高。

6.3.3.4 电化学法

电化学法是将待修复正极材料与对电极组装在含锂的电解液中，通过外加电场的作用促进正极材料的离子迁移和结构重组，从而补充活性金属元素并修复晶格缺陷。此外，电化学法也能起到溶解正极在服役过程中所产生的副产物或掺杂新元素以提升材料性能的作用。这种方法修复效率高，对环境影响小，但对于外加电场参数的控制要求较高。对其他非锂离子电池的正极材料而言，电化学法的适用性不高。

6.3.3.5 化学法

化学法通过化学试剂与废旧正极材料进行化学反应来修复。它能快速溶解废旧正极材料循环过程所产生的副产物，能通过氧化还原反应调整元素价态，也能方便地掺杂其他元素来改善性能。化学法原理和流程都十分简单，可加工性高，是目前最有大规模工业化可能的一种方法。但化学法无法直接修复废旧正极材料的晶体结构，需要额外的热处理环节，使用化学试剂所产生的废液等也可能会对环境造成污染。

综上所述，退役锂离子电池的传统预处理和材料再生路线，流程长、废水废气排放量大、能耗和成本高，将无法应对即将到来的退役高峰。2023 年 10 月 22 日，中国科协发布了 2023 重大科学问题、工程技术难题和产业技术问题，其中“如何突破新能源废料清洁高值化利用”被列 9 大工程技术难题之一。因此，进一步开发退役电化学储能电池的高能效、高安全、低成本回收利用可一定程度弥补金属资源供应缺口，促使电池企业及上游原材料企业高度关注电池回收利用，确保我国电池产品的市场准入能力和竞争力。废旧动力电池再生利用将成为降低我国金属资源对外依存度、弥补资源供应缺口的重要途径，具有重要战略意义。

参考文献

[1] 夏本明，褚芳，张宏等．火探管式自动探火灭火装置在实验室排风柜中的应用 [J]. 消防技术，2022，24：48-50.
[2] 刘若琳，高峰，杜世伟．基于京津冀地区退役动力电池中钴的流动物质流分析与预测 [J]. 再生资源与循环经济，2022，15：26-33.
[3] 付元鹏．退役锂离子电池关键材料高效选冶与循环再造技术 [M]. 北京：冶金工业出版社，2023.
[4] 李文涛．锂离子电池安全与质量管控 [M]. 北京：化学工业出版社，2022.
[5] 金阳．锂离子电池储能电站早期安全预警及防护 [M]. 北京：机械工业大学出版社，2022.
[6] 夏勇，周青．车用锂离子动力电池碰撞安全 [M]. 武汉：华中科技大学出版社，2024.
[7] 闻人红雁，王秀丽．新能源汽车动力电池产业发展及趋势 [M]. 浙江：浙江大学出版社，2019.
[8] 谢嫚，吴锋，黄永鑫．钠离子电池先进技术及应用 [M]. 北京：电子工业出版社，2020.
[9] Khan A，Yaqub S，Ali M，et al. A state-of-the-art review on heating and cooling of lithium-ion batteries for electric vehicles [J]. J. Energy Storage，2024，76：109852.

6